农业硕士研究生系列教材
国家自然科学基金（31301978）
湖南省自然科学基金（12JJ6019）
农田杂草防控技术与应用湖南省 2011 计划
农药无害化应用湖南省高校重点实验室　　联合资助
农药学湖南省重点建设学科
湖南省农学与生物科学类专业校企合作人才培养示范基地
湖南人文科技学院硕士点建设基金

U0296906

农业生物技术教程

主　编　胡一鸿

副主编　陈　勇

西南交通大学出版社
·成　都·

内容简介

本书根据农业生物技术的研究进展，结合作者在教学、科研中的实践与体会，系统地介绍了生物技术的基础理论、基本技术以及生物技术在农业生产中的应用。全书共分两部分，第一部分为理论知识，共 6 章，包括绪论、基因工程、细胞工程、酶工程、发酵工程和生物技术在农业上的应用；第二部分为综合实验，包括 5 个实验。

本书可作为农业硕士研究生作物领域主干课程和植物保护、食品加工与安全领域选修课程的教材，也可作为相关专业选修课程的本科教材。

图书在版编目（ＣＩＰ）数据

农业生物技术教程／胡一鸿主编. —成都：西南
交通大学出版社，2015.8
农业硕士研究生系列教材
ISBN 978-7-5643-4107-7

Ⅰ. ①农… Ⅱ. ①胡… Ⅲ. ①农业生物工程－研究生
－教材 Ⅳ. ①S188

中国版本图书馆 CIP 数据核字（2015）第 181796 号

农业硕士研究生系列教材

农业生物技术教程
主编 胡一鸿

责 任 编 辑	牛 君	
封 面 设 计	何东琳设计工作室	
出 版 发 行	西南交通大学出版社 （四川省成都市金牛区交大路 146 号）	
发 行 部 电 话	028-87600564　028-87600533	
邮 政 编 码	610031	
网　　　　址	http://www.xnjdcbs.com	
印　　　　刷	成都勤德印务有限公司	
成 品 尺 寸	185 mm×260 mm	
印　　　　张	13.75	
字　　　　数	337 千	
版　　　　次	2015 年 8 月第 1 版	
印　　　　次	2015 年 8 月第 1 次	
书　　　　号	ISBN 978-7-5643-4107-7	
定　　　　价	44.00 元	

课件咨询电话：028-87600533
图书如有印装质量问题　本社负责退换
版权所有　盗版必究　举报电话：028-87600562

前　言

农业生物技术是发展现代农业和实现农业可持续发展的重要手段。随着现代科学技术的飞速发展，农业生物技术日新月异，各种新方法、新成果已广泛应用于农业领域的各个方面。近年来，农业生物技术在改良动植物及微生物品种性状、培育新品种、农副产品储藏与深加工、农业生态环境修复、生物医药和生物农药研发等诸多方面均取得了不俗的成绩，农业生物技术已发展成为一门综合性的新兴学科。

鉴于该学科综合性强与知识更新快的特点，我们参考了相关专业教材和国内外大量最新研究文献，按照基因工程、细胞工程、酶工程、发酵工程以及生物技术在农业生产中的应用为主线，结合我们在教学实践中的体会编写了本书，同时还精选了一些综合实例、思考题和综合实验，旨在拓展学生的视野和增强学生的实际动手操作能力。

本书分为两部分，第一部分为理论知识，分为 6 章，比较系统地介绍生物工程知识及其在农业生产中的应用；第二部分为综合实验，包括 4 个生物技术综合实验和 1 个 DPS 软件操作实验。最后，还有附录，收集了农业生物技术常规实验操作中经常需查询的数据，如磷酸缓冲液的配制方法、离心力与转速换算、常见酸碱溶液配制方法等。

本书编写分工如下：第一部分第一章由陈勇编写，第二章由王艳编写，第三章由贺爱兰编写，第四章由胡一鸿编写，第五章由谭显胜编写，第六章由谭显胜、张雪娇、刘泽发、邹婷婷、蒋祖丰、金晨钟编写；第二部分综合实验由胡一鸿、王艳、曾智、贺爱兰、谭显胜编写。湖南九龙经贸集团有限公司蒋祖丰、龙丹霞等审读了全书并对部分章节提出了修改意见，在此一并表示衷心感谢。

本书可作为农业硕士研究生的教材，也可作为相关专业选修课的本科教材和教学参考书。

由于编者水平有限、编写时间仓促，编写的内容涉及面较广，书中难免会出现不足与疏漏之处，恳请广大读者批评指正。

湖南人文科技学院　胡一鸿

2015 年 4 月于湖南省娄底市

目 录

第一部分 理论知识

第二部分　综合实验

理论知识

第一章 绪 论

【内容提要】

（1）生物技术体系包含的内容与特点；
（2）简介农业生物技术的领域；
（3）介绍我国农业生物技术发展存在的问题。

第一节 生物技术

一、生物技术的定义

生物技术，也称生物工程，指以生命科学为基础，结合工程技术手段对生物进行改造、加工或用于产品生产的技术过程。传统的生物技术是指以微生物学为基础，利用发酵的方法制造服务于人类的产品，如医学领域抗生素、维生素的制造，食品行业酶的制备，酿酒，饮料的制造，环保行业采用微生物清洁环境污染等。自从 Waston 和 Crick 提出 DNA 的双螺旋结构以来，DNA 体外重组、单克隆抗体制备、DNA 和蛋白质的测序、PCR 等技术日臻成熟，转基因动植物、基因工程药物与疫苗、基因组学和蛋白组学、蛋白质工程和生物信息学取得了巨大的进步，现代生物技术获得飞速发展。

二、生物技术体系

按照生物技术操作的对象，可将生物技术分为 4 个方面：

1. 基因工程

基因工程即 DNA 的体外重组技术，指通过 PCR、RT-PCR 等方法获取 DNA，采用限制性内切酶对 DNA 进行剪切，然后转化入其他的宿主中，实现转基因。该项技术的成功与普及得益于 PCR 技术的发明和限制性内切酶的发现，PCR 使人们能够在体外大量复制 DNA，并对 DNA 进行改造、突变；限制性内切酶给人们提供了对基因进行操作的"剪刀"。

2. 细胞工程

细胞工程是利用现代生物学的理论和方法对细胞进行改造的技术，包括细胞移植、细胞融合、单克隆抗体等。细胞是细胞工程的操作对象，细胞工程包括植物细胞工程、动物细胞工程和微生物细胞工程。

3. 酶（蛋白质）工程

传统的酶（蛋白质）工程指天然酶的分离、纯化、制备和酶（蛋白质）分子的化学改造，并将这些方法在生产实践中加以利用的技术。现代酶（蛋白质）工程是指在基因工程技术的基础上，对酶（蛋白质）分子进行重组改造，提高酶的活性或按人们的设想制备自然界原本不存在的酶或蛋白质的技术。

4. 发酵工程

发酵工程指利用微生物发酵的方法制备人类所需物质的技术，是生物技术应用于工业生产的最成熟的技术。目前，随着计算机技术，传感器技术和机电一体化技术的发展，发酵的过程控制已基本实现了自动化智能管理。

三、生物技术的特点

1. 高效经济

采用生物工程技术能够显著提高产品的品质与产量。例如，味精的生产最早采用从麦胚中直接提取谷氨酸的方法，后虽改用从海鲜中直接提取，但产率低、成本高。而现代工业中味精的制备采用发酵工程的方法，以微生物菌种中 L-谷氨酸脱氢酶采用发酵罐进行生产，这种谷氨酸发酵的生产方法大大降低了味精生产的成本，提高了生产效率和产品品质。

2. 可持续发展

工业生物技术是工业可持续发展最有希望的技术，而石油和煤炭能源是不可再生能源，其短缺势必对下游的加工产业造成冲击。因此，采用微生物、酶为催化剂对人类所需的医药、能源、材料进行生产，是解决上述问题的重要手段。目前，生物技术的应用在生物能源、化学品制造、生物材料等方面均取得了长足的进步，如燃料酒精生产、生物燃油、沼气的开发利用均已逐步实现了规模化生产。

3. 可遗传、易扩散

通过基因工程的技术可对异源生物进行基因改造，改变宿主的基因结构并进行遗传，但这种技术也存在很大风险，被改造的宿主生物容易扩散，如种子的扩散、工程菌株的扩散、基因漂移入野生近缘物种、转基因作物的安全性等都可能给人类社会带来潜在危害。现代转基因技术也带来了一系列的伦理问题，如克隆人与克隆人体器官的道德伦理问题。

第二节 农业生物技术简介

一、农业生物技术的定义

农业生物技术是指应用于农业领域的生物技术，包括种植业、养殖业和生产资料生产加工等方面的应用。现代农业实质上属于应用生物学的范畴，生物技术在农业中的应用使原始农业和传统农业发生了根本性的改变，其内涵与外延均发生了变化，使农业从单纯的初级农产品提供向食品科学、生物化工、能源、材料科学、医学和环境保护等各方向拓展。

二、生物技术与现代农业

1. 育种技术

传统的作物育种一般是在田间筛选种内杂交优势品种，育种的周期长、见效慢；而转基因技术能够使来源于不同物种的基因在作物中表达，如将棉花细胞染色体整合苏云金芽孢杆菌的 Bt 基因育成的抗虫棉对鳞翅目的害虫具有非常显著的抗性，能够减少农药使用量。作物育种中将分子育种技术与常规育种技术结合，也有望突破常规育种中杂交手段和杂种后代处理的两项关键性技术。

2. 农产品加工

通过生物技术对动物、植物、微生物进行遗传改良，可改善农产品的品质与功能；储存与保鲜技术的研发与应用，使农产品的外观、储运得到了很大的改进。通过现代工程技术，对农产品的加工过程和加工工艺进行标准化控制，可降低生产成本，提高品质，有利于实现深度开发和形成产业链。

3. 生物制药领域

生物农药是用生物活体或其次生代谢产物制成的对病虫害具有防效的一类药剂，具有无毒或低毒、低污染的特点，目前正逐步取代传统有机农药。传统的动物疫苗生产采用免疫动物的方法获得，成本较高；目前采用基因工程技术生产疫苗已经十分成熟。但我国在基因工程药物和疫苗生产领域的发展明显低于发达国家，发达国家从 20 世纪 80 年代就开始生产基因工程药物，而我国除干扰素具有自主知识产权外，其他药物均是在国外进入 2～3 期临床使用后才开始跟踪、仿制。

第三节 我国农业生物技术发展面临的问题

一、整体发展水平落后于发达国家

我国的农业生物技术的发展从 20 世纪 70 年代开始，研究人工种子、快速繁育、雄性不育、原生质体融合等技术。20 世纪 80 年代以来，我国开始对基因工程技术、转基因动植物展开研究，国家"863 计划"也把生物工程作为重点研究的领域。40 多年来，我国在雄性不育、作物的抗逆性、农产品品质提高、植物营养与生物固氮、现代生物技术运用于环境治理等方面取得了不俗的成绩，整体水平在发展中国家处于领先地位，有些领域已跨入世界先进行列。但与发达国家相比，我国的农业生物技术科研水平、商业化应用等方面还存在较大差距。

二、科研成果转化率低

经过 40 多年的农业生物技术的研究，我国在作物遗传育种、作物基因工程方面取得了重大的成绩，如已拥有自主知识产权的抗虫棉技术、转基因水稻技术，在农药降解、抗除草剂基因等领域也取得了很大的成绩。但我国农业生物技术的科学研究工作与产业开发普遍存在严重脱节的现象，科研院所与高校一般是通过"申报项目→立项→结题→申报成果奖项"的流程进行科学研究，高校"产学研"一体化合作流于形式，大部分科研与教学单位无能力也无动力进行产业开发。而很多企业则没有足够的实力进行科学研究，同时企业逐利的短期行为也造成企业不愿意投入足够的资金进行前期开发研究，仅仅满足于跟踪、仿制。

随着国家科研体制改革的深入和对科技投入的逐年加大，农业生物技术发展正面临重大的机遇，发展过程中存在的问题也将被逐步克服，农业生物技术将成为实现我国农业现代化的关键技术，农业生物技术及相关产业将会出现新的局面。

思 考 题

1. 什么是农业生物技术？它对农业的现代化产生了哪些方面的影响？

2. 简述生物技术中基因工程、酶工程、蛋白质工程、细胞工程和发酵工程各项技术之间的关系。

3. 农业生物技术包含哪些主要领域？

4. 谈谈在当前日趋激烈的国际竞争中，我国如何抢占农业生物技术的制高点。

参考文献

[1] 蔡文汉. 农业生物技术研究进展概况[J]. 北京农业，2011（3）：5-6.

[2] 李宝健. 展望 21 世纪的农业生物技术[J]. 中山大学学报：自然科学版，2004，43（1）：56-61.

[3] 潘月红，逯锐，周爱莲，等. 我国农业生物技术及其产业化发展现状与前景[J]. 生物技术通报，2011（6）：1-6.

[4] 石元春. 一座伟大的里程碑——农业生物技术[J]. 生物学通报，2003，38（8）：1-5.

[5] 宋思扬，楼士林. 生物技术概论[M]. 3 版. 北京：科学出版社，2007.

第二章 基因工程

【内容提要】

（1）基因工程的诞生、基因工程的研究内容、基因工程的成就和前景展望；

（2）介绍植物基因工程载体种类及其构建；

（3）介绍植物转基因操作技术；

（4）简要介绍组织培养；

（5）简要介绍转基因分子的鉴定。

第一节 基因工程概述

一、基因工程的诞生

20 世纪中叶，Avery 证明了 DNA 是遗传物质，Watson 和 Crick 发现 DNA 双螺旋结构以及 Nireberg 提出了遗传信息传递的"中心法则"，称为基因工程理论"三大发现"。理论上的三大发现为基因工程的诞生奠定了理论基础；同时，技术上的"三大发明"，即限制性核酸内切酶、DNA 连接酶和基因载体，为基因工程的诞生奠定了技术基础。1973 年，Stanford 大学的 Cohen 等成功地利用体外重组实现了细菌间性状的转移，标志着基因工程的诞生。

二、基因工程简介

1. 基因工程的概念

基因工程指在分子水平上提取目的基因，在体外用限制性核酸内切酶进行切割，与某一载体进行重组，然后再将重组分子导入宿主细胞，从而实现目的基因稳定复制和表达的过程。

2. 基因工程研究的基本步骤

从生物体中提取目的基因（DNA 片段），并将目的基因与载体结合，构成重组 DNA 分子，将重组 DNA 分子导入受体细胞；选择含有重组 DNA 分子的细胞进行克隆，并进行大量繁殖，得到扩增的目的基因，然后进一步对获得的目的基因进行序列分析、表达载体构建、原核表达以及转基因研究和利用等。

三、基因工程的成就和前景展望

（一）取得的主要成就

基因工程的成就主要体现在以下几方面：

1. 医药领域

近几十年来，基因工程技术在医药方面得到了迅猛的发展，如1977年激素抑制素的发酵生产获得成功，1978年人胰岛素的发酵生产获得成功。随后的几年中，人们利用大肠杆菌成功表达了人生长激素基因，采用遗传工程菌成功生产了干扰素和生物制剂（如动物口蹄疫疫苗、乙型肝炎病毒表面抗原及核心抗原、牛生长激素等）。1982年，利用重组DNA技术生产的人胰岛素进入商品化生产。随着分子生物学的快速发展，尤其是在国家"863计划"的支持下，近年来我国在基因工程药物和蛋白质研究工程方面也取得了长足的进步。1989年，国家批准了第一个基因工程药物——重组人干扰素；1998年，我国批准上市的基因工程药物和疫苗达到15种。1996年，我国基因工程药物和疫苗的销售额约为2.2亿元；2000年，销售额超过了20亿元。2010年，我国生物医药的产值规模达到了1 100亿元。

2. 植物基因工程

植物基因工程发展迅速，主要体现在以下几方面：

（1）扩大了作物育种的基因库

转基因育种打破了常规育种的物种界限，来源于动植物和微生物的有用基因均可导入作物中，培育成具有某些特殊性状的新型作物品种。

（2）提高了作物育种的效率

转基因育种的方法不仅缩短了育种年限，而且还能在不影响改良品种的原有优良特性的基础上，改良某些单一性状。

（3）减轻了农业生产对环境的污染

大面积种植和推广转基因抗虫棉花和玉米，既可减少化学农药杀虫剂对农民及作物天敌的伤害，又可以降低农药和虫害防治的费用。

（4）拓宽了作物生产的范畴

通过生物反应器可生产各种营养丰富的蛋白质产品，如利用番茄、马铃薯、莴苣和香蕉等作物生产口服疫苗；在植物分子育种和多抗性植物反应器等方面也取得了较好的成绩，使传统的作物生产领域得以扩大。

3. 工业领域

在环保工业中，人们利用基因工程菌降解工业废品、农药残留；在酶制剂工业中，利用耐热、耐压、耐盐、耐溶剂的酶基因转化构建的工程菌；在食品工业、化学与能源工业中也得到了应用，如改善食物品质的转基因作物和生产乙醇、甘油、丙酮等的转基因生物等。

（二）我国基因工程概况

1. 转基因抗病虫植物

我国科学家将抗虫基因导入棉花和玉米获得了转基因抗虫棉植株,其抗虫效果十分显著;还研制成功了抗黄矮病、赤霉病、白粉病转基因小麦和抗青枯病马铃薯,并开始了田间快速繁殖试验。

2. 基因工程疫苗

基因工程疫苗克服了传统疫苗的缺陷,与传统疫苗相比具备价廉,安全,易生产、运输与保存,增强免疫保护力等特点。利用植物基因工程方法开发的新疫苗已成为疫苗研究和生产的重点,在转基因植物中表达的疫苗主要有大肠杆菌热敏肠毒素 B 亚单位、乙型肝炎病毒表面抗原、诺沃克病毒外壳蛋白、口蹄疫病毒、狂犬病病毒糖蛋白、变异链球菌表面蛋白和艾滋病病毒抗原等 10 多种疫苗。

3. 基因工程药物

干扰素是一种广谱的抗病毒和抗肿瘤剂,对防治病毒性肝炎和恶性肿瘤等疾病有重要的作用。从 1957 年发现干扰素至今,已有 3 个品种的基因工程干扰素获得国家新药证书,并投入批量生产。目前,国家食品药品监督管理局共批准了 17 个单克隆抗体药物,其中有 3 个是抗肿瘤新药,还有一些处于仿制与临床验证阶段。人们对基因工程药物的需求量日益增加,上海、杭州、南京、武汉、成都及重庆等大城市的医疗机构中,抗肿瘤单克隆抗体用药量每年成倍增长。

4. 动物克隆与转基因

我国转基因及体细胞克隆技术的研究与应用达到国际前沿水平。2003 年 10 月 16 日,在"神舟"五号返回舱成功着陆的同一天,山东梁山县的 10 头体细胞克隆牛集体亮相媒体。其中,我国首例转基因体细胞克隆牛"乐娃"中成功地转入了绿色荧光蛋白基因,标志着我国在转基因体细胞克隆技术方面取得了新突破。

第二节 植物基因转化系统及载体的构建

一、植物基因转化系统

1. 载体转化系统

载体转化系统主要有 Ti 质粒转化载体、Ri 质粒转化载体和病毒转化载体。Ti 质粒转化载体指在根癌农杆菌细胞中存在的一种染色体外自主复制、控制根瘤的形成的环形双链 DNA分子;Ri 质粒是在发根土壤杆菌细胞中存在的一种染色体外自主复制、控制不定根形成的环形双链 DNA 分子;病毒转化载体是以病毒（RNA、单链 DNA 或双链 DNA）作为载体将遗传物质带入细胞，利用病毒具有传送基因组的能力进入其他细胞进行感染，可发生于完整活体或培养的细胞中，应用于基础研究、基因疗法或疫苗制备。

2. DNA直接导入转化系统

DNA直接导入转化是指将特殊处理的外源目的基因直接导入植物细胞，不依靠农杆菌载体或其他生物媒介实现基因的转化。根据DNA直接导入的原理可分为化学法和物理法两类。化学法诱导是指以原生质体为受体，借助特定的化学物质诱导DNA直接导入植物细胞的方法。其中，PEG法和脂质体法是最为常用的。物理法诱导DNA直接转化是基于物理因素对细胞膜的影响，或通过机械损伤将外源DNA直接导入细胞，原生质体、细胞、组织及器官均可用作受体。物理法与化学法相比更具实用性。常用的物理方法有电击法、超声波法、激光微束法、微针注射法和基因枪法等，现在水稻转基因操作常采用基因枪法。

3. 种质转化系统

种质转化系统是指通过花粉管通道法、胚囊及子房注射法、浸渍吸收法和花粉转化法等方法导入外源基因，又称为生物媒体转化系统。我国台湾的缪芳心等（1995）利用花粉管通道法建立了甘蓝基因转育系统，并将抗白粉病性状导入甘蓝受体，王国英等（1996）使用子房注射法成功地获得了转Bt基因的玉米植株。目前，种质转化系统的优点与潜力逐渐得到认同，其转化机理也正在进行深入研究。

以上三种转化系统中，载体转化系统是目前植物基因工程中使用最多、机理最清楚、技术最成熟的一种转化系统。其中，Ti质粒转化载体的应用最为广泛。

二、植物基因工程载体种类

载体按工作方式不同可分为以下6种。

1. Ti质粒载体

Ti质粒载体是根癌农杆菌染色体外的遗传物质，且为闭合环状的双链DNA分子，分子量从1~200 kb或更大，利用宿主细胞复制自身染色体的同一组酶系进行复制。Ti质粒上有一段T-DNA，长为12~24 kb，能转移并整合到植物基因组中。但Ti质粒分子量过大，不能在大肠杆菌中复制。因此，应构建含目的基因片段和植物的特异性启动子的中间转化载体转化农杆菌，使外源DNA片段整合到Ti质粒上。其中，对pBR322质粒载体研究最多。pBR322是使用最广的一种载体，由pSF2124、pMB8及pSC101三个亲本质粒组构建而成，长度4 361 bp，分子量较小，且含有一个复制起始位点、氨苄青霉素和四环素两种抗生素抗性基因。

2. λ噬菌体载体

λ噬菌体载体主要用于构建cDNA文库，也用于外源目的基因的克隆。λ噬菌体是一种温和的噬菌体，其基因组长约50 kb，为双链DNA分子。λ噬菌体载体构建的基本原理是删除多余限制位点，根据这一原理可将λ噬菌体的派生载体归纳成两种不同的类型：一种是插入型载体（insertion vectors），可供一个外源 DNA 插入的克隆位点；另一种是替换型载体（replacement vectors），具有成对的克隆位点，外源插入的 DNA 片段可取代这两个位点之间的 λDNA 区段。插入型载体只能插入小分子量（10 kb 以内）的外源 DNA 片段，主要用来构建 cDNA 及小片段 DNA 的克隆。替换型载体可插入分子量较大的外源 DNA 片段，用于高等真核生物的染色体 DNA 克隆。

3. 单链噬菌体载体

单链噬菌体载体主要有 M13 噬菌体、f1 噬菌体及 fd 噬菌体，均含 6.4 kb 的单链闭环 DNA 分子。M13 是丝状噬菌体，是最常见的单链噬菌体，附着在大肠杆菌的 F 性菌毛上，只能感染雄性细菌，即 F' 或 Hfr 细菌。当噬菌体进入细菌细胞后，单链的噬菌体 DNA 转变成双链复制型（RF），从细胞中分离的 RF 可用作克隆双链 DNA 的载体。当每个细菌细胞里积聚了 200～300 份 RF 型拷贝时，M13 开始合成 DNA 双链中的一条链。成熟的噬菌体颗粒掺入合成的单链 DNA，在感染的细菌细胞上芽生。M13 感染并不杀死细胞，但抑制细胞的生长，最终会导致形成浑浊的噬菌斑。一般用 M13 噬菌体克隆单链 DNA。

4. 柯斯质粒

柯斯质粒是指含有 λDNA 的 cos 序列和质粒复制子人工构成的特殊类型的质粒载体。例如，柯斯质粒 pHC79 就是由质粒 pBR322 和噬菌体 λ 的 cos 位点的一段 DNA 构成，全长 43 kb。在包装时，cos 位点打开而产生 λ 噬菌体的黏性末端。由于 pHC79 含有 pBR322 的 DNA，同样具有氨苄青霉素和四环素抗性 2 个标记抗性基因。柯斯质粒主要应用于基因组 DNA 文库的构建。

5. 噬菌粒载体

噬菌粒是由质粒载体和单链噬菌体载体结合而成的新型载体，分子量约为 3 000 bp，一般比 M13 载体小，含有氨苄青霉素等基因作为选择标记。噬菌粒拷贝数高，其多克隆位点可装载 10 kb 的外源 DNA；具质粒复制起点，在无辅助噬菌体存在下，克隆外源基因后可像质粒一样复制；有单链噬菌体复制起点，在有噬菌体辅助感染的宿主细胞中，可合成单链 DNA，拷贝并包装成噬菌体颗粒分泌到培养基中，可直接对克隆的基因进行核苷酸测序。常见的噬菌粒载体有 pEMBL8、pUC118 和 pUC119 噬菌粒，其中 pUC118 和 pUC119 噬菌粒分别是由 pUC118 和 pUC119 质粒与野生型 M13 噬菌体的基因间隔区（IG）重组而成的噬菌粒载体，它们除了多克隆位点区的序列取向彼此相反外，其他分子结构完全一样。特定外源基因插入在 pUC118 和 pUC119 噬菌粒载粒多克隆位点区的同一限制位点上，所形成的重组载体中的一组克隆正链 DNA 的基因，另一组则克隆负链 DNA 的基因。因此，应用 pUC118 和 pUC119 噬菌粒作为载体能有效地合成克隆基因的两条链。

6. 酵母人工染色体载体（yeast artificial chromosomes，YAC）

酵母人工染色体载体是利用酿酒酵母染色体的复制元件构建的载体，YAC 本身可小至 8 kb，但克隆能力可达 1 Mb 以上。YAC 载体能够保存 500 kb 甚至 1 Mb 大小的染色体片段，被应用于人类基因组、水稻基因组计划中，如 2000 年 Sakata 等采用 YAC 克隆了水稻物理图谱。YAC 载体主要采用营养缺陷型基因进行选择标记，如色氨酸、亮氨酸合成缺陷型基因

trp 1、*leu* 2 等。但 YAC 也存在一定的缺点，如存在高比例的嵌合体，即一个 YAC 克隆含有 2 个本来不相连的独立片段；部分克隆不稳定，YAC 与酵母染色体具有相似的结构，难与酵母染色体区分开，在传代培养中可能会发生缺失或重排；YAC 是以线性形式存在于细胞中，操作时容易发生染色体机械切割等。

三、载体的构建方法

1. 传统载体构建方法

传统载体构建方法主要是采用限制性核酸内切酶，在具有多克隆位点的载体上寻找合适的酶切位点和获得目的基因片段，再用 DNA 连接酶和其他修饰酶将目的基因和载体进行连接而获得转化体载体，然后采用双酶切添加合适的启动子、选择性标记基因等序列元件，最后转化到合适的宿主菌中，实现目的基因表达。质粒载体常采用传统载体构建的方法来构建，例如，构建一个插入 *gf*-2.8 目的基因的 pBI121 中间载体，需连接片段大小为 700 bp 左右并且两端分别有 *Bam*HI 和 *Sac*I 酶切位点，首先用 *Bam*HI 和 *Sac*I 分别对 pBI121 和目的基因进行双酶切，然后再将 pBI121 载体片段与目的基因用 T_4 连接酶连接，用重组子进行转化实验，利用抗性标记进行筛选阳性克隆。这种传统的载体构建方法不宜用于构建多片段拼接的复杂载体，因为技术路线设计和实际操作均比较麻烦，需要构建多个载体。但实验中在没有找到更简便有效的方法之前，采用传统的构建方法仍不失为一种安全、稳妥的选择，一般能够获得预期结果。

2. Gateway 技术

Gateway 技术是 Invitrogen 公司开发的一项基因克隆和表达的新技术，它利用位点特异重组构建入门载体后，不再需要使用限制性内切酶和连接酶。一旦拥有了入门载体，就可以利用它将目标基因多次转移到各种不同的表达载体上，能够克隆一个或多个基因进入任何蛋白表达系统。在重组时，DNA 片段的阅读框和方向保持不变，不影响不同基因的测序结果，因此每当使用一种新的表达系统时，可以节省大量时间。Gateway 技术是一种通用性的克隆方法，利用该技术可以快速、高效地克隆一个或多个基因进入任何蛋白表达系统，可用于基因的蛋白质表达和功能分析。

3. 含三段 T-DNA 载体

由于抗生素筛选标记基因带来了一定的安全隐患，目前很多转基因植物材料因抗性筛选标记而不能进行商品化生产，因而催生了不含筛选标记的多种植物转基因技术的发展。人们采用一些新的转化体系进行转基因操作来避免抗性标记污染的问题，如共转化法、定位重组体系、多元自动转化载体系统、转座子系统和同源重组体系等。其中，以共转化法的应用最为成功。共转化法是利用基因枪将分别携带目的基因和标记基因的 2 个质粒载体混合转入受体细胞中后，无筛选标记的转基因植株出现在 T_1 或 T_2 的分离后代中；其缺点是转化效率比较低。共转化法中以二段 T-DNA 载体和三段 T-DNA 载体的应用比较广泛，尤其是二段 T-DNA 载体用得较多，但这种方法获得无标记转基因植株效率较低。二段 T-DNA 载体指的是一个

T-DNA 结构域中含有选择标记基因，另一个 T-DNA 结构域中含有目的基因，由于目标基因和选择标记基因位于不同载体或不同 T-DNA 上，后代中能够获得无标记转基因植株的效率就比较低；三段 T-DNA 载体是其中一段 T-DNA 区域含标记基因，另外两段 T-DNA 区域含目标基因，用其转化大豆后，能较高效率地获得无标记转基因植株。

4. 通用高效的复杂载体构建新方法

传统载体构建方法在构建多片段拼接的复杂载体时，常需要构建多个中间载体，操作烦琐，在实际操作时需要新型通用高效的载体构建方法。例如，构建连接多个外源 DNA 片段的表达载体 pRSMGA，引物设计时在目的片段 5′ 端加上随机设计的接头，利用 PCR 克隆目的片段，再用 T₄ DNA 聚合酶 3′-5′ 外切酶活性处理克隆目的片段，产生多个首尾相匹配的黏性末端，进行多片段定向连接、转化、重组子鉴定。如构建一个含 7 个片段拼接的表达载体 pRSMGA，只需两次连接转化就可以完成，且其重组转化效率高（图 1.2.1）。如果是采用传统载体的构建方法，必须进行多次转化。

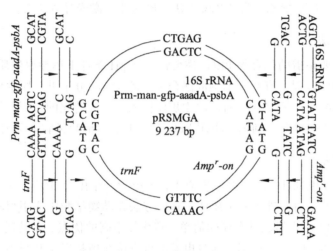

图 1.2.1　质粒 pRSMGA 的构建

第三节　植物转基因操作技术

植物转基因技术，又叫植物基因重组技术，是将人工分离和修饰的基因导入植物基因组中，由导入基因的表达而引起植物性状的可遗传修饰。植物转基因工程试验虽然起步较晚，但发展迅速，目前在全球 45 个国家中已经完成和正在进行的转基因作物的田间试验已超过 25 000 例，这些试验涉及 60 种作物 10 类经济性状的改造，涉及 4 大类基因。在 1996—2012 年的 16 年间，全球转基因作物种植面积约增长了 100 倍，超过 1.7 亿公顷；2012 年，28 个国家的农民种植了 1.703 亿公顷的转基因作物，比 2011 年增长了 6%。

目前的转基因生物大多数是转基因植物，转基因植物主要是大豆、玉米、棉花和油菜等，其中以转基因大豆种植面积最大。

植物基因工程快速发展的原因主要有以下几方面：① 植物细胞具有"全能性"，容易脱分化；② 植物是人类食物和能源的主要来源，与人类的生活及所处环境息息相关；③ 很多植物有自花授粉或自交的能力，容易得到转基因纯合体。

植物转基因技术包括目的基因的克隆、外源基因的导入和转基因植物的再生。将外源基因导入植物细胞的方法有多种，其中最常见的是原生质体介导法、基因枪法和根癌农杆菌介导法。基因枪法和根癌农杆菌介导法避开了原生质体的培养和再生，是目前使用最多、最成功、最成熟的方法。

一、原生质体介导法

原生质体介导法又称体细胞杂交法，是将植物器官或组织分离得到纯净的原生质体，通过物理或化学方法使不同物种原生质体相互融合获得再生植株的方法。目前原生质体诱导融合普遍采用的化学方法是聚乙二醇（PEG）法、电激法、激光导入法等。

1. PEG 介导法

PEG 介导法主要是借助化合物 PEG、磷酸钙及高 pH 条件下诱导原生质体摄取外源 DNA 分子。PEG 是细胞融合剂，有利于细胞间融合和外源 DNA 分子进入原生质体。磷酸钙可与 DNA 结合形成 DNA-磷酸钙复合物而被原生质体摄入，完成转化的过程。第一例成功的转基因烟草就是用该方法获得的。刘铜等也用 PEG 介导玉米弯孢叶斑病菌基因的遗传转化。

2. 电激介导法

电激法是用高压电脉冲作用，在原生质体膜上电激"穿孔"，形成可逆的瞬间通道，促使外源 DNA、RNA 或蛋白质进入原生质体，这种方法在动物细胞中应用得较早并取得了很好的效果。电激法与 PEG 法相比具有操作简单、转化效率高的优点，尤其适合于瞬时表达；但易造成原生质体损伤，降低转化率。通过电激法可直接在植物组织和细胞上打孔，将目的基因导入受体植物细胞，无需制备原生质体，提高了植物细胞的存活率，简便易行。例如，于爱真等用 50 kV 的电场电压处理 M099 水稻，使得该品种水稻的 $\alpha2$-淀粉酶活性提高了 75% ~ 122%，蛋白酶活性提高了 69% ~ 123%。

3. 激光导入法

激光的诞生为生物学研究提供了有效的研究工具。激光是一种相干性很强的单色电磁波，一定波长的激光可通过显微镜聚集成微米级的微束，对组织进行穿刺，从而导入外源 DNA。激光微束主要应用于细胞生物学和细胞遗传学的研究，如王琳通过激光透穴离子导入法对大鼠大脑中动脉缺血再灌注损伤进行观察，发现激光透穴离子导入法可下调脑缺血，再灌注后进行一氧化氮合酶（NOS）的表达，减少一氧化氮（NO）的生成，保护脑缺血再灌注损伤。

原生质体介导法是植物中最早建立起来的转化体系，与其他方法相比具有如下优点：① 转化体的选择比较容易，受体是单个原生质体，避免了在筛选过程中转化细胞和非转化细胞的影响；② 原生质体转化对细胞的伤害少；③ 可避免嵌合转化体的产生；④ 建立原生质体再生系统的植物可用来做受体植物。但是原生质体介导法也有一定的缺陷，主要是转化效率低，由原生质体再生的无性系植株变异大，原生质体再生系统的建立非常困难等。

二、基因枪法

最早的基因枪由美国康乃尔大学 Sanford 等在 1987 年设计制造。随着基因枪的发明，出现了许多用基因枪进行转基因操作并获得成功的报道，如 Sanford 在 1993 年首次利用基因枪方法将外源基因转化到植物细胞中；1999 年，Gordon Kamm 等用基因枪技术首次获得转基因玉米的可育植株。随着科学技术的发展，基因枪转化技术因其简便、安全、高效的优势，不仅在植物中应用得比较多，在动物细胞中也得到了广泛的应用，如 2008 年，马际尧等发现基因枪介导转化的 pVAXL-2PFcGB 融合肿瘤抗原基因疫苗能够表现出明显的抗肿瘤效果。

（一）基因枪转化法的基本原理

利用亚精胺和氯化钙的沉积作用将外源 DNA 包被在金属颗粒（金粉、钨粉等）表面形成微弹，将这种微弹悬液涂于载膜（尼龙、塑料等）上，通过不同的驱动力高速驱动微弹载体，使携带 DNA 的微弹直接进入受体靶细胞，使外源 DNA 整合到植物染色体上，实现外源基因的转化。

1. 基因枪分类

根据驱动力的不同将基因枪分为三种以下类型：

（1）火药爆炸式基因枪

火药爆炸式基因枪是最早出现的、较原始的基因枪，它主要由滑膛腔、真空轰击室和阻弹部件组成。携带了外源目的基因的大量微弹装载在子弹的前端，当火药爆炸时，子弹带着微弹一齐向下做高速运动，直到阻挡板阻碍了子弹，而微弹继续高速运动，直到击中轰击室的靶细胞。该基因枪的特点是粒子速度可控程度低，主要是货样的数量及速度调节的控制，不能无级调控。

（2）高压气动式基因枪

高压气动式基因枪是在火药式基因枪的基础上发展出来的，该系统主要是由氦气、氮气和二氧化碳气驱动。微弹射入受体靶细胞有两种方法：一种是在高压气体的冲击下，把悬滴在金属筛网上并载有外源目的基因的微弹射入受体靶细胞；另一种是先让外源目的基因与微弹混合并雾化，再在高压气体的冲击下射入受体靶细胞。

（3）高压放电式基因枪

高压放电式基因枪将微弹射入受体靶细胞是在电加速器通过高压放电的情况下进行轰击。其特点是通过调节放电电压来控制粒子的速度和入射速度，且可无级调控。

（二）基因枪法进行转化步骤实例

以 Biolistic PDS-1000/He 型基因枪为例。

1. 预处理

首先是用甘露醇或山梨醇对靶细胞或组织进行预处理，通过渗透压调节使细胞发生质壁分离，阻止被轰击细胞的细胞质外渗，从而减少细胞的损伤，提高转化效率。

2. 质粒 DNA 的提取与纯化

根据实验需求提取含所需目的片段的质粒 DNA。提取纯化过程的具体操作可根据相关的质粒 DNA 小量抽提试剂盒说明书进行。

3. 微弹的准备

取少量无水乙醇并在振荡器上剧烈振荡，充分溶解金粉或钨粉，10 000 r/min 离心，去掉上清液，重复操作 3 次。沉淀中加入少量灭菌水，振荡重新悬浮，然后短暂离心，去掉上清液，重复操作 3 次。再加入灭菌水 0.25 mL，振荡悬浮后，平均分配至几支 0.5 mL 的离心管中，室温下保存 2 周。向离心管中加入适量 DNA（1 mg/mL）、2.5 mol/L $CaCl_2$ 和 0.1 mol/L 的亚精胺，每加一次样可振荡一下，最后静置几分钟，短暂离心，去掉上清液。然后加入少量无水乙醇清洗，振荡至悬浮，短暂离心，去掉上清液。再加入适量无水乙醇，保持悬浮状态备用。

4. 靶外植体材料的准备和轰击

根据基因枪选择外植体大小，无菌条件下取外植体置于无菌培养皿中，再把外植体放进有基因枪的样品室的载物台，按实验要求调整载物台高度，并对准子弹发射轴心。整个过程需无菌操作。按基因枪的操作说明进行轰击。

5. 轰击后的外植体培养

为了避免材料脱水加重细胞受伤害的程度，DNA 轰击后应立刻转入相应的培养基中培养，筛选获得抗性愈伤组织，最终分化出再生植株。

（三）影响基因枪转化效率的因素

1. 轰击参数的影响

（1）DNA 浓度及用量

一般而言，DNA 浓度越高，转化效率就越好，但并不一直呈线性关系。DNA 浓度过大会导致与微弹凝结，使受体细胞在轰击时遭受损伤，同时成块的微弹也不能很好地穿入细胞；浓度过大还会使受体细胞转入基因的拷贝数增加，造成基因沉默。一般情况下，DNA 使用的浓度为 1 μg/μL。

（2）微弹种类及用量

适合做载体的金属有很多种，目前常采用金粉或钨粉。有研究表明，金粉比钨粉的效果要好。一般来说，随着金粉和 DNA 用量的增加，Gus 报告基因瞬时表达的蓝点数也增加。但金粉用量过多，对受体细胞也会产生较大的机械损伤，影响分化能力和转化效果。一般每枪金粉用量 30 ~ 500 μg。

（3）微弹的速度、射程及轰击次数

微弹的速度和射程是影响转化效率的重要因素，是微弹能否打入分化潜能的细胞的关键因素，速度不同对受体组织、细胞的穿透力和伤害程度也不同。微弹的射程是指样品室的靶材料与基因枪挡板之间的距离，它是影响转化效率的一个重要因素。速度越大则穿透力越强，反之则穿透力越弱。有研究表明，以 400 m/s 以下的轰击速度，10 cm 样品室高度的转化效率明显低于 7 cm 样品室高度的结果。合适的轰击次数也可提高转化效率，但轰击次数不宜过多，以免对细胞造成伤害，反而降低转化效率。

（4）轰击压力、距离及真空度

轰击压力、距离及真空度的设置一般参照仪器的操作说明。具体操作时，应根据受体材料的特点，相应调整其参数，具体参考表 1.2.1 的 Biolistic PDS-1000/He 型基因枪使用参数表。转化效率与弹膛内的真空度呈正相关，但是受体材料对真空度只有一定的耐受性，弹膛内的真空度受到了一定的限制。

表 1.2.1　Biolistic PDS-1000/He 型基因枪使用参数表

细胞类型	细胞密度	真空度 /inHg[①]	目标距离 /cm	氦气压力 /psi[②]	微粒型号
酵母	$10^8 \sim 10^9$/100 mm 平板	28	6	1 300	0.6 μ 金粉
藻类	$10^8 \sim 10^9$/100 mm 平板	29	6	1 300	0.6 μ 金粉
植物胚	10 个开胚/100 mm 平板	28	6	1 300	1.0 μ 金粉
植物细胞或愈伤组织	每管细胞 0.75 mL	28	6	1 100	1.0 μ 金粉
复合细胞器	5×10^7/100 mm 平板	28	6	1 300	0.6 μ 金粉
动物组织培养	50% ~ 80%/35 mm 平板含量	15	3	1 100	1.6 μ 金粉
动物组织块	离体 1 ~ 96 h 内	25	9	1 100	1.6 μ 金粉

注：① 1 inHg = 3.386 kPa；
　　② 1 psi = 6.895 kPa。

2. 转化受体生理状态的影响

一般选择细胞分裂旺盛、再生能力强的胚性细胞或组织，并在轰击前后用一定浓度的渗透剂（0.2 ~ 0.5 mol/L 甘露醇和山梨醇）处理，减轻受体细胞或组织的损伤程度，从而获得较好的再生及转化效果。

3. 操作手法的影响

影响因素主要是包被过程中离心和悬浮的程度以及微弹悬液涂于载体膜的均匀等。根据不同的实验要求，选择合适的条件才能获得良好的效果。

（四）基因枪转基因技术的发展前景

当前，作物基因工程正处于飞速发展时期，越来越多的转基因植物产品进入市场。人们可以利用基因枪技术转化培养特定的抗病、抗旱、抗寒、抗涝、抗虫、耐药等性状转基因作物，能够培育成高蛋白、高油酸、高维生素的转基因作物，还可以利用该技术开发、利用具有特定用途（如生物制药）的作物。同时，利用基因枪法获得转基因生物也具有广阔的发展前景，如转基因动物、生物反应器、基因治疗等。基因枪法转基因的成本虽然较高，但随着技术的进步特别是分子生物学技术的飞速发展，基因枪法的成本会不断下降。另外，基因枪法转基因在宿主细胞的选择方面无任何限制，有着巨大的发展空间。随着基因枪技术的进一步完善，必将推动 21 世纪基因工程的发展。

三、农杆菌介导法

农杆菌是普遍存在于土壤中的一种革兰氏阴性细菌，能侵染双子叶植物和单子叶植物。农杆菌主要有两种，即根癌农杆菌（也叫根癌土壤杆菌）和发根农杆菌（也叫发根土壤杆菌），分别含有 Ti 质粒和 Ri 质粒。Ti 质粒是在根瘤土壤杆菌细胞中存在的一种染色体外自主复制的环形双链 DNA 分子，控制根瘤的形成，可作为基因工程的载体。其基因结构主要包括以下 4 个区段：① T-DNA 区（transferred-DNA regions），是农杆菌侵染植物细胞时从 Ti 质粒上切割下来转移到植物细胞的一段 DNA，该片段 DNA 上的基因控制根瘤的形成。② Vir 区（virulence region），该区段上的基因能激活 T-DNA 转移，使农杆菌表现出毒性，Vir 区与 T-DNA 区彼此相邻，合起来约占 Ti 质粒 DNA 的 1/3。③ con 区（regions encoding conjugations），该区段上存在与细菌接合转移的有关基因（tra），调控 Ti 质粒在农杆菌之间的转移。冠瘿碱能激活 tra，诱导 Ti 质粒转移，因此称之为接合转移编码区；④ Ori 区（origin of replication），该区段基因调控 Ti 质粒的自我复制，称为复制起始区（图 1.2.2）。Ri 质粒是在发根土壤杆菌细胞中存在的一种染色体外自主复制的环形双链 DNA 分子，主要控制不定根的形成，同样可作为基因工程的载体。Ti 质粒和 Ri 质粒中有一部分是"T-DNA"的 DNA 片段，农杆菌通过侵染植物伤口进入细胞后，将 T-DNA 插入植物基因组中。因此，农杆菌是一种天然的植物遗传转化体系。人们将目的基因插入经过改造的 T-DNA 载体，借助农杆菌的浸染，使外源基因向植物细胞转移与整合，然后通过植物组织培养技术，再生出转基因植株。如林拥军建立了 EHA105 农杆菌介导牡丹江 8 号高效转基因体系，主要应用于抗白叶枯病和抗稻瘟病基因的克隆。试验菌株为携带卸甲 pTiBo542 的农杆碱型菌株 EHA105，转化载体为 pCAMBIA1301，建立牡丹江 8 号高效愈伤组织诱导、继代和植株再生的组织培养体系，通过对愈伤组织状态、预培养和共培养培养基、根癌农杆菌的接种浓度、共培养温度、共培养时间以及潮霉素有效选择浓度等影响转化效率的因子进行较系统的研究，建立了高效的农杆菌 Ti 质粒介导的牡丹江 8 号转基因体系。

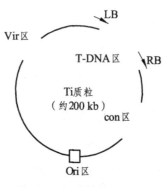

图 1.2.2 Ti 质粒模式图

1. Ti 质粒的改造

Ti 质粒是农杆菌介导基因转化的重要部件，大小约为 200 kb。Ti 质粒控制根瘤的形成，是植物基因工程中的一种天然载体，但野生 Ti 质粒直接作为植物基因工程载体，存在许多障碍，比如：① Ti 质粒上存在一些对 T-DNA 转移无用的基因，会加大其基因片段，使其难以操作；② T-DNA 上 *onc* 的产物影响宿主细胞内源激素的平衡，阻碍细胞的分化和植株的再生；③ Ti 质粒不存在大肠杆菌的复制起始点，不能在大肠杆菌中应用；④ 天然 Ti 质粒存在过多的限制性内切酶酶切位点，使之难以进行 DNA 重组操作。

对野生 Ti 质粒可以采取两种不同的改造策略，即"一元载体系统"和"二元载体系统"。相比较而言，二元载体有更多优点，如构建方便、效率高、不会带入大量无用的冗余 DNA 序列等。一元载体系统改进首先是切除 T-DNA 中的致瘤基因，并在此位点插入与中间载体同源的质粒序列，保留两侧边界与 T-DNA 准确转移所需的 25 个碱基序列。用特定转移方法转移中间载体，发生同源重组，根据中间载体所携带的抗性基因进行筛选，最后用筛选后的菌株侵染植物组织细胞。在一元载体中，T-DNA 区与 Vir 区是在同一个载体上，故又称顺式载体。而实际上完全没必要把 T-DNA 区与 Vir 区构建在同一载体上，当它们处于不同载体上时，Vir 区通过反式作用使 T-DNA 区发生转移，这就是二元载体的基本原理。在二元载体中，根癌农杆菌菌株有微型 Ti 质粒载体和辅助 Ti 质粒载体。微型 Ti 质粒缺失了 Vir 区，T-DNA 也进行了卸甲处理，引入酶切位点，有利于外源基因的插入。改造的微型 Ti 质粒相当小，可以像质粒一样进行遗传操作。辅助 Ti 质粒相对较大一些，只去掉了 T-DNA 区，它可激活微型 Ti 质粒上的 T-DNA 区而发生转移。二元载体系统进行遗传转化的基本过程是先将外源基因重组在微型质粒上，再将其转入有辅助 Ti 质粒的根癌农杆菌菌株中，最终两种 Ti 质粒可通过反式作用将含有外源基因的 T-DNA 区转移到植物组织细胞中。

2. 农杆菌转化植物细胞的过程

农杆菌首先识别和附着在植物细胞表面的特定部位，其次经敏感细胞的诱导，位于 Ti 质粒上控制 T-DNA 区的基因转移的 Vir 区基因活化并表达，然后 T-DNA 从 Ti 质粒上切割下来，转移并整合到植物细胞的核基因组中。

3. 农杆菌转化法的特点

用农杆菌进行转化，有一个最大的优点就是它的受体类型广泛，可以是原生质、单细胞、细胞团、组织、器官和植株水平，而且其方法简单易行、周期短、转化效率较高；但转化体常出现"嵌合"现象，需在严格条件下加以筛选和淘汰未转化的细胞。该方法影响转化效率的因素相对较少，受体再生系统、细菌株系是其中的两个最重要因素。

四、基因枪法与农杆菌介导法的比较

农杆菌和基因枪法是当今应用最广、最成功的植物转基因方法，两种转基因方法各有千秋。基因枪法就是将外源 DNA 直接导入植物细胞内，拷贝数多，对细胞破坏性大，多用来对细胞作瞬时表达；而农杆菌介导法相对比较温和，外源基因多数为低拷贝，转化效率也比较高。农杆菌是利用自然存在的现象改进而来的，可控性强；基因枪法则非常适合于以细胞器为转化目标的转基因研究。

第四节 植物组织培养

近十年来，植物组织培养技术得到了迅速的发展。通过组织培养不仅可以生产大量的优良无性系，还可获得对人类有用的多种代谢物质，通过细胞融合克服了远缘杂交不亲和性障碍，可培育植物的新品种和改良种性。植物组织培养技术已渗透到植物生理学、病理学、药学、遗传学、育种学以及生物化学等各个研究领域，成为生物学科中的重要研究技术和手段，广泛应用于农业、林业、工业和医药业等多种行业，产生了巨大的经济效益和社会效益。

一、植物组织培养的概念

植物组织培养，又称离体培养和试管培养。利用细胞的全能性，在无菌和适宜的人工培养基及光照、温度等人工条件下，利用植物体离体的器官（如根、茎、叶、茎尖、花、果实等）、组织（如形成层、表皮、皮层、髓部细胞、胚乳等）或细胞（如大孢子、小孢子、体细胞等）以及原生质体，诱导出愈伤组织、不定芽、不定根，最后形成完整的植株。

二、植物组织培养技术原理

植物组织培养的基本原理就是植物细胞的"全能性"及植物的"再生作用"。1902 年，德国植物学家 Haberlandt 在细胞学理论的基础上提出高等植物的器官和组织可以不断分割直至单个细胞，植物体细胞在适当的条件下，具有不断分裂、繁殖并发育成完整植株的潜力。1939 年，美国植物学家 Gautheret 等人用胡萝卜韧皮部的细胞进行培养，使细胞增殖和诱导出了愈伤组织；1945 年，我国科学家与美国科学家 Skoog 合作，通过组织培养诱导出了植物器官；1958 年，美国科学家 Steward 用胡萝卜体系胞诱导出了完整植株，这些实验证实了 Haberlandt 的设想。

三、培养基的选择

组织培养的基础培养基有 MT、MS、SH、White 等，不同植物对培养基种类的需求不同，有时需要对培养基做一些改良，有时需选用专用培养基。在植物组织培养中，培育出新植株的关键是愈伤组织和胚状体的形成，在基础培养基里添加一定浓度的外源激素，可以诱导出愈伤组织、胚状体、不定芽、根等器官，最终可获得再生植株。常用的激素类型有生长素类、细胞分裂素类、赤霉素类等。MS 培养基的配置方法见表 1.2.2：

表 1.2.2　MS 培养基母液的配制

项　目	成　分	储备液用量 /（mg/L）	倍数	配置体积 /mL	应用体积 /mL
大量元素（R_1）	硝酸铵 硝酸钾 七水合硫酸镁 磷酸二氢钾	33 000 38 000 7 400 3 400	20	1 000	50
大量元素（R_2）	氯化钙	6 600	20	1 000	50
无机微量元素（R_3）	碘化钾 一水合硫酸锰 硼酸 七水合硫酸锌 二水合钼酸钠 五水合硫酸铜 一水合氯化钴	830 6 200 16 901.25 8 600 250 25 25	1000	1 000	1
铁盐（R_4）	七水合硫酸亚铁 二水合乙二胺四乙酸二钠	13 900 18 650	500	1 000	2
有机成分（R_5）	烟酸 盐酸吡哆醇 盐酸硫胺素 甘氨酸	100 100 80 400	200	1 000	5
有机成分（R_6）	肌醇	20 000	200	1 000	5

注：MS 培养基/L = 50 mL R_1 + 50 mL R_2 + 1 mL R_3 + 2 mL R_4 + 5 mL R_5 + 5 mL R_6 + 30 g 蔗糖 + 8 g 琼脂，加水定容至 1 L，pH 调至 5.80。

四、各种激素的作用机理

无论是植物细胞的生长、分化，器官的发生与脱落及植物的生长发育、开花、成熟和衰落，还是离体植物组织中细胞的分化和形态的建成，植物生长调节剂均有明显的调节作用。常见的生长调节剂有生长素、细胞分裂素、赤霉素、乙烯和脱落酸五类，这五类激素均采用人工方法合成，不同植物的生长调节剂诱导植物器官再生的效果不同，作用机理也不同。

1. 生长素

吲哚乙酸（IAA）是最早发现的促进植物生长的激素。在自然界中，生长素影响植物茎的伸长、向性，叶片脱落和生长。在组织培养中，生长素主要促进细胞的分裂和根的生长，常见的生长素有吲哚乙酸（IAA）、吲哚丁酸（IBA）、2,4-D 和萘乙酸（NAA）等。IAA 作用于细胞核上，促进 RNA 和蛋白质的合成，增加原生质体的含量，使细胞生长。IAA 活化原生质膜上的 ATP 酶，使细胞质上的 H^+ 流向细胞壁，导致细胞壁上的水解酶被活化或直接打断细胞壁中酸的不稳定共价键或氢键，使细胞壁弹性增加，利于生长。很多研究证明，2, 4-D

诱导体细胞胚胎的发生,还能诱导一些特异蛋白质的形成。2,4-D 的浓度与 DNA 甲基化有关,通过改变细胞内源 IAA 代谢而起作用。

2. 细胞分裂素（CTK）

细胞分裂素在植物生长发育过程中起着重要的调节作用,但目前很少从分子水平上阐明细胞分裂素的作用机理。细胞分裂素能与蛋白质结合,可能参与调节蛋白质的合成。Crowell 等从大豆细胞中得到 20 种 DNA 克隆及所产生的 mRNA,用细胞分裂素处理后,mRNA 明显增加,比对照提高 2 ~ 20 倍。

3. 赤霉素（GA₃）

赤霉素在植物生长过程中所起的最重要的生理效应是促进茎细胞伸长和细胞分裂。赤霉素通过提高细胞壁的延展性而促进细胞伸长,通过生长素引起的细胞壁酸化而起作用。赤霉素对细胞壁延展性的促进作用可能涉及木葡聚糖内切转糖苷酶（XET）,XET 的作用可能促进伸展素进入细胞壁。赤霉素对细胞分裂的促进是通过诱导几个依赖细胞周期蛋白激酶基因的表达,从而促进细胞周期从 G_1 期向 S 期转变。关于赤霉素的作用机理,研究得较深入的是诱发去胚大麦种子中淀粉的水解。用赤霉素处理灭菌的去胚大麦种子,发现 GA_3 显著促进其 α-淀粉酶的合成,从而促进了淀粉的水解。在完整大麦种子发芽时,胚含有赤霉素并分泌到糊粉层中。此外,GA_3 还刺激糊粉层细胞合成蛋白酶,促进核糖核酸酶及葡聚糖酶的分泌。

4. 脱落酸（ABA）

植物激素脱落酸是一种重要的化学信号分子,主要参与对种子发育、幼苗生长、叶片气孔行为和植物对逆境适应的调节。同其他任何激素等化学信号一样,ABA 参与调节的过程实质上是一个细胞信号转导过程,首先识别细胞受体,通过一系列细胞内下游信使将信号转导到"靶酶"或细胞核内"靶基因"上,引起酶活性的变化或基因表达的改变。张大鹏的研究小组完成了鉴定一种介导种子发育、幼苗生长和叶片气孔行为的 ABA 受体 ABAR。

五、组织培养的方法和步骤

（一）培养材料的准备

根据培养目的选择易于诱导、带菌少且植物组织内部无菌的材料。组织培养所用的材料非常广泛,可采取根、茎、叶、花、芽和种子的子叶,有时也利用花粉粒和花药,其中根尖不易灭菌,一般很少采用。在快速繁殖中,最常用的培养材料是茎尖,通常切块在 0.5 cm 左右。如果为培养无病毒苗而采用的培养材料通常仅取茎尖的分生组织部分,其长度在 0.1 mm 以下。

（二）培养材料的消毒

先将材料用流水冲洗干净,然后用蒸馏水冲洗,再用无菌纱布或吸水纸将材料上的水分吸干,并用消毒刀片切成小块。在无菌环境中将材料放入 70% 酒精中浸泡 30 ~ 60 s,再将材料移入漂白粉的饱和溶液或 0.01% 升汞水中消毒 10 min，取出后用无菌水冲洗 3 ~ 4 次。

（三）制备外植体

将已消毒的材料用无菌刀、剪刀、镊子等在无菌的环境下剥去芽的鳞片、嫩枝的外皮和种皮胚乳等，如果是叶片则不需剥皮，然后切成 0.2 ~ 0.5 cm 厚的小片，制备外植体。在操作中严禁用手触及材料。

（四）接种和培养

1. 接 种

在无菌环境下，将切好的外植体立即接在培养基上，每瓶接种 4 ~ 10 个。

2. 封 口

接种后，瓶、管用无菌药棉或盖封口，培养皿用无菌胶带封口。

3. 温 度

培养基大多应保持在 25 ℃ 左右，因花卉种类及材料部位的不同而有所区别。

4. 增 殖

外植体的增殖是组织培养的关键阶段，在新梢形成后为了扩大繁殖系数需要继代培养。把材料分株或切段转入增殖培养基中，增殖培养基一般在分化培养基上加以改良，以利于增殖率的提高。增殖 1 个月左右后，可视情况进行再增殖。

5. 根的诱导

继代培养形成的不定芽和侧芽等一般没有根，必须转到生根培养基上进行生根培养，1 个月后即可获得健壮根系。

（五）组织培养苗的练苗移栽

试管苗从无菌到光、温、湿稳定的环境，再到进入自然环境，必须进行炼苗。移植前，先将培养容器打开在室内自然光照下放 3 d，然后取出小苗，用自来水把根系上的培养基冲洗干净，栽入已准备好的基质中，基质使用前应消毒。移栽前要适当遮阴，加强水分管理，保持较高的空气湿度（相对湿度 98% 左右）。但基质不宜过湿，以防烂苗。

六、植物组织培养的应用

植物组织培养已成为生物科学的一个广阔领域，特别是与农业密切相关。由于农业主要是以植物栽培为主，植物组织培养在农业生产中的应用越来越重要，主要包括快速繁殖优良品种、无病毒苗（virus free）的培养、新品种的选育和种质保存的应用。

1. 快速繁殖优良品种

用组织培养的方法进行快速繁殖在生产上应用最为广泛，包括花卉、观赏植物以及一些其他经济作物（如蔬菜、果树、大田作物）的繁殖。快速繁殖技术不受季节条件的限制，能使不能或很难繁殖的植物增殖。目前，组织培养在甘蔗、菠萝、香蕉等经济作物上取得了成功，一般取用这些作物的茎尖、侧芽、鳞片、叶片作为外植体。

植物组织培养技术应用于作物的快速繁殖，尤其是对一些繁殖系数低、不能用种子繁殖的作物品种进行繁殖，具有重大的意义。组织培养突出的优点就是"快"，能在较短时期内迅速扩大植株的数量。

2. 无病毒苗的培养

几乎所有植物都遭受到病毒不同程度的危害，有的种类植物甚至同时受到数种病毒的危害。尤其是很多园艺植物依靠无性方法来增殖，若受病毒感染，代代相传，会越来越严重。自从 Morel 发现采用微茎尖培养的方法可得到无病毒苗以来，微茎尖培养就成为解决病毒危害的重要途径之一；如果再与热处理相结合，可提高脱毒培养的效果。对于木本植物，如果茎尖培养得到的植株难以发根生长，可采用茎尖微体嫁接的方法来培育无病毒苗。

组织培养无病毒苗的方法已在很多作物、花卉和果树的常规生产上得到应用，如马铃薯、甘薯、草莓、苹果、香石竹、菊花等。已有不少地区建立了无病毒苗的生产中心，通过无病毒苗的培养、鉴定、繁殖、保存、利用和研究，形成一个规范的系统程序，从而达到保持园艺植物的优良种性和经济性状的目的。

3. 新品种的选育

植物组织培养为植物培养新品种提供了许多手段和方法，能创造一些在常规育种中不可能出现的奇迹。1964 年，印度的 Guha 和 Maheshwari 成功地由毛叶曼陀罗花粉诱导得到了单倍体植株，促进了对花药和花粉培养的研究。后来人们在烟草、水稻、小麦、玉米、番茄、甜椒、草莓、苹果等多种植物的单倍体研究上获得成功。单倍体植株可通过花药和花粉培养诱导而成，单倍体植株经过秋水仙素等药剂处理后，可获得同源二倍体的纯合系，其后代不发生分离，可直接用于选育杂种一代的亲本或性状纯合的常规品种，如甜辣椒"海丰 12 号"的亲本（单倍体）、甜椒"海花 3 号"（纯合二倍体）。与常规育种方法相比，通过花药和花粉培养获得单倍体的育种方法可以在短时间内得到作物的纯系，加快了育种进程。我国在利用花药和花粉培养进行单倍体育种方面处于世界先进水平，取得了很大成就。

通过胚胎培养可以克服远缘杂交胚停止发育的困难，在育种实践中已被广泛采用，如在普通栽培番茄与野生番茄——秘鲁番茄的远缘杂交中就常被采用。采用紫外线等射线照射培养物或者在培养基中加入叠氮化合物，可以诱导和提高突变率，如我国筛选出的耐盐水稻、烟草、甘蔗的再生植株或细胞系。

原生质体培养和体细胞杂交在育种方面的应用也很广泛，如我国成功地培养了包括大豆、玉米、小麦、高粱等重要作物在内的 30 个品种以上的原生质体再生植株，一些研究者还获得了其他一些体细胞杂种，如胡萝卜、结球甘蓝和茄子的一代杂种。从 20 世纪 80 年代起，人工种子的研究已备受世界的关注。美、日、法等国在胡萝卜、苜蓿、芹菜、花椰菜、莴苣等植物上获得了初步成功，我国也从"七五"开始研究人工种子。

4. 种质保存

大部分植物组织在液氮超低温条件下贮藏后仍然能够保持很高的存活率并能再生出植株，保持原来的遗传特性。因此，利用植物组织培养技术保存植物种质资源，可以节省大量的人力资源。将植物材料保存在容器内运输，不但能够节省时间和空间，降低运输成本，而且能够减少种子和非试管植株材料携带有害生物的危险，如设在秘鲁首都利马的国际马铃薯中心已对 14 个国家以组织培养形式运输种质资源，甘蔗、姜、甘薯及多种花卉在国家间也采用了组织培养形式进行商品交流。

第五节　转基因植物的鉴定

随着分子生物学的发展，遗传转化方法得到了广泛的应用，可以将需要的外源目的基因导入受体植株，然后通过对转化植株的鉴定选择创造出人类所需的新品种，打破了杂交育种、物理等传统方法的杂交不亲和、杂交不育、诱变率低且非定向性等缺点。由于转基因植物中存在嵌合现象，如何快速有效地检测出转基因阳性植株或细胞、外源基因是否整合到植物染色体上、整合的方式如何、整合到染色体上的外源基因是否正确表达等问题，成为植物转基因研究的重要课题。目前对植物转基因的鉴定方法各异，各有千秋，对于不同的品种，不同的鉴定人员所采用的鉴定方法各有不同。但根据外源基因的表达水平，外源基因的检测和鉴定可以分为整合水平、转录水平和翻译水平三个方面。

一、分子杂交检测外源基因的整合

外源基因是否转化成功，首先是通过报告基因快速检测，在需要的情况下再检测目的基因。目的基因检测常采用分子水平杂交的方法。

1. PCR 检测外源基因的整合

自 1985 年 PCR 技术问世以来，广泛地应用于各个领域，尤其是转基因产品检测方面。在转基因个体的检测中，设计外源基因两端的特异引物，通过 PCR 技术扩增大量的外源基因，再用琼脂糖凝胶电泳检测是否有特异条带，进而可确定外源基因是否整合到基因组中。PCR 对转基因产品大分子量 DNA 检测的灵敏度很高，可以达到样品含量的0.0001%。

因为 PCR 检测的高度特异性，检测所需的模板量很少，对模板 DNA 质量要求也不高，尤其适合于转化材料少又需及早检测的情况。这种技术已应用于欧美杨、番茄、辣椒、葡萄、豆瓣菜等转基因植物的鉴定，是转基因植物鉴定中最简单、最常用的方法。由于 PCR 检测十分灵敏，有时会出现假阳性扩增，因此 PCR 检测只能作为初步结果，还需要 Southern 杂交进行确认。

2. Southern 杂交检测外源基因的整合

Southern 杂交属于核酸分子杂交，是进行基因组 DNA 特定序列定位的通用方法。一般利用琼脂糖凝胶电泳分离经限制性内切酶消化的 DNA 片段，将胶上的 DNA 变性并在原位将单链 DNA 片段转移至尼龙膜或其他固相支持物上，经烘烤或者紫外线照射固定，再与相对应结构的标记探针进行杂交，用放射自显影或酶反应显色检测特定 DNA 分子。核酸分子杂交是进行核酸序列分析、重组子鉴定及检测外源基因整合表达的强有力手段，具有灵敏度高（可检测 10^{-12} g）、特异性强等特点，是当前鉴定外源基因整合的权威方法。根据杂交时所用的方法不同，核酸分子杂交可分为 Southern 印迹（blot）杂交、Southern 斑点（dot）杂交或 Southern 狭缝（slot）杂交和 Southern 细胞原位（in situ）杂交。但最常用的还是 Southern 印迹杂交，它既可以判断外源基因的整合情况，又可以确定其拷贝数。现在这种技术已在水稻、玉米、大白菜、烟草等植物中得到广泛的应用，但整合的外源基因是否表达还需要 RT-PCR、Northern 杂交和 Western 杂交检测。

二、RT-PCR、Northern 杂交检测外源基因水平的转录

转录水平上的检测方法主要是 Northern 杂交，是以 RNA 和探针杂交的技术检测基因在转录水平上的表达的方法。RT-PCR 主要用于外源基因是否转录的初步检测。

1. Northern 杂交检测外源基因的转录

Northern 杂交和 Southern 杂交的主要区别在于 Northern 杂交是检测 RNA，而 Southern 杂交是检测 DNA。Northern 杂交中探针与 RNA 杂交形成 RNA-DNA 双链，再通过显示杂交带及放射自显影的强度来确定外源基因的表达情况，如杨树、豆瓣菜、马铃薯、烟草等转基因植物的表达情况均采用 Northern 杂交检测。

2. RT-PCR 检测外源基因的转录

RT-PCR 是主要用来分析外源 DNA 在植物体内是否转录的初步检测，是指由一条 mRNA 单链转录为互补 DNA（cDNA），再通过 PCR 使 DNA 扩增，如出现了特异的扩增条带，则表明外源基因转录成功。此法简单、快速，但对外源基因是否转录成功，需通过 Northern 杂交进行验证。

三、Western 杂交检测外源基因表达的蛋白

Western 杂交主要用于外源基因蛋白质表达的检测，其原理是从生物材料中提取总蛋白或目的蛋白，将蛋白质样品溶解于缓冲溶液中，通过 SDS-PAGE 电泳将蛋白质按分子量大小分离，再把分离的各蛋白质条带原位转移到固相膜（硝酸纤维素膜或尼龙膜）上，将膜浸泡在高浓度的蛋白质溶液中温育，以封闭其非特异性位点，然后加入特异抗性体（一抗），膜上的目的蛋白（抗原）与一抗结合后，再加入能与一抗专一性结合的带标记的二抗（通常一抗用兔来源的抗体时，二抗常用羊抗兔免疫球蛋白抗体），最后通过二抗上带标记化合物（一般

为辣根过氧化物酶或碱性磷酸酶）的特异性反应进行检测，根据检测结果可得知被检生物内目的蛋白是否表达、表达量及分子量等情况。

四、绿色荧光蛋白直接检测外源基因的表达

绿色荧光蛋白（green fluorescent protein，GFP）由 Shimomura 等于 1962 年在一种发光水母中发现，其基因所产生的蛋白质在蓝色波长范围的光线激发下会发出绿色荧光。GFP 是一种新型的报告基因，利用绿色荧光蛋白独特的发光机制可将 GFP 作为蛋白质标签，利用 DNA 重组技术，将目的基因与 GFP 基因构成融合基因，转染到合适的细胞中进行表达，然后用荧光显微镜对标记的蛋白质进行细胞内活体观察（图 1.2.3）。

图 1.2.3 转基因水稻 *OsPIN1a*-GFP 表达的激光共聚焦扫描
（中国热带农业科学院莫亿伟副研究员提供）

基因工程实例：利用转基因技术将外源抗虫 *Bt* 基因导入玉米

Bt 即苏云金芽孢杆菌（*Bacillus thuringiensis*）基因，具有杀虫效果好、安全、高效等优点，是应用最广泛的杀虫微生物。玉米螟［*Ostrinia furnacalis*（Guenee）］属于鳞翅目螟蛾科，主要分布在亚洲，寄主为玉米、高粱、谷子、棉花、大麻等 20 多种植物，尤其是玉米在生长的各个时期都受到玉米螟的侵害。如心叶期时，玉米的心叶很容易被幼虫取食，抽穗后又钻蛀茎秆，导致雌穗发育受阻，蛀孔处易倒折，在穗期蛀食雌穗、嫩粒，造成籽粒缺损霉烂、品质下降、减产等，给农业生产带来了极大的危害。利用基因工程技术将外源抗虫基因 *Bt* 导入玉米，使玉米产生抗虫蛋白，进而达到了抗虫的目的。本实例包括基因枪法转 *Bt* 植物基因的筛选及鉴定。

一、基因枪法

基因枪法又称为粒子轰击法，该方法是指用钨粉或金粉包裹外源 DNA，而后依靠基因枪装置，利用高压氦气冲击波加速微弹穿透植物细胞壁和细胞膜，使外源 DNA 进入植物细胞并整合到植物细胞染色体组中，从而达到稳定遗传和表达的目的。

1. 材料准备

在 9 cm 的培养皿上铺一薄层培养基，把玉米材料（一般用未成熟胚、成熟胚、小愈伤组织、悬浮细胞、原生质体等）平铺于培养皿中心，直径 3 cm 左右；供试质粒为 pUBC20，含有目的基因 *cry1Ac*、植物抗性筛选标记潮霉素磷酸转移酶 （hygromycin phosphotransferase, *hyg*）基因；质粒为 pBWT，含有无毒的目的基因 *RB*（nontoxic ricin B-chain）；由 *cry1Ac* 和 *RB* 合成的 BtRB 融合蛋白。

2. 金粉的处理

取 60 mg 金粉或钨粉置于离心管中，加入 1 mL 无水乙醇，充分振荡 3 min，10 000 r/min 离心 1 min，弃去上清液，再加入 1 mL 无菌水充分混匀后，10 000 r/min 离心；重复上述步骤 3 次，弃去上清液，加入 1 mL 无菌的 50% 甘油，充分混匀，−20 ℃ 保存。

3. DNA 的处理

取 50 μL 金粉悬浮液，依次加入 5 μL 质粒 DNA（1 μg/μL）溶液、50 μL 2.5 mol/L $CaCl_2$ 和 20 μL 0.1 mol/L 亚精胺，振荡 3 s 后，在室温下放置 10 min，以 10 000 r/min 离心 10 s，弃去上清液；加入 250 μL 无水乙醇，振荡后以 10 000 r/min 离心 10 s，弃上清液；最后用 60 μL 无水乙醇重悬颗粒。

4. 基因枪的操作

在基因枪轰击前，玉米幼胚用 0.14 mol/L 甘露醇预处理 4 h，轰击过程按 Biolistic PDS-1000/He 基因枪使用说明书进行，气压为 1 100 psi，轰击距离 6 cm，每皿轰击 1 枪。

二、转 *Bt* 植物基因的筛选及鉴定

1. 抗性体细胞胚筛选及植株再生

玉米幼胚经基因枪轰击后在继代培养基上恢复培养 1 周，转到筛选培养基上（含潮霉素 20 mg/L）连续筛选，每两周继代 1 次，选择色泽正常、分化良好的愈伤。继代 3～4 次后，将愈伤移至 N₆ 分化培养基上，当小植株长到 1～2 cm 高时，转移至含 MS 生根培养基的三角瓶中，继续培养；3～4 叶期且根系较发达时，将小苗移入小花盆中，移入温室培养；2 周后移入大花盆，直至开花结实。

2. 抗性植株的分子检测

通过质粒提取试剂盒［Qiagen Plasmid Kit（tip-100）］对抗性植株玉米叶片 DNA 进行提取，并参照《分子克隆》实验手册用 *Hind* III 对 DNA 进行酶切，再进行 Southern 杂交，最后以 BtRB 原核表达产物的免疫血清多克隆抗体作为一抗，兔抗 IgG 作为二抗进行 Western 杂交检测。

三、结果分析

1. T₀ 代再生植株的 Southern 杂交检测

从玉米转基因再生植株的叶片中提取 10 μg DNA，用 *Hind* Ⅲ 对其 DNA 进行酶切，以 *cry1Ac* 和 *RB* 作为探针进行杂交，同时以 *BtRB* 基因作为对照。实验结果显示，Southern 杂交结果呈阳性（图 1.2.4）。

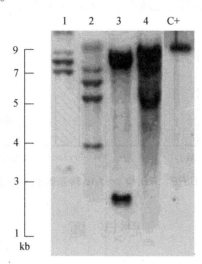

图 1.2.4　T₀ 代植株 Southern 杂交检测
C＋—阳性对照，*BtRB* 片段；1～4—转化植株

2. Western 杂交检测 BtRB 蛋白表达

为了排除假阳性，进一步对玉米转基因植株 BtRB 蛋白表达进行检测。用 BtRB 原核表达产物的免疫血清多克隆抗体作为一抗，兔抗 IgG 作为二抗进行 Western 杂交检测，结果如图 1.2.5。转 *cry1Ac* 基因阳性植株出现了大小约为 60 kD 的杂交信号，部分转 *BtRB* 基因植株也出现了杂交信号，大小约为 98 kD，而非转基因植株没有显示出杂交信号，进一步证明了外源基因 *BtRB* 已整合到玉米基因组中，并可在玉米内正常表达。

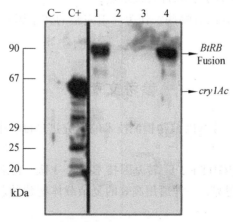

图 1.2.5　T₀ 代部分植株 western 杂交检测
C－—阴性对照；C＋—阳性对照；1～4—转 *BtRB* 基因植株检测株系

3. 抗虫性分析

为了论证 *BtRB* 基因是否对玉米螟具有抗性，选取了转基因植株和非转基因植株进行抗虫性测定，结果显示如图 1.2.6。和非转基因植株相比，在 *cry1Ac* 转基因玉米中，玉米螟的存活率降低了 17%，*BtRB* 转基因玉米中玉米螟的存活率降低了 75%，而 *RB* 转基因植株中玉米螟的存活几乎没受什么影响。*BtRB* 转基因玉米中玉米螟的存活率和其他 3 组相比均具有显著性差异，证明转 *BtRB* 植株的抗虫效果最好。

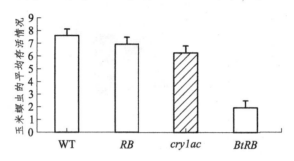

图 1.2.6　*BtRB*、*RB* 和 *cry1Ac* 转基因玉米抗虫性测定

思 考 题

1. 基因工程的操作步骤有哪些？
2. 基因工程的应用范围有多大？基因操作可应用到哪些领域？
3. 影响感受态细胞转化效率的因素有哪些？
4. Southern blotting、Western blotting 和 Northern blotting 的异同点有哪些？
5. 植物基因工程的基本方法及其应用有哪些？
6. 如何理解 PCR 扩增的原理和过程？
7. 作为一个基因载体，必须具备哪些功能元件？
8. 什么叫植物基因工程？试比较植物基因工程与常规植物育种的区别。
9. 简述植物基因工程的方法、原理及优缺点。
10. 转基因植株的鉴定方法有哪些？作为一组完整的转基因植株鉴定的数据至少包含哪些参数？

参 考 文 献

［1］ 郭斌，祁洋，尉亚辉. 转基因植物检测技术的研究进展[J]. 中国生物工程杂志，2010，30（2）：120-126.

［2］ 卡特莱特（CARTWRIGHT E J）. 转基因技术[M]. 3 版. 北京：科学出版社，2012.

［3］ 陆云华，马立新，蒋思婧. 一种通用高效的复杂载体构建的新方法[J]. 遗传，2006，28（2）：212-218.

［4］ 刘建强，孙仲序，赵春芝. 转基因植物鉴定方法的研究概况[J]. 山东林业科技，2002（5）：39-42.

[5] 刘志国. 基因工程原理与技术[M]. 北京：化学工业出版社，2011.

[6] 黎裕，王天宇，石去素. 转基因玉米的研究现状与未来[J]. 玉米科学，2000，8（4）：20-22.

[7] 孙明. 基因工程[M]. 北京：高等教育出版社，2006.

[8] 王学利，孙世海，王震星，等. 植物组织培养及其在农业上的应用[J]. 天津农林科技，2005（4）：25-27.

[9] 吴延军，何伟，王江. 植物基因工程在农业上的应用[J]. 中国农学通报，2000，18（4）：71-74.

[10] 谢丽霞. 植物组织培养在农业上的应用[J]. 垦殖与稻作，2010（3）：70-72.

[11] 杨杰，张智红，骆清铭. 荧光蛋白研究进展[J]. 生物物理学报，2010，26（11）：1025-1035.

[12] 朱建楚，布都会，于新智，等. Biolistic PDS-1000/H e 基因枪的使用方法[J]. 陕西农业科学，2003（6）：81-82.

[13] BRYANT J, LEATHER S. Removal of selectable marker genes from transgenic plant：needless sophistication or social necessity[J]. Trends in Biotechnology, 1992, 10：274-275.

[14] HAN X, WANG H, CHEN H, et al. Development and primary application of a fluorescent liquid bead array for the simultaneous identification of multiple genetically modified maize[J]. Biosensors and Bioelectronics, 2013, 15（49）：360-366.

[15] THORPE T. History of plant tissue culture[J]. Methods in Molecular Biology, 2012, 877：9-27.

第三章 细胞工程

【内容提要】

（1）简要介绍细胞工程实验室的设置、清洗与消毒、细胞培养的基本方法；

（2）介绍动物细胞培养过程中培养细胞的生物学特性、细胞培养液和细胞的基本培养技术等；

（3）介绍转基因动物与生物反应器；

（4）介绍核移植技术与动物克隆；

（5）介绍细胞融合与单克隆抗体。

第一节 细胞工程基本操作

细胞工程技术是应用细胞生物学和分子生物学的理论和方法，结合工程学的技术手段，按照人们预先的设计有计划地改变或创造细胞遗传性的技术，包括体外大量培养和繁殖细胞，或获得细胞产品和利用细胞本身。动植物细胞与组织培养技术最显著的价值在于优良动植物的快速繁育与代谢产物的大量制备方面。动植物细胞与组织培养可分为三个层次上的培养：细胞培养、组织培养和器官培养。

体内的细胞生活在内环境中，其营养、环境、生长条件、抵抗有害因子能力等方面可以通过机体的调节处于最佳状况。体外培养的细胞由于失去了机体的保护，对实验室体外细胞培养的条件有较高的要求。体外细胞培养是一项时间长而繁琐的工作，细胞培养液非常适于细菌和真菌生长，所以预防培养细胞受到微生物污染是细胞培养成功的关键。为了最大限度地创造既适于细胞生长又可防止污染的环境，在培养过程中对细胞培养的设施、操作规程和检测方法等都制订了严格的规范要求。

一、细胞工程实验室的设置

（一）动物细胞工程实验室的设置

动物细胞工程实验室与其他一般实验室的主要区别在于要求保持无菌操作，避免微生物及其他有害因素的影响。一般标准的细胞培养室应包括准备室和培养室，二室既相互连接又相对独立，各自完成培养过程中的不同操作。

1. 准备室

在该区主要进行培养液及有关培养用液体等的制备。

2. 培养室

培养室是相对密封、防尘、防菌的工作间，划分为更衣间、缓冲间及操作间三部分。

（二）植物细胞工程实验室的设置

实验室是进行组织培养研究的主要场所，应能满足清洗、培养基制备、储存、无菌操作、培养、鉴定等多方面的工作。植物细胞工程实验室主要由培养基制备实验室、无菌操作室、培养室、显微工作室等几部分组成。

二、清洗与消毒

在组织培养过程中，离体细胞对任何毒性物质都十分敏感。毒性物质包括解体的微生物、细胞残余物以及非营养的化学物质，因此对新采用和重新使用的培养皿等培养用品都要严格清洗和消毒。

（一）清　洗

1. 玻璃器皿的清洗

步骤：按浸泡→刷洗→浸酸→冲洗 4 步程序进行。

（1）浸泡

新购进的玻璃器皿常带有灰尘，呈弱碱性，或带有铅、砷等有害物质，故先用自来水浸泡过夜、水洗，然后再用 2% ~ 5% 盐酸浸泡过夜或煮沸 30 min，水洗。

要领：培养用后的玻璃器皿常带有大量的蛋白质附着，干涸后不易刷洗掉，要立即泡入清水中，使下一道刷洗工作能顺利进行。

（2）刷洗

用软毛刷和优质洗涤剂刷去器皿上的杂质，冲洗晾干。

要领：浸泡后的玻璃器皿用毛刷蘸洗涤剂洗去器皿上的杂质。刷洗次数太多，会损害器皿的表面光洁度，洗涤剂有使 pH 上升的趋势，所以宜选用软毛刷和优质洗涤剂。禁止用去污粉，因其中含有沙粒，会严重破坏玻璃器皿的光洁度。特别注意刷洗瓶角部位，浸酸之前要把洗涤剂冲干净。

（3）浸酸

将器皿浸泡于清洁液中 24 h，如急用也不得少于 4 h。清洁液由重铬酸钾、浓硫酸及蒸馏水配制而成，具有很强的氧化性，去污能力很强。经清洁液浸泡后，玻璃器皿残留的未刷洗掉的微量杂质可被完全清除。

（4）冲洗

先用自来水充分冲洗，吸管等冲洗 10 min，瓶皿需每瓶灌满、倒掉，反复 10 次以上，然后再经蒸馏水漂洗 3 次，不留死角，晾干或烘干，备用。对已用过的器皿，凡污染者必先经煮沸 30 min 或放入 3% 盐酸中浸泡过夜，未污染者可不需灭菌处理，但仍要刷洗、浸酸过夜、冲洗等。

2. 塑料器皿的清洗

步骤：自来水充分浸泡→冲洗→2% NaOH 浸泡过夜→自来水冲洗→2% ~ 5% 盐酸浸泡 30 min→自来水冲洗→蒸馏水漂洗 3 次→晾干→紫外线照射 30 min（或先用 75% 酒精浸泡、擦拭，再用紫外线照射 30 min）。对于能耐热的塑料器皿，最好经 103 kPa（121.3 ℃）高压灭菌。

3. 胶塞等橡胶类的处理

新购置的先经自来水冲洗→2% NaOH 煮沸 15 min→自来水冲洗→2% ~ 5% 盐酸煮沸 15 min→自来水冲洗 5 次以上→蒸馏水冲洗 5 次以上→蒸馏水煮沸 10 min，倒掉沸水让余热烘干瓶塞，或蒸馏水冲洗晾干，整齐摆放于小型金属盒内经 101.3 kPa 高压灭菌。

4. 金属器械的清洗

新购进的金属器械常涂有防锈油，先用沾有汽油的纱布擦去油脂，再用水洗净，最后用酒精棉球擦拭，晾干。用过的金属器械应先用清水煮沸消毒后擦拭干净。使用前以蒸馏水煮沸 10 min，或包装好以 101.3 kPa 高压灭菌 15 min。

5. 除菌滤器的处理

将用过的滤器滤膜去除，用三蒸水充分洗净残余液体，置于干燥箱中烘干备用。

（二）包 装

包装的目的是防止消毒灭菌后的器皿再次遭受污染，所以经清洗烤干或晾干的器材，应严格包装后再进行消毒灭菌处理。包装材料常用包装纸、牛皮纸、硫酸纸、棉布、铝饭盒、玻璃或金属制吸管筒、纸绳等。包装分为局部包装和全包装两类，前者用于较大瓶皿，一般用硫酸纸和牛皮纸将瓶口包扎好；后者适于较小培养瓶皿、吸管、注射器、金属器械和胶塞等。以下为常用瓶皿、吸管、无菌衣帽等的包装方法，其他物品可参照处理。

1. 瓶 类

硫酸纸罩住瓶口，外罩 2 层牛皮纸，用绳扎紧。

2. 小瓶皿、胶塞、刀剪等器械

可装入饭盒，再以牛皮纸包好饭盒，用绳扎好。

3. 吸滤用具

吸管、滴管口用脱脂棉塞上（不要太紧或太松），装入消毒筒内，滤器、滤瓶、橡皮管等都要用牛皮纸包好瓶口等，外罩一层牛皮纸包好，再用包布包好。

4. 无菌衣、帽、口罩

均以牛皮纸或包布包好，用绳扎好。

（三）消毒灭菌

严格的消毒灭菌对保证细胞培养成功是极为重要的。其方法分为物理法和化学法两类，前者包括干热、湿热、滤过、紫外线及射线等，后者主要指使用化学消毒剂等。

1. 热灭菌

玻璃器皿，160～170 ℃，90～120 min 或 180 ℃，45～60 min。

2. 蒸气灭菌

用于玻璃器皿、滤器橡胶塞、解剖用具、耐热塑料器具、受热不变性的溶液等，不同物品，其有效灭菌压力和时间不同，如培养用液、橡胶制品、塑料器皿等用 68 kPa（115 ℃）高压灭菌 10 min；布类、玻璃制品、金属器械等用 103 kPa（121.3 ℃）高压灭菌 15～20 min。

3. 滤过除菌

适于含有不耐热成分的培养基和试剂的除菌，用孔径为 0.22 μm 微孔滤膜可除去细菌和霉菌等，用此滤膜过滤 2 次，可使支原体达到一定程度的去除，但不能除去病毒。

4. 紫外线照射灭菌

紫外线的波长为 200～300 nm，一般用 254 nm 的紫外灯，一般 6～15 m^2 至少一只紫外灯，高度在 2.5 m 以下，湿度 45%～60%。这种方法对于杆菌灭菌效果好，球菌次之，霉菌、酵母菌最差，实验前应照射不低于 30 min。

5. 熏蒸消毒

当遇到细胞培养出现多次污染，或实验室两个月一次的常规消毒，均可用高锰酸钾 5～7.5 g，加甲醛（40%）10～15 mL，混合放入一开放容器内，立即可见白色甲醛烟雾。消毒房间需封闭 24 h，至少也应达 4 h 以上。

6. 煮沸消毒

紧急情况时使用，金属器械和胶塞在水中煮 20～30 min，趁热倾去水分即可使用。

7. 化学消毒

化学药品消毒灭菌法是应用能杀死微生物的化学制剂进行消毒灭菌的方法。实验室桌面、用具均常用化学药品进行消毒杀菌，洗手用的溶液也常用化学药品配制。常用的有：2% 煤酚皂溶液（来苏尔）、0.25% 新洁尔灭、1% 升汞、3%～5% 甲醛溶液、75% 酒精。

三、细胞培养的基本方法

细胞培养（cell culture）也称为组织培养（tissue culture），是从生物体内取出组织或细胞，在试管和培养平皿内模拟体内生理环境，于无菌、适当温度和一定营养条件下，对这些组织或细胞进行孵育培养，使之保持一定的结构和功能，便于观察研究。

细胞工程的核心技术是细胞培养与繁殖。细胞与组织培养作为一项基本的实验技术和手段被广泛运用于生物科学的许多领域，其中技术本身也在不断发展和改进。由于不同的组织细胞具有不同的生物学特性，培养不同的组织细胞需用不同的培养方法，但是其基本原理、基本方法和基本技术是相同的。

（一）无菌操作技术

体外培养的细胞缺乏抗感染能力，最易被微生物感染，所以防止污染是决定培养成功的首要条件。无菌概念和无菌操作必须贯穿整个培养过程的始终。

进入培养室操作之前，要先开紫外线照射消毒 30 min 方能进入细胞房打开培养箱。超净工作台台面每次实验前要用 75% 酒精擦洗，然后紫外线消毒 30 min。操作用具如移液器、废液缸、污物盒、试管架等用 75% 酒精擦洗后置于台内同时紫外线消毒。在工作台面消毒时切勿将培养细胞和培养用液用紫外线照射，消毒时工作台面上用品不要过多或重叠放置，否则会遮挡射线，降低消毒效果。进入培养室时，需要用 75% 酒精擦洗手和带入的用品，并换穿消毒过的工作服，戴消毒过的口罩和帽子。在无菌操作台上要点燃酒精灯，需在火焰近处并经过烧灼进行。

（二）培养细胞的观察

进行体外细胞培养时，需要对其生长状况、形态甚至生物学性状连续地进行观察。细胞在体外培养过程中，需要每天进行常规检查和显微镜观察，及时了解细胞生长状态、数量改变、细胞形态、细胞有无移动、污染、培养基 pH 是否变小、培养基变黄、是否需要更换等。

1. 肉眼观察

培养液的颜色和透明度的变化用肉眼即可观察。大多数细胞适于在 pH 7.2 ~ 7.4 条件下生长，pH 低于 6.8 或高于 7.6 对细胞有害，甚至造成细胞退化或死亡。随细胞数量的增多，代谢加强，释放 CO_2 增多，使培养基 pH 降低。为了维持培养基恒定的 pH，常在培养基中加入磷酸盐等缓冲剂。羟乙基哌嗪乙硫磺酸（HEPES）：对细胞无毒性，也不起缓冲作用，主要作用是防止 pH 迅速变动，在开瓶通气培养或活细胞观察时能维持较恒定的 pH。若培养瓶、瓶塞漏气，使 CO_2 溢出，或者由于洗刷不净、残留碱性物质，使培养液变碱性发红，致使细胞难以生长，甚至死亡。

更换培养基的时间依营养物的消耗而定，一旦发现培养基变黄，应及时换液传代。正常情况生长稳定的细胞 2 ~ 3 d 换液一次，生长缓慢的细胞 3 ~ 4 d 换液一次。用 5% CO_2 恒温箱培养可使 pH 维持稳定，利于细胞生长。细胞换液传代后，若发现培养基很快变黄，要注意是否有细菌污染或培养皿没有洗干净，贴壁细胞是否污染可在显微镜下观察到。

2. 显微镜观察细胞的生长状态

显微镜中观察到的细胞透明度大，折光性强，轮廓不清，说明细胞生长良好。如果细胞状态不好，可见细胞轮廓增强，折光性变弱，细胞质中出现空泡、脂滴和其他颗粒状物质，细胞之间空隙增大，细胞形态不规则，甚至失去原有细胞的特点，产生萎缩脱落，有时细胞表面及周围出现丝状、絮状物。细胞状态不好，进一步发展可见到部分细胞死亡，崩解漂浮在培养基中，发现这种情况应及时处理（换培养条件或者换细胞）。细胞的生长状态对后期的实验研究很重要，只有生长良好的细胞才能进行传代培养和实验研究。

3. 微生物污染的观察

造成细胞培养体系污染的微生物主要有细菌、真菌、支原体等。在细胞接种、传代以及换液后要经常观察是否有微生物污染发生。一旦发现培养基变浑浊、液体内漂浮着菌丝或细菌，或细胞生长明显变缓，胞质内颗粒增多，有中毒等现象，就应该怀疑细胞培养体系是否被污染了，需要马上检查并及时处理。排除细胞培养的微生物污染可以采用抗生素除菌法或者加温除菌法（把受污染的细胞置于 41 ℃下 5～10 h）。

第二节　细胞培养

许多动物细胞能够分泌蛋白质，如抗体等，但单个细胞分泌的蛋白质量是很少的，获得大量的分泌蛋白就要借助于大规模的动物细胞培养。动物细胞培养（animal cell culture）是从动物机体中取出相关的组织，分散成单个细胞（使用胰蛋白酶或胶原蛋白酶）后，放在适宜的培养基中，让这些细胞生长和增殖。动物细胞培养开始于 20 世纪初，至 1962 年，其规模开始扩大，发展至今已成为生物、医学研究和应用中广泛采用的技术方法。利用动物细胞培养生产具有重要医用价值的酶、生长因子、疫苗和单抗等，已成为医药生物高技术产业的重要部分。

一、培养细胞的生物学特性

（一）体外培养细胞的类型

根据体外培养细胞能否贴附在支持物上生长的特性，可分为贴附型和悬浮型两大类。大多数培养细胞为贴附型，多呈上皮样或成纤维细胞样，具有接触抑制和密度抑制的特性。少数细胞在培养时以悬浮状态生长（包括一些取自血、脾或骨髓的培养细胞，尤其是血液白细胞以及一些肿瘤细胞）。

1. 贴附型细胞

大多数细胞是贴附型生长。当细胞贴附在支持物上后，细胞分化现象常变得不显著，易失去它们在体内时的原有特征，在形态上表现出单一化的现象。根据体外培养细胞在支持物上贴附生长时的形态，大致分为以下4种类型：

（1）上皮细胞型

细胞多呈扁平、不规则多角形，中央有圆形细胞核，细胞彼此紧密相连成单层膜。生长时呈膜状移动，处于上皮膜边缘的细胞总与膜相连，很少单独行动，起源于内、外胚层细胞，如皮肤表层、消化层上皮、肝、胰、肺泡上皮细胞等皆呈上皮细胞型。例如，来源于人类胚肾的HEK293细胞、来源于人类肝脏组织的HEPG2细胞、来源于人类子宫颈的Hela细胞就属此类。

（2）成纤维细胞型

常见的成纤维细胞如源自小鼠胚胎的NIH 3T3、小鼠结缔组织的L929、中国仓鼠卵巢的CHO、叙利亚地鼠肾脏的BHK-21等。因其细胞形态与体内成纤维细胞的相似而得名，胞体多呈梭形或不规则三角形，中央有卵圆形细胞核。细胞呈放射状、火焰状或旋涡状生长，除真正的成纤维细胞外，凡由中胚层间充质起源的组织，如心肌、平滑肌、成骨细胞、血管内皮细胞等常呈此形态。另外，也常将一些与成纤维细胞形态类似的培养细胞归于此类。

（3）游走细胞型

细胞多呈散在生长，一般不连成片，具有活跃的游走或变形运动能力，且方向不确定。此型细胞不稳定，有时难以和其他细胞进行严格区别。在一定条件下，如培养基化学性质变动等，它们也可能呈成纤维细胞形态。

（4）多形细胞型

有一些组织和细胞，如神经组织的细胞等，难以确定它们的规律和稳定的形态，可通通归入多形细胞型。

2. 悬浮型细胞

某些类型的细胞在体外培养时不贴附，而是悬浮生长，如某些癌细胞和血液白细胞。细胞悬浮生长时胞体为圆形，其特点是生长速度较快、传代方便，常见的U937、HL60、K562造血系统肿瘤细胞均属此类。

（二）体外培养细胞与体内细胞的差异

细胞离体后，失去了神经体液的调节和细胞间相互作用的影响，生活在缺乏动态平衡的相对稳定环境中。体外培养的正常细胞已成为一种在特定条件下生长的细胞群体，它们既保持着与体内细胞相同的基本结构和功能，也出现了一些不同于机体细胞的性状，主要表现在：① 失去原有组织结构和细胞形态，如体外培养的肌肉细胞表现出纤维化的特点；② 分化减弱或不显，出现类似"返祖现象"（去分化），细胞的形态、功能趋向单一化，或在生存一定时间后衰退死亡；③ 发生转化获得不死性，变成可无限生长的连续细胞系或恶性细胞系，或变成具有恶性性状的细胞群。

因此，体外培养细胞生长时具有一些特点，如贴附、接触抑制和密度依赖性等。贴附并伸展，是多数体外培养细胞的基本生长特点。一般来说，从底物脱离下来的贴附生长型细胞不能长时期悬浮生长，而将逐渐退变，除非是转化了的细胞或恶性肿瘤细胞。其次，接触抑制是体外培养中某些贴附型细胞的生长特性，一般的正常细胞并不互相重叠于其上面而生长，但是肿瘤细胞由于无接触抑制，能够继续移动和增殖，导致细胞向三维空间扩展，使细胞发生堆积。因此接触抑制可作为区别正常细胞与癌细胞的标志之一，当细胞接触汇合成片后，虽发生接触抑制，但只要营养充分，细胞仍然能够进行增殖分裂，因此细胞数量仍在增多。但当细胞密度进一步增大，培养液中营养成分减少，代谢产物增多时，细胞因营养的枯竭和代谢物的影响，会发生密度抑制，导致细胞分裂停止。与体外培养的正常细胞不同，转化细胞或恶变的肿瘤细胞的接触抑制特性降低或丧失，导致细胞重叠生长；同时，转化细胞或恶变的肿瘤细胞的密度依赖性调节也常常降低，对血清的依赖性也降低，可以生长到一个较高的终末细胞密度。

（三）培养细胞的生长与增殖过程

体外生长的培养细胞受营养条件、生长空间等因素的限制，当细胞增殖达到一定密度后，则需要分离出一部分细胞和更新营养液进行扩大培养，此过程称传代（subculture）。每次传代以后，细胞的生长和增殖过程都会受到一定的影响，加之很多细胞特别是正常细胞，其在体外的生存也不是无限的过程，这就使得细胞在体外培养时的生长过程与体内存在一系列不同的生存特点。

1. 单个细胞的生长过程

细胞周期（G_1 期、S 期、G_2 期、M 期）。

2. 细胞系的生长过程

体外培养的细胞，其生命的期限并非无限。体外培养细胞的生命期与细胞的种类、性状和原供体的年龄等情况密切相关。比如，来源于人胚的二倍体成纤维细胞可在体外连续传代 30 ~ 50 代，150 ~ 300 个细胞增殖周期，相当于一年左右的生存时间。相比之下，那些来自成体或衰老个体的细胞的生存时间则较短，如体外培养的肝细胞或肾细胞一般仅能传几代或十几代。只有当细胞发生遗传性改变，如获得永生性或恶性转化时，细胞的生存期才可能发生改变。

进行正常细胞培养时，不论细胞的种类和供体的年龄如何，大致都会经历以下三个生长阶段。

（1）原代培养期

原代培养期也称初代培养期，指从体内取出组织接种培养到第一次传代的阶段，一般持续 1 ~ 4 周。此期细胞移动比较活跃，可见细胞分裂，但不旺盛。原代培养细胞与体内原组织相似性大，更能代表其来源组织的细胞类型及组织的特异性，因此是很好的药物测试对象。

（2）传代期

原代细胞生长一定时间之后，贴附型细胞就会连接成片而铺满瓶底，这时需要将原代细胞分开至多个新的培养瓶中。此期在细胞系生长过程中持续时间最长，在培养条件好的情况下，细胞增殖旺盛，并维持二倍体核型，为保持二倍体细胞性质，细胞应在原代培养或传代后早期冻存。目前世界上常用细胞系均在 10 代内冻存。如不冻存，则需反复传代，这样有可能失掉二倍体性质。当传代 30 ~ 50 代后，细胞增殖缓慢以至完全停止。

（3）衰退期

此期细胞仍能生存，但不增殖或增殖很慢，最后衰退死亡。在细胞生命期中，少数情况下在以上三期任何一期均可发生细胞自发转化。转化的标志之一是细胞获得永久性增殖能力，成为连续细胞系（株）。连续细胞系的形成主要发生在传代期。转化后的细胞可能具有恶性性质，也可能仅有不死性（immortality）而无恶性。

3. 培养细胞的一代生存期

所谓培养细胞的"一代生存期"，是从细胞接种后到再次传代培养之前的这一段时间，它与细胞世代（generation）或倍增（doubling）时间不同。例如，某一细胞系为第 60 代细胞，即指该细胞系已传代了 60 次。就培养细胞的一代生存期而言，细胞通常可以倍增 3 ~ 6 次。培养细胞的一代生存期，一般可被分为三个阶段。

（1）潜伏期（latent phase）

潜伏期包括悬浮期及潜伏期。当细胞接种入新的培养器皿，不论是何种细胞类型、原来的形态如何，此时细胞的胞质回缩，胞体均呈圆球形。先悬浮于培养液中，短时间后，那些可能还存活的细胞即开始附着于底物，并逐渐伸展，恢复其原来的形态。再经过潜伏期，此时细胞已存活，具有代谢及运动，但尚无增殖发生。以后出现细胞分裂并逐渐增多而进入指数增生期。一般细胞潜伏期为 24 ~ 96 h。肿瘤细胞及连续（生长）细胞系则更短，可少于 24 h。

（2）指数增生期（logarithmic growth phase）

指数增生期又称对数期。此期细胞增殖旺盛，成倍增长，活力最佳，适用于进行实验研究。细胞生长增殖状况可用细胞倍增情况（细胞群体倍增时间）及细胞分裂指数等来判断。在此阶段，若细胞处于理想的培养条件，将不断生长繁殖，细胞数量日渐增加，细胞将接触而连成一片，逐渐长满培养器皿底面，提供细胞生长的区域逐渐减少甚至消失。因接触抑制而细胞运动停止，密度抑制而细胞终止分裂。此期时间的长短因细胞特性及培养条件不同而不完全相同，一般可持续 3 ~ 5 d。

（3）停止期（stagnate phase）

停止期又称平台期，此期可供细胞生长的底物面积已被生长的细胞所占满，细胞虽尚有活力，但已不再分裂增殖。此时细胞虽已停止生长，但仍存在代谢活动并可继续存活一定时间。若及时分离培养，进行传代，将细胞分开接种到新的培养器皿并补充新鲜培养液，细胞将于新的培养器皿中成为下一代的细胞而再次繁殖。否则，若传代不及时，细胞将因中毒而发生改变，甚至脱落、死亡。

每次传代接种后，细胞的这些生长繁殖过程，若进行检测计数，可以绘制成生长曲线。各细胞的生长曲线各具特点，是该细胞生物学特性的指标之一。

二、细胞培养基

培养基既是培养细胞中供给细胞营养和促使细胞生殖增殖的基础物质，也是培养细胞生长和繁殖的生存环境。

（一）植物细胞培养基种类

植物细胞培养基有许多种类，根据不同的植物和培养部位及不同的培养目的选用不同的培养基。培养基的名称一直根据沿用的习惯命名，多数以发明人的名字来命名，如 White 培养基、Murashige 和 Skoog 培养基（简称 MS 培养基），也有对某些成分进行改良，称作改良培养基。最早设计培养基的是 Sacks 和 Knop，他们对绿色植物的成分进行了分析研究，根据植物从土壤中主要吸收无机盐营养，设计出了由无机盐组成的 Sacks 和 Knop 溶液，至今仍作为基本的无机盐培养基得到广泛应用。以后根据不同目的进行改良，产生了多种培养基，White 培养基在 20 世纪 40 年代用得较多，现在还在使用。而到 60～70 年代，则大多采用 MS 等高浓度培养基，可以保证培养材料对营养的需求，并能使细胞生长快、分化快，且由于浓度高，在配制、消毒过程中某些成分浓度有很小的上下浮动，也不致影响培养基的离子平衡。目前国际上流行的培养基有几十种，常用的培养基及特点如下：

1. MS 培养基

MS 培养基是 1962 年由 Murashige 和 Skoog 为培养烟草细胞而设计的，其特点是无机盐和离子浓度较高，为较稳定的平衡溶液。其养分的数量和比例较合适，可满足植物的营养和生理需要。它的硝酸盐含量比其他培养基高，广泛地用于植物的器官、花药、细胞和原生质体培养，效果良好。有些培养基是由它演变而来的。

2. B_5 培养基

B_5 培养基是 1968 年由 Gamborg 等为培养大豆根细胞而设计的，其主要特点是含有较低浓度的铵盐，可能对不少培养物的生长有抑制作用。从实践得知，有些植物更适宜在 B_5 培养基上生长，如双子叶植物特别是木本植物。

3. White 培养基

White 培养基是 1943 年由 White 为培养番茄根尖而设计的，1963 年又作了改良，称作 White 改良培养基，提高了 $MgSO_4$ 的浓度，增加了硼元素。其特点是无机盐含量较低，适于生根培养。

4. N_6 培养基

N_6 培养基是 1974 年朱至清等为水稻等禾谷类作物花药培养而设计的，其特点是成分较简单，KNO_3 和 $(NH_4)_2SO_4$ 含量高，在我国已广泛应用于小麦、水稻及其他植物的花药培养和其他组织培养。

5. KM-80 培养基

KM-80 培养基是 1974 年为原生质体培养而设计的。其特点是有机成分较复杂，包括了所有的单糖和维生素，广泛用于原生质融合的培养。

（二）动物细胞培养基的种类

动物细胞培养所用的培养液（液体培养基）与植物组织培养所用的培养基的成分是不同

的，动物细胞培养液中通常含有葡萄糖、氨基酸、无机盐、维生素和动物血清等，种类很多。按其物质状态分为半固体培养基和液体培养基两类，按其来源分为合成培养基和天然培养基。

1. 天然培养基

天然培养基是指来自动物体液或利用组织分离提取的一类培养基，如血浆、血清、淋巴液、鸡胚浸出液等。组织培养技术建立早期，体外培养细胞都是利用天然培养基。但是由于天然培养基制作过程复杂、批间差异大，因此逐渐被合成培养基所取代。目前广泛使用的天然培养基是血清，另外，各种组织提取液、促进细胞贴附的胶原类物质在培养某些特殊细胞时也是必不可少的。血清由于含有多种细胞生长因子、促贴附因子及活性物质，与合成培养基合用，能使细胞顺利增殖生长，常见使用量为 5% ~ 20%，最常用的是 10%。

目前用于细胞培养的血清主要是牛血清，培养某些特殊细胞也用人血清、马血清等。选择用牛血清培养细胞的原因：来源充足、制备技术成熟，经过长时间的应用考验，人们对其有比较深入的了解。牛血清对绝大多数哺乳动物细胞都是适合的，但并不排除在培养某种细胞时使用其他动物血清更合适。牛血清是细胞培养中用量最大的天然培养基，含有丰富的细胞生长必需的营养成分，具有极为重要的功能。牛血清分为小牛血清、新牛血清、胎牛血清。胎牛血清取自剖腹产的胎牛，新牛血清取自出生 24 h 内的新生牛，小牛血清取自出生 10 ~ 30 d 的小牛。胎牛血清是品质最高的，因为胎牛还未接触外界，血清中所含的抗体、补体等对细胞有害的成分最少。

2. 合成培养基

合成培养基是根据细胞所需物质的种类和数量严格配制而成的，内含碳水化合物、氨基酸、脂类、无机盐、维生素、微量元素和细胞生长因子等。

1951 年，厄尔开发了供动物细胞体外生长的人工合成培养基（MEM）。合成培养基的种类相当多。合成培养基的优点是成分已知，便于对实验条件的控制。但与天然培养基相比，有些天然的未知成分尚无法用已知的化学成分替代。因此，细胞培养中使用的基础合成培养基还必须加入一定量的天然培养基成分，以克服合成培养基的不足，最普遍的做法是加入小牛血清。

3. 无血清培养基

动物血清成分复杂，各种生物大小分子混合在一起，有些成分我们至今尚未研究清楚。血清对细胞生长很有效，但后期对培养产物的分离、提纯以及检测会造成一定困难。另外，高质量的动物血清来源有限，成本高，限制了它的大量使用。

经历了天然培养基、合成培养基后，无血清培养基和无血清培养成为当今细胞培养领域的一大趋势。采用无血清培养可降低生产成本，简化分离、纯化步骤，避免病毒污染造成的危害。

无血清培养基（serum free medium，SFM）是不需要添加血清就可以维持细胞在体外较长时间生长繁殖的合成培养基。无血清培养基基本成分为基础培养基和添加组分两大部分。添加组分包括：促贴附物质、促生长因子及激素、酶抑制剂、结合蛋白和转运蛋白、微量元素等。

4. 其他细胞培养用液

在细胞培养过程中,除了培养基外,还经常用到一些平衡盐溶液、消化液、pH 调整液等。平衡盐溶液主要是由无机盐、葡萄糖组成的,它的作用是维持细胞渗透压平衡,保持 pH 稳定及提供简单的营养。因为取材进行原代培养时常常需要将组织块消化解离,形成细胞悬液,传代培养时也需要将贴壁细胞从瓶壁上消化下来,常用的消化液有胰酶溶液和 EDTA 溶液,有时也用胶原酶溶液。pH 调整液常用的有 HEPES 液和 $NaHCO_3$ 溶液。抗生素常用的是青链霉素,俗称"双抗溶液"。

谷氨酰胺在细胞代谢过程中发挥了重要作用,合成培养基中都要添加谷氨酰胺补充液。由于谷氨酰胺在溶液中很不稳定,容易降解,4 ℃ 下放置 7 d 即可分解约 50%,所以都是在使用前添加。配制好的培养液(含谷氨酰胺)在 4 ℃ 放置 2 周以上时,要重新加入原来量的谷氨酰胺,故需单独配制谷氨酰胺,以便临时加入培养液中。一般配制为 100 倍浓缩液,即浓度为 200 mmol/L(29.22 g/L),配制时应升温至 30 ℃,完全溶解后过滤除菌,分装至小瓶,储存于 – 20 ℃。使用时,在每 100 mL 培养液中加入 0.5 ~ 2 mL 谷氨酰胺浓缩液,终浓度为1 ~ 4 mmol/L。

三、细胞的基本培养技术

细胞培养自 19 世纪中叶开始萌芽到现在,发展出了许多不同的方法和技术。这些基本方法和技术有的还在使用,有的则已不常使用,代之以一些改良的方法和技术。本书主要介绍体外培养这门技术从创立以来所发展的许多被普遍使用的、具有代表性的基本方法和技术。这些最基本的方法和技术不仅对于理解新的培养技术,而且对于建立其他新的技术和方法都是有用的。

(一)原代培养

原代培养(primary culture)就是初次培养,是从供体获取组织后的首次培养。最大优点是组织和细胞刚刚离体,生物学特性未发生很大变化,仍具有二倍体遗传特性,最接近和反映出体内生长特性,很适合用于药物测试、细胞分化等实验研究。原代培养细胞所有机能上的改变主要是表型(phenotype)上的改变,不一定为细胞突变。因此,原代培养细胞也是研究基因表达的理想系统。原代培养是建立各种细胞系的第一步,是从事组织培养工作人员应熟悉和掌握的最基本的技术。但原代培养的组织由多种细胞成分组成,比较复杂,即使培养的是较纯的单一类型的细胞(如上皮或成纤维细胞),仍存异质性,在分析细胞生物学特性时仍有一定困难,要做较为严格的对比性实验研究,还需对细胞进行短期传代后进行。原代培养方法很多,但基本过程都包括取材、培养材料的制备、接种、加培养液、培养等步骤。同样,在所有操作过程中,都要注意保持培养物及其生长环境的无菌条件。

(二)传代培养

体外培养的细胞随着培养时间的延长,细胞数量会不断增加,当增加到一定程度后,由于发生接触性抑制或培养空间及营养物质的消耗，其生长会逐渐减慢，甚至停止及死亡。细胞由原培养瓶内分离、稀释后传到新的培养瓶的过程称为传代或者再培养。传代培养的实质就是分割后再一次培养。传代培养分为原代培养后第一次传代和常规传代两种方法。

1. 第一次传代

当原代培养的细胞生长到一定阶段时，可以进行第一次传代。从原代培养到第一次传代的时间并没有确定的规律，通常取决于原代培养方法（分离活细胞的数量和细胞损伤程度）、培养物的细胞活性（细胞离体时间、体内增殖速度）、细胞类型和特点（肿瘤细胞比正常细胞易于生长）、接种的细胞密度（密度太低，细胞不易增殖）、培养条件（培养基、血清、温度、湿度、CO_2等）。

一般来说，原代培养的贴壁细胞应达到生长基质的80%表面面积才能进行传代。第一次传代能否成功，不仅取决于细胞形成单层的面积，而且与细胞活性密切相关。如果细胞边缘清晰、结构清楚、折光度强，表明细胞增殖能力好，可以进行传代。

2. 常规传代

贴壁细胞和悬浮细胞的传代方法不同，悬浮细胞传代比较简单，贴壁细胞需经酶消化制成细胞悬液后才能传代。

（1）贴壁细胞的消化法传代

贴壁细胞一般用胰蛋白酶和EDTA混合液进行消化。首先吸去培养瓶中的原有培养液，加入消化液，置于37 ℃温箱或25 ℃以上环境进行消化。当发现细胞胞质回缩、细胞间隙增大后，可立即吸除或倒掉消化液，向瓶内注入数毫升Hank's液，把残余消化液冲掉，然后再加培养液，终止消化。如仅用胰蛋白酶液单独消化，可直接加入含血清的培养液终止消化，将消化后的细胞稀释成一定浓度后进行培养。

（2）悬浮细胞传代

因悬浮生长细胞不贴壁，传代时不必采用酶消化方法，可直接传代或离心收集细胞后传代。直接传代，即让悬浮细胞慢慢沉淀在培养瓶壁后，吸掉1/2～2/3上清液，然后用吸管轻轻吹打，形成细胞悬液后，再接种传代。离心方法传代，即将培养液转移到离心管内，800～1 000 r/min离心10 min，收集细胞，去除上清液，加入新的培养液，用吸管吹打使之形成细胞悬液，原瓶传4瓶，接种到新的培养瓶中进行培养。悬浮细胞应在对数期进行传代。

第三节　转基因动物与生物反应器

将特定的目的基因从某一生物体分离出来，进行扩增和加工，再导入另一动物的早期胚胎细胞中，使其整合到宿主动物的染色体上，在动物的发育过程中表达，并通过生殖细胞传给后代，这种在基因组中稳定整合有人工导入外源基因的动物称为转基因动物（transgenic animal）。培育转基因动物的关键技术包括：外源目的基因的制备、外源目的基因的有效导入、胚胎培养与移植、外源目的基因表达的检测等。

动物生物反应器是利用转基因活体动物，高效表达某种外源蛋白的器官或组织，进行工业化生产功能蛋白质的技术。动物生物反应器的研究、开发重点是动物乳腺反应器、动物血液反应器和膀胱反应器，即把人体相关基因整合到动物胚胎里，使生出的转基因动物血液中、长大后产生的奶汁或尿液中含有人类所需要的不同蛋白质，这是当前生物技术的尖端和前沿研究项目。

一、目的基因的制备

（一）目的基因的来源

采用限制性内切酶，从生物组织中获取目的基因，通过 mRNA 合成 cDNA，人工合成的 DNA 片段通过聚合酶链式反应（PCR）扩增特定基因片段。

（二）目的基因的克隆

1. 通过载体在适当的宿主中克隆

首先是选择载体，然后将目的基因与载体连接，并将重组体导入受体细胞，进行基因的克隆。

2. 通过 PCR 反应克隆目的基因

根据目的基因的序列设计上游引物和下游引物，采用 PCR 反应进行目的基因的克隆。

（三）目的基因的转移

目的基因的转移方法有电穿孔法、显微注射法、裸露 DNA 直接注射法、磷酸钙-DNA 共沉淀法、脂质载体包埋法和病毒介导法。

二、转基因动物的培育方法

根据目的基因导入的方法与对象的不同，培育转基因动物的主要方法有基因的显微注射法、胚胎干细胞移植法、反转录病毒法等。

（一）基因的显微注射法

显微注射就是借助光学显微镜的放大作用，利用显微操作仪，直接把 DNA 注射到动物早期胚胎、胚胎干细胞、体细胞或卵母细胞中，生产动物个体的技术。经过显微注射 DNA 发育而成的动物中，有少数整合了被注射的 DNA 分子，成为转基因动物。

DNA 显微注射法的基本程序举例：通过激素疗法使小鼠超数排卵，开始时注射雌性妊娠血清，48 h 后再注射人绒毛膜促性腺激素，这时小鼠便会超数排卵。小鼠正常排卵一般情况下为 5 ~ 10 个，超数排卵为 35 个。使其与雄性小鼠交配，然后杀掉，从其输卵管内取出受精卵。将经纯化的转基因样品迅速注射入受精卵中变大的雄性原核内。将 25 ~ 40 个注射了转基因的受精卵移植入代孕小鼠体内。受精卵发育成胚胎，并繁殖成转基因小鼠子代。从小鼠子代体内取出 DNA 样品进行杂交，鉴定转基因的整合与否及位点。子代小鼠间进行再交配、繁殖，观察转基因是否遗传及表达。

1. 显微注射 DNA 的制备与纯化

显微注射用 DNA 的制备要考虑 DNA 的构型和末端结构，所克隆用的载体，溶解 DNA 的缓冲液，DNA 的长度、浓度与纯度等，这些是影响转基因动物制备成功与否的重要因素。

2. 鼠的准备与要求

转基因鼠实验所用各类鼠见表 1.3.1：

表 1.3.1 转基因鼠实验所用各类鼠

鼠类	供体母鼠	公鼠	受体母鼠	结扎公鼠
鼠龄	4 ~ 6 周	>6 周	>6 周	>6 周
体重			>20 g	
作用	受精卵供体	与供体母鼠交配	注射卵受体	与受体母鼠交配
更换频率	每次	6 ~ 8 个月	每次	6 ~ 8 个月
饲养	每笼 5 ~ 6 只	每笼 1 只	每笼 2 ~ 3 只，同时放 1 只结扎公鼠	每笼 1 只
备注			产过仔的更好	结扎后 2 周使用

3. 超排卵

超排卵时所用到的激素有孕马血清（PMS）[其有效成分为卵泡刺激激素（FSH）]、人绒毛膜促性腺激素（hGG）。雌鼠的排卵和雄鼠的排精时间一般在晚上 10:00—12:00，受精一般发生在凌晨 1:00。据此制订排卵程序：于第一日中午先向小鼠腹腔内注入 5 ~ 10 单位的 PMS，过 48 h（第 3 天中午），再向其腹腔内注入 5 ~ 10 单位的人 hCG（注射后 11 ~ 13 h 后排卵），让雌雄动物一对一的合笼交配。动物半夜交尾，如未发生交配，2 周后可再重用，但成功率下降。第 4 日晨检查精栓，判定是否受精，如已受精则出现精栓。

4. 取卵（受精卵的收集）

（1）检查精栓

有白色精栓的小鼠则可用，引颈处死动物。

（2）取输卵管

剖开腹腔，取出输卵管，置入含有 3 mL 培养液的 60 mm 直径的瓶皿中。

（3）取卵子

在 20× 或 50× 解剖镜下找到输卵管，在卵管膨大的壶腹部（于卵管开口近处）隐约可见内含的胚卵，把胚卵团用尖镊轻轻压挤出，用吸管移入含有 400 μL 分离液的表玻皿中。

另准备 4 ~ 5 个瓶皿，每皿内均充有胚胎培养基 400 μL，并覆盖厚 8 mm 的硅烷油或液体石蜡层（Fisher 产，研究用），硅烷油和石蜡已预先在 5% CO_2 中置 37 ℃ 时做平衡处理，防止培养液蒸发、散热和 pH 改变。

　　向含胚卵团的表玻皿的分离液中加 5 μL 新制备的透明质酸酶（透明质酸酶 10 mg/mL 分离液，Sigma 产），把胚卵团消化分散开。当胚卵团散开后，立即把分散游离的卵细胞用吸管转移入培养皿中，通过硅烷油层接种入任一培养液小滴中，以清除酶的继续作用。再依次通过皿内其余培养液小滴，以继续除掉酶和摆脱碎片（碎片能堵塞吸管口），此时的卵已可用于 DNA 注射之用。

5. DNA 显微注射

（1）制备持卵管与注射针

①　持卵管制备：在火焰灯上将微玻璃管拉成中间较细的、长 5 ~ 10 cm 的一段，其口径为 80 ~ 120 μm，用玻璃刀将其在离颈部 2 cm 处切断，再把切口烧成如图 1.3.1 形状，口径约 15 μm。将尖部移近酒精喷灯略加热，用镊子轻触尖部适宜位置，使其变成合适的角度。

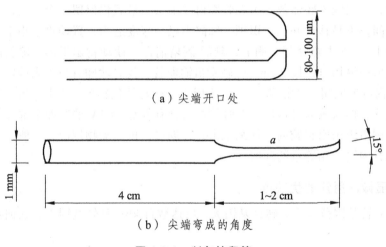

（a）尖端开口处

（b）尖端弯成的角度

图 1.3.1　制备持卵管

②　注射针的制备：由拉针器制成，针的口径应小于 1 μm。

（2）DNA 注射

①　硅烷油注入：取培养皿或表玻皿，注入已经过平衡处理的液体硅烷油或石蜡（厚约 5 mm）。

②　加培养基：通过硅烷油或石蜡层向培养皿底接种培养液，以 100 μL 为单元的小滴数个，各滴间相距 1 ~ 2 cm（视小滴多少而定）。

③　胚卵接种：吸取待注射胚卵数个，通过油层分别接种入培养液小滴中。

④　DNA 准备：从 EP 管中取一份 DNA，用 75% 乙醇漂洗后，于真空中干燥，重悬于注射缓冲液中（含 DNA 1 mg/mL），使其最终浓度为 0.05 ~ 0.5 mg/mL。

⑤　临注射前把 DNA 样品在 EP 管中再离心 1 次（1 200 r/min、10 min），以消除未溶解物，防止阻塞注射管口。

⑥　把待注射用的 DNA 装入注射管中。

⑦　在显微镜下把支持吸管转移到培养液小滴中，选一健康胚卵；先吸少量培养液，仅令

其充入吸管末端，然后吹出；在吸管保持负压状态下吸住胚卵，继之把支持管调至皿底，令胚卵靠于皿底面中央部。

⑧ 调注射针至胚卵近处，先调显微镜焦距至看清针尖，然后通过透明带刺入胚卵细胞膜内（小鼠胚卵直径约 10 μm），进而继续进针再刺入任一原核内（雄性原核多位于周边部，体积较大，为主要注射对象）。注射针刺入细胞内进行注射时，如细胞核微微发生膨胀，证明 DNA 已被注入，反之需重新进行注射。注射细胞数量越多越好。

⑨ 用支持吸管把已注射细胞移入另一培养小滴中，使之与未注射细胞分开。注射结束后，把所有细胞均移入培养液中，置于温箱培养 30 min。

⑩ 显微镜下观察细胞，发现有溶解、死亡、崩溃者弃掉。

6. 体内接种

在手术前夜令受体母鼠与已结扎输精管雄性小鼠合笼，次日晨取出雌鼠备用。取注射吸管 2 支，分别作为向两侧输卵管注入胚卵之用。先吸入少许培养液，排出后留少许液体并保留一两个气泡，继之吸入胚卵数个（在管腔内成串），最后仍保留一个气泡，以使管内胚卵限制于气泡之间，不易移动并利于识别。麻醉小鼠，深度适当，置动物于小手术平台上，呈腹卧位（背朝上）。剪去背肾部两侧毛，碘酒/酒精消毒。使动物躯干部一侧斜向上，在髂骨和肾脏下方间剪一纵切口，长 2 cm，轻轻牵出输卵管，找寻输卵管口（刚排卵动物输卵管壶腹部微膨胀，内可见成团未受精卵子），一手用镊子轻轻持住输卵管系膜，另一只手持一个含有胚卵的注入管，伸入输卵管口内，把吸管内已含有外源 DNA 的胚卵全部注入输卵管内。把输卵管及周围组织送回腹腔内，仔细紧密缝合创口，再令动物倒向另一侧，按同样操作方法向该侧输卵管内输入相等量的胚卵。

7. 基因显微注射法的优缺点

（1）优点：转基因范围广，转移基因大，可达数百 kb；且转基因不含任何病毒基因组片段，绝对安全。

（2）缺点：整合机制不明确，无规律随机整合，多拷贝整合导致转基因不表达；整合位点随机会造成转基因动物基因组的重排、突变、易位缺失等；需显微操作仪，技术要求高。

（二）胚胎干细胞方法

胚胎干细胞（embryonic stem cell，ES）是从早期胚胎内细胞团（ICM）分离出来的，能在体外培养的一种高度未分化的多能干细胞。它是一种含正常二倍体染色体的、具有发育全能性的细胞，可以在体外进行人工培养，扩增，并能以克隆的形式保存。

1. 细胞的建立与维持

（1）动物的准备：取受精之后 3.5 d 的母鼠，分离鼠胚。

（2）胚胎的分离和初培养：3.5 d 孕鼠断颈处死，解剖小鼠取出胚胎，体外培养胚胎，4～6 d 后离散 ICM。

（3）ICM 的离散与 ES 的分离：分离 ICM，酶解细胞团，培养离散细胞，ES 细胞集落。

（4）ES 细胞的扩增：离散 ES 细胞，置于四孔培养板中培养。

（5）ES 细胞的常规培养：ES 细胞由四孔板转至培养皿进行常规培养。

2. ES 细胞的基因组操作

将外源基因移入 ES 细胞基因组后，既能高效稳定表达，又不影响 ES 细胞的各种功能。这就要求目的基因必须定点参入，并且参入整合后，对原有基因结构及功能没有影响或影响最小。

3. 转基因 ES 细胞的筛选——正负选择法

（1）正选择法筛选出转基因整合型 ES 细胞

通过物理方法将重组 DNA 分子导入 ES 细胞，在含有抗生素 G418 的培养基中没有整合外源基因的细胞将全部死亡，只有整合了外源基因的细胞才可以存活下来。

（2）负选择法筛选出特异整合型 ES 细胞

如果非特异性整合发生，则两个 *tk* 基因或其中一个基因很大可能与 *TG* 和 *neo*^{r} 一起整合，这时用 GCV 筛选，*tk* 基因表达的胸苷激酶能反 GCV 转化成有毒的化合物，使细胞死亡。

4. 转基因 ES 细胞的检测

最常用的方法是 PCR 法。

5. 转基因小鼠的繁育

正确整合的转基因胚胎干细胞经培养后就可以移入胚泡期的供体胚胎，将这些胚胎移植到假孕的代孕母鼠子宫内，繁育转基因小鼠。

6. 获得纯合的转基因鼠

利用交配的方法获得纯合的转基因鼠。

7. 胚胎干细胞方法的优缺点

应用胚胎干细胞方法获得转基因动物的优点在于基因转移效率大大提高，且能进行定位基因转移，其缺点是需要多代才能得到纯合的转基因动物，对饲养成本高、产仔数较少的大型哺乳类动物来说，要获得转基因动物是一件需要大量资金投入的事情。

（三）反转录病毒法

1. 反转录病毒法的原理

此法的原理是利用反转录病毒感染宿主细胞，并将其 DNA 嵌入细胞染色体 DNA 中的能力。当反转录病毒侵入细胞后，反转录病毒的单 RNA 即反转录为双链 DNA，进而嵌入 DNA 中成为前驱病毒，前驱病毒可以整合到宿主染色体中任意位置。

2. 反转录病毒法的载体的构建

提取病毒未整合的环状形式 DNA，将环状 DNA 克隆到适当的载体中，选择适当的酶将病毒结构蛋白编码区切除，将外源目的基因克隆到载体中。

3. 通过物理方法将重组 DNA 分子转入包装细胞

寄生在受体细胞中的重组病毒由于没有包装信号，能生产病毒 RNA 和所有蛋白质，但不能包装成病毒颗粒；病毒载体转化受体细胞后，载体上的包装信号将使包装蛋白把载体包装成侵染生的病毒颗粒。

4. 重组反转录病毒感染早期胚胎

重组反转录病毒感染早期胚胎，可通过病毒将外源基因插入整合到宿主基因组 DNA 中，其方式有两种：① 人为感染着床前或着床后的胚胎；② 直接将胚胎与能释放反转录病毒的单层培养细胞共孵育以达到感染的目的。

5. 反转录病毒法的优缺点

（1）优点：能有效地将转基因整合入受体细胞的基因组内，为单拷贝整合型。转基因整合后能稳定地遗传。整合机制相应明确，在 TR 区域内进行，不会破坏转基因结构。

（2）缺点：载量较小，一般只有 8 kb，可能会因缺少必需的调控元件而影响转基因表达。尽管病毒载体被设计为复制缺陷型的，但在包装细胞的包装过程中，若与整合型辅助表达基因组发生同源重组，就有可能组装成野生型逆转录病毒颗粒。因此，在构建具有商业价值的转基因动物时，其使用受到限制，操作繁琐。

三、转基因动物的检测

目前已有许多实验室结合分子生物学方法，探索出一些检测方法，从不同水平来进行转基因动物的检测，主要使用的方法有斑点杂交和 PCR 扩增、Southern 杂交、Northern 杂交、表达产物的检测等。

四、动物生物反应器

一般把目的片段在器官或组织中表达的转基因动物叫动物生物反应器（bioreactor），几乎任何有生命的器官、组织或其中一部分都可经过人为驯化成为生物反应器。从生产的角度考虑，生物反应器选择的组织和器官要方便产物的获得，如乳腺、膀胱、血液等，由此发展了动物乳腺生物反应器、动物血液生物反应器和动物膀胱生物反应器等，其中转基因动物乳腺生物反应器的研究最为引人注目。

（一）动物血液生物反应器

外源基因在血液中表达的转基因动物生物反应器，叫血液生物反应器。大家畜的血液容量较大，利用动物血液生产某些蛋白质或多肽等药物已取得了一定进展。外源基因编码产物可直接从血清中分离出来，血细胞组分可通过裂解细胞获得。

（二）动物膀胱生物反应器

外源基因在膀胱中表达的转基因动物生物反应器，叫动物膀胱生物反应器。膀胱上皮（urothelium）细胞表面可表达一种尿血小板溶素的膜蛋白，这种蛋白在膀胱中表达具有专一性，而且它的基因是高度保守的，将外源基因插入 5′ 端调控序列中，就可以指导外源基因在尿中表达。

（三）动物乳腺生物反应器

动物乳腺生物反应器利用哺乳动物乳腺特异性表达的启动子元件构建转基因动物，指导外源基因在乳腺中表达，并从转基因动物的乳液中获取重组蛋白。

1. 动物乳腺生物反应器的制备

（1）表达载体的构建

目前用于表达载体的启动子调控元件选用动物乳蛋白基因启动子元件，主要有 4 类乳腺定位表达调控元件：第一类是 B2 乳球蛋白（BLG），第二类是酪蛋白基因调控序列，第三类是乳清酸蛋白（WAP）基因调控序列，第四类是乳清白蛋白基因调控序列。

（2）目的基因的选择

选择目的基因的基本要求是，正常情况下浓度低、翻译后修饰复杂、其他表达体系难以表达或表达量低、应用前景广阔的蛋白基因。

（3）体外重组

选择好目的基因和启动子调控元件后进行体外重组，构建重组基因。

（4）基因转导

将构建好的重组基因用基因转导方法转移到受精卵。

（5）胚胎移植

利用胚胎移植技术将制备的转基因受精卵植入代孕母体子宫内，生产转基因动物，得到转基因乳腺表达个体，通过采集转基因动物的乳汁获得目的基因表达产物。

（6）鉴定

转基因动物乳腺生物反应器可以从分子水平和乳腺分泌物两方面进行鉴定。

2. 动物乳腺生物反应器存在的问题与展望

动物乳腺生物反应器的优点在于产品质量稳定、成本低、研制开发周期短、无污染、经济效益显著等。动物乳腺生物反应器主要应用于生产药用蛋白和高营养价值乳汁。

但是在乳腺生物反应器研制中尚存在下述待解决的难题：① 转基因动物的成功率低；② 目的蛋白的表达水平远低于乳汁中总蛋白含量；③ 目的基因的分离、改造、载体构建、体细胞克隆等技术环节还不够成熟；④ "位置效应" 与 "剂量效应" 目前无法克服；⑤ 乳汁蛋白基因表达调控机理、目的基因在宿主染色体上整合的详细机制、基因表达调控元件在不同家畜表现差异的原因、乳腺细胞对蛋白质的加工修饰机理等还未弄清楚；⑥ 产品的安全性问题，外源基因侵入对动物和基因药物对人体正常功能有何影响，是否会造成基因污染，尚难定论。

虽有这些问题存在，但许多国家政府和大型制药企业仍竞相投入巨资资助乳腺生物反应器产品的开发和生产，使乳腺生物反应器的研制和产业化呈现日益加速的趋势。利用乳腺生物反应器生产营养活性蛋白，如需求量极大的护肤品中的活性蛋白，或者改造奶质而使其具备营养和药用双重功能，或者直接生产口服生物制品，都具有极大的市场潜力。我们相信乳腺生物反应器产业不仅会成为有高额利润回报的新型行业，而且将会带动整个国民经济的发展，形成全新的产业结构模式。因此，应当抓住机遇，增加投资力度，大力兴办乳腺生物反应器产业，以在未来的生物高技术竞争中夺得主动权。

第四节　核移植技术与动物克隆

核移植技术就是利用显微操作技术将一个细胞的细胞核移植到另一个细胞中，或者将两个细胞的细胞核（或细胞质）进行交换，创造无性杂交生物新品种的一项技术。动物克隆是一种通过核移植过程进行无性繁殖的技术。发育早期的动物胚胎细胞，或成年动物的体细胞，经显微手术移植到去掉细胞核的卵母细胞中之后，在适当的条件下可以重新发育成正常胚胎。这种胚胎被移植到生殖周期相近的母体之中，可以发育成为正常动物个体。经过核移植而产生的动物，其遗传结构与细胞核供体完全相同。这种不经过有性生殖过程，而是通过核移植生产遗传结构与细胞核供体相同动物个体的技术，就叫做动物克隆。根据供体细胞的不同，动物克隆可分为胚胎克隆和体细胞克隆两种。使用的核供体细胞如果来自多细胞阶段的胚胎，叫做胚胎克隆；使用的核供体细胞来自动物体，则叫做体细胞克隆。

一、核移植技术的一般操作程序

核移植克隆哺乳动物的操作过程主要包括核受体和核供体的处理和制备、核移植、重组胚的体外或体内培养、核移植胚胎移入代孕母畜（寄母）等步骤。

（一）核受体细胞的准备

去核卵母细胞常常作为核移植的受体细胞。这是因为卵母细胞的细胞质中含有某种特定的因子，可以使移植核中所含有的基因表达程序发生重新排列，使已经分化了的细胞重新回到发育过程的原点，同受精卵一样开始个体发育过程。

卵母细胞的来源有两种方式：一是用激素对雌体进行超排处理，从输卵管冲出体内成熟的 MII 期卵母细胞。二是从屠宰场收集卵巢，吸出滤泡中的卵丘-卵母细胞复合体（COCs），在体外培养成熟后作为受体。

（二）核供体细胞的准备

在核移植操作中，细胞核供体细胞首先必须是完整的二倍体，该细胞必须保持有供体动物完整的基因组。其次，供体细胞核必须能够在受体细胞质的作用下，产生细胞分化过程的倒转，变得如同刚刚受精的合子一样，能重新完成从受精到发育成一个正常动物个体的全过程。

供体细胞主要有两大类：胚胎卵裂球和体细胞。另外，核供体细胞的来源还有胚胎干细胞和胎儿成纤维细胞。

（三）细胞核移植

常用的核移植方法有两种，即胞质内注射和透明带下注射。胞质内注射是用一个外径 5~8 μm 的注核针吸取供体核后直接注射进卵母细胞质内的方法。透明带下注射则是把供体细胞核注射在透明带与卵母细胞之间的卵周隙中，核移植后用电刺激进行细胞融合。

（四）激　活

卵母细胞的激活涉及的因素很多，无论是受精引起的卵母细胞激活还是人工激活，都会引起卵母细胞发生一系列的反应，这些反应是胚胎发育所必需的。其激活原理是通过电刺激、钙离子载体等方法，使卵母细胞从 MⅡ 期中解放出来，并转到"受精"的状态。

（五）重组胚的体内或体外培养

经融合和激活的重组胚移入中间受体进行体内或体外培养，观察重组胚的发育率。羊、牛、猪的核移植胚常采用体内培养方法获得桑葚胚和囊胚，即羊和牛的重组胚用琼脂包埋后移入休情期的母羊、牛结扎的输卵管中体内培养 4~7 d，发育至桑葚胚和囊胚。猪的核移植重组胚移入同期化受体母猪输卵管内进行体内培养 7 d，发育为囊胚。大鼠、小鼠和兔的核移植胚多进行体外培养，发育至桑葚胚或囊胚。

（六）胚胎移植

重组克隆胚胎移植的受体母畜要选择皮毛颜色与供体品种不同、繁殖性能强、体格稍大的当地品种，进行同期发情处理。按常规方法将重组克隆胚胎移植入代孕母畜（寄母）的子宫中，待其发育到产仔。

二、克隆羊与体细胞核移植

克隆羊这一成果有着重要的生物学意义。首先，它证明了一个已经完全分化了的动物体细胞仍然保持着当初胚胎细胞的全部遗传信息，并且经技术处理后，体细胞恢复了失去的全能性，形成完整个体。其次，多利（Dolly）是世界上首例利用成年哺乳动物体细胞作为供体细胞繁殖的克隆羊，即成体母羊的复制品。它的成功提示我们可以进一步做到，在培育体细胞成为核供体之前，利用"基因靶"技术精确地诱发核基因的遗传改变或精确地植入目的基因，再用选择技术准确地挑选那些产生了令人满意的变化的细胞作为核供体，从而生产出基因克隆体。也就是说，人们可以按意志去改选、生产物种。第三，在现代生物学领域，没有任何一项研究成果能够比通过对基因进行有规律的控制而解决更多的问题的先例。多利羊的诞生及生长表明，利用克隆技术复制哺乳类动物的最后技术障碍已被突破，在理论上已成为可能。

克隆羊多利是世界上第一只用已经分化的成熟体细胞（乳腺细胞）克隆出的羊。这项研究不仅对胚胎学、发育遗传学、医学有重大意义，而且也有巨大的经济潜力。克隆技术可以用于器官移植，造福人类，也可以通过这项技术改良物种，给畜牧业带来好处。克隆技术若与转基因技术相结合，可大批量"复制"含有可产生药物原料的转基因动物，从而使克隆技术更好地为人类服务。目前，世界上第一批无性繁殖的转基因羊也已在英国诞生。

克隆羊多利的出世历经曲折。在培育多利羊的过程中，科学家采用体细胞克隆技术，主要分 5 个步骤进行：

第 1 步，取妊娠期的 6 岁母绵羊（Finn Dorset 白脸母绵羊）的乳腺细胞作为核供体细胞，用饥饿法使其进入休眠状态而使全部基因具有活性。第 2 步，注射促性腺激素，促使母羊（Sottish Blackface 黑面母绵羊）排卵，28～33 h 取其未受精卵，快速去核，放入 10% 胎小牛血清（fetal calf serum，FCS）、1% FCS 和 0.5% FCS 中连续 5 d，使其进入 G_0 期，作为受体细胞。第 3 步，乳腺细胞与无核卵放入同一培养皿中，在微电流的作用下，将乳腺细胞融入卵中，形成一个含有新的遗传物质的卵细胞。第 4 步，新的卵细胞植入母羊结扎的输卵管内，6 d 后发育为桑葚胚或囊胚（8～16 个细胞）。第 5 步，将此早期胚胎移入假孕母羊子宫中，产下多利，即为 6 岁母羊的复制品，也为白脸羊。

三、克隆技术存在的问题与展望

克隆技术主要应用于制备转基因克隆动物，进行生物药物生产。其优点是能培育优良畜种，扩大良种种群；用于开展异种动物克隆，拯救濒危动物；与干细胞技术结合，开展治疗性克隆；利用克隆技术，研究生物学的基本问题等。

目前，动物克隆技术取得了一定的进展，获得了多种克隆动物，但与实际应用之间还有相当大的距离。主要存在以下问题：

1. 理论问题

分化的体细胞克隆对遗传物质重编（细胞核内所有或大部分基因关闭，细胞重新恢复全能性的过程）的机理还不清楚，克隆动物是否会记住供体细胞的年龄，克隆动物的连续后代是否会累积突变基因，在克隆过程中胞质线粒体所起的遗传作用等问题还没有解决。

2. 实践问题

克隆动物的成功率还很低。生出的部分个体表现出生理或免疫缺陷，即使是正常发育的

"多利"，也被发现有早衰迹象。

除了以上的理论和技术障碍外，克隆技术（尤其是在人胚胎方面的应用）对伦理道德的冲击和公众对此的强烈反应也限制了克隆技术的应用。

第五节　细胞融合与单克隆抗体

细胞融合（cell fusion），又称体细胞杂交，是指两个或更多个相同或不同细胞通过膜融合形成单个细胞的过程。1957年，日本学者冈田善雄在培养动物细胞时加入失去活性的仙台病毒，发现能使两个动物细胞融合，产生具有两个核的细胞。研究表明，很多不同种的动物细胞都能进行融合，形成杂种细胞，如人-鼠、人-兔、人-鸡、人-蛙、鼠-鸡、鼠-兔、鼠-猴等。理论上说任何细胞都有可能通过体细胞杂交而成为新的生物资源，这对于种质资源的开发和利用具有深远的意义。融合过程不存在有性杂交过程中的种性隔离机制的限制，为远缘物种间的遗传物质交换提供了有效途径。体细胞杂交产生的杂种细胞含有来自双亲的核外遗传系统，在杂种的分裂和增殖过程中双亲的叶绿体、线粒体DNA也可发生重组，从而产生新的核外遗传系统。

一、细胞融合的常用方法

细胞融合的原理在于细胞膜具有流动性。诱导细胞融合的方法有三种：生物方法（病毒）、化学方法［聚乙二醇（PEG）］、物理方法（离心、震动、电刺激）。某些病毒如仙台病毒、副流感病毒和新城鸡瘟病毒的被膜中有融合蛋白（fusion protein），可介导病毒与宿主细胞融合，也可介导细胞与细胞的融合，因此可以用紫外线灭活的此类病毒诱导细胞融合。化学和物理方法可造成膜脂分子排列的改变，去掉作用因素之后，质膜恢复原来的有序结构，在恢复过程中便可诱导相接触的细胞发生融合。

（一）仙台病毒法

仙台病毒诱导细胞融合经四个阶段：① 两种细胞在一起培养，加入病毒，在4℃条件下病毒附着在细胞膜上。使两细胞相互凝聚，两个原生质体或细胞在病毒黏结作用下彼此靠近。② 在37℃下病毒与细胞膜发生反应，细胞膜受到破坏，此时需要Ca^{2+}和Mg^{2+}，最适pH为8.0~8.2，通过病毒与原生质体或细胞膜的作用使两个细胞膜间互相渗透，胞质互相渗透。③ 细胞膜连接部穿通，周边连接部修复，此时需Ca^{2+}和ATP。④ 两个原生质体的细胞核互相融合，两个细胞融为一体，融合成巨大细胞，仍需ATP，接着进入正常的细胞分裂途径，分裂成含有两种染色体的杂种细胞。

（二）聚乙二醇（PEG）法

由于PEG分子具有轻微的负极性，可以与具有正极性基团的水、蛋白质和碳水化合物等形成氢键，从而在质膜之间形成分子桥，其结果是使细胞质膜发生粘连，进而促使质膜融合。另外，PEG 能增加类脂膜的流动性，也使细胞核、细胞器发生融合成为可能。

PEG 诱导融合的优点是融合成本低、不需要特殊设备、融合产生的异核率较高、融合过程不受物种限制；其缺点是融合过程繁琐，PEG 可能对细胞有毒害。

聚乙二醇（PEG）法细胞融合步骤：① 取两种不同亲本细胞各 $5×10^6$，混匀；② 离心沉淀，吸去上清液；③ 加 1 mL 50% PEG 溶液，用吸管吹打，使之与细胞接触 1 min；④ 加 9 mL 培养液，离心沉淀，吸去上清液；⑤ 加 5 mL 培养液，分别接种于 5 个直径 60 mm 的平皿中，每个平皿加培养液至 5 mL，置于 37 ℃ 的 CO_2 培养箱中培养；⑥ 6～24 h 后，换成选择培养液筛选杂交细胞。

（三）电融合法

电融合法是 20 世纪 80 年代出现的细胞融合技术，在直流电脉冲的诱导下，细胞膜表面的氧化还原电位发生改变，使异种细胞粘合并发生质膜瞬间破裂，进而质膜开始连接，直到闭合成完整的膜，形成融合体。电融合法的优点是融合率高，重复性强，对细胞伤害小，装置精巧，方法简单，可在显微镜下观察或录像观察融合过程，免去了 PEG 诱导后的洗涤过程，诱导过程可控性强。

电融合的基本过程：

1. 细胞膜的接触

当原生质体置于电导率很低的溶液中时，电场通电后，电流即通过原生质体而不是通过溶液，其结果是原生质体在电场作用下极化而产生偶极子，从而使原生质体紧密接触排列成串。

2. 细胞膜的击穿

原生质体成串排列后，立即给予高频直流脉冲，可以使原生质膜击穿，从而导致两个紧密接触的细胞融合在一起。

二、杂种细胞的筛选

1. 融合细胞的类型

根据已经发生融合的细胞中所含有核的类型，可将其分为以下几种类型。
（1）异核细胞：非同源细胞的融合体。
（2）同核细胞：两个相同细胞的融合体。
（3）多核细胞：含有双亲不同比例核物质的融合体。

2. 常用的杂种细胞筛选方法

目前，杂种细胞筛选方法常用的有基于酶缺陷型细胞和药物抗性所建立的杂种筛选、基于营养缺陷型细胞所建立的杂种筛选、由温度敏感型细胞组成的杂种细胞的筛选和具有所需性状杂种细胞的筛选。

三、单克隆抗体

细胞融合不仅可用于基础研究，而且还有重要的应用价值，在植物育种方面已经获得成功的有萝卜+甘蓝、粉蓝烟草+郎氏烟草、番茄+马铃薯等。而动物细胞融合技术最重要的用途是制备单克隆抗体。

只针对某一抗原决定簇的抗体分子称为单克隆抗体。1975 年，分子生物学家克勒和米尔斯坦在自然杂交技术的基础上，创立杂交瘤技术。他们把可在体外培养和大量增殖的小鼠骨髓瘤细胞与经抗原免疫后的纯系小鼠脾细胞融合，成为杂交细胞系。这种细胞系既具有瘤细胞易于在体外无限增殖的特性，又具有抗体形成细胞的合成和分泌特异性抗体的特点。将这种杂交瘤进行单个细胞培养，可形成单细胞系，即单克隆。利用培养或小鼠腹腔接种的方法，便能得到大量高浓度的、非常均一的抗体，其结构、氨基酸顺序、特异性等都是一致的，而且在培养过程中，只要没有变异，不同时间所分泌的抗体都能保持同样的结构与机能。这种单克隆抗体是用其他方法所不能得到的。其制备过程为：免疫动物→细胞融合→选择性培养。

细胞工程实例：单克隆抗体的制备

单克隆抗体是由单个 B 细胞克隆产生的针对单一抗原决定簇的同源抗体。单克隆抗体理化性状高度均一，生物活性专一，只与一种抗原表位发生反应，其特异性强，纯度高，易于实验标准化和大量制备，可用于疾病的诊断和治疗、抗肿瘤单抗耦联物等。要将单克隆抗体应用于临床治疗，首先应得到相应的单克隆抗体。单克隆抗体的制备包括抗原提纯与动物免疫、骨髓瘤细胞及饲养细胞的制备、细胞融合、抗体检测、杂交瘤的克隆化和冻存、McAB 的制备、单克隆抗体的纯化等 7 个步骤。

一、抗原提纯与动物免疫

（1）免疫成功的标志是在融合时脾脏能够提供处于增殖状态的特异性 B 细胞，此时血清中抗体效价不一定最高。

（2）可溶性抗原 10~15 μg/100 μL + 等量弗氏完全佐剂注射小鼠腹腔→2~4 周后加强免疫（量减半，改用不完全佐剂，可反复多次）→冲击免疫（融合前 3 天进行）。

（3）选用 6~12 周龄 Balb/c 小鼠。

（4）颗粒性抗原免疫性较强，不加佐剂就可获得很好的免疫效果。

（5）可溶性抗原免疫原性弱，一般要加佐剂。

（6）用于可溶性抗原（特别是一些弱抗原）的免疫方案也在不断更新，如① 将可溶性抗原颗粒化或固相化，一方面增强了抗原的免疫原性，另一方面可降低抗原的使用量；② 改变抗原注入的途径，基础免疫可直接采用脾内注射；③ 使用细胞因子作为佐剂，提高机体的免疫应答水平，促进免疫细胞对抗原反应性。

二、骨髓瘤细胞及饲养细胞的制备

骨髓瘤细胞系选择要点：稳定易培养、自身不分泌 Ig、融合率高、HGPRT 缺陷株。常用骨髓瘤细胞系有：NS1、SP2/0、X63 等。

（1）保存：防止突变，定期筛选（8-氮鸟嘌呤），防止支原体污染（胎牛血清）。

（2）融合时保证骨髓瘤细胞处于对数生长期，形态良好，活细胞计数高于 95%。

（3）融合比例：脾细胞、骨髓瘤细胞之比 = 3∶1。许多环节需要加饲养细胞，如杂交瘤细胞筛选、克隆化和扩大培养过程中。

（4）常用的饲养细胞为小鼠腹腔巨噬细胞，饲养细胞一般在融合前一天制备

三、细胞融合

（1）免疫脾细胞：处于免疫状态脾脏中 B 淋巴母细胞-浆母细胞。一般取最后一次加强免疫 3 d 后的脾脏。

（2）融合比例：骨髓瘤细胞、脾细胞之比 = 1∶5 或 1∶10。

（3）融合剂：40% PEG（相对分子质量 1 000 ~ 2 000）。

（4）融合 24 h 后加 HAT 培养液→2 周后改用 HT 培养液→2 周后改用一般培养液。

四、抗体检测

一般在杂交瘤细胞布满孔底 1/10 时，开始检测特异性抗体，筛选出所需杂交瘤细胞系。可靠的筛选方法必须在融合前建立，避免由于方法不当贻误筛选时机。

五、杂交瘤的克隆化和冻存

1. 克隆化

（1）克隆化的定义：指将抗体阳性孔进行克隆化。目的是将抗体分泌细胞、抗体非分泌细胞、特异性抗体分泌细胞和无关抗体分泌细胞分开。

（2）克隆化的原则：尽早进行，反复 4 ~ 5 次。

（3）克隆化方法：有限稀释法、软琼脂平板法、显微克隆法。

2. 冻存

阳性杂交瘤细胞应及时冻存，防止染色体丢失、变异及污染。

六、单抗的制备

动物体内诱生法：小鼠腹腔注射降植丸或液体石蜡，1 周后腹腔注射杂交瘤细胞，7 ~ 10 d 后出现腹水，无菌采集。

七、单克隆抗体的纯化

1. 盐析

用中性盐使蛋白质沉淀析出的方法称为盐析。大量的盐加入蛋白质溶液中，高浓度的盐离子有很强的水化力，可夺取蛋白质的水化层，使蛋白质胶粒失水发生凝聚而沉淀析出（图 1.3.2）。

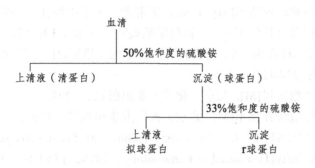

图 1.3.2　血清的盐析

2. 凝胶过滤

干燥的凝胶颗粒吸水后形成了多孔胶粒，将蛋白质溶液加在凝胶柱上进行洗脱时，大分子蛋白不能穿过凝胶网孔进入胶粒内，留在胶粒间隙的溶液中，随洗脱液最先流出；小分子蛋白可穿过凝胶网孔进入胶粒内，受到凝胶的阻留，向下移动较慢，洗脱出来较慢，据此将不同大小的蛋白质分离出来。可分为交联葡聚糖凝胶（Sephadex）和琼脂糖凝胶（Sepharose）两种。

3. 离子交换层析

DEAE 纤维素：结合溶液中带负电荷的蛋白质，为阴离子交换剂；CM 纤维素：结合溶液中带正电荷的蛋白质，为阳离子交换剂。

4. 亲和层析法

将抗原（或抗体）连接到固相载体上，特异性吸附液相中的抗体（或抗原），形成抗原-抗体复合物，然后改变条件，使抗原-抗体复合物解离洗脱出纯化的抗体（或抗原），如 A 蛋白-Sepharose CL4B。

思 考 题

1. 体外培养细胞有哪些类型？其生长特点有什么区别？
2. 无血清培养在实验中有何特殊意义？
3. 转基因动物的培育方法有哪些？
4. 动物克隆的一般程序是怎样的？

5. 细胞融合的方法有哪些？

6. 单克隆抗体的制备流程是怎样的？有何意义？

参考文献

[1] 安利国. 细胞工程[M]. 2 版. 北京：科学出版社，2009.

[2] 程宝鸾. 动物细胞培养技术[M]. 广州：华南理工大学出版社，2000.

[3] 陈大元. 克隆技术及其应用[J]. 中国科学院院刊，2002（3）：173-176.

[4] 李劲松，庄大中，孙青原，等. 动物转基因技术的新进展[J]. 生物化学与生物物理进展，2000，27（2）：124-126.

[5] 徐永华. 动物细胞工程[M]. 北京：化学工业出版社，2003.

[6] 张卓然. 实用细胞培养技术[M]. 北京：人民卫生出版社，1999.

[7] KÖHLER G，MILSTEIN C. Continuous cultures of fused cells secreting antibody of predefined specificity[J]. Journal of Immunology，1975，174（5）：2453-2457.

[8] FALKENBERG F W，PIERARD D，MAI U，et al. Polyclonal and monoclonal antibodies as reagents in biochemical and in clinical-chemical analysis[J]. Journal of Clinical Chemistry and Clinical Biochemistry，1984，22（12）：867-82.

[9] WEISSMAN I L. The road ended up at stem cells[J]. Immunological Reviews，2002，185：159-74.

第四章 酶工程

【内容提要】

（1）酶的分类命名、酶的动力学知识、酶的电泳特性等酶学基础知识；

（2）简要介绍酶工程概况；

（3）介绍天然酶的分离纯化一般方法与原则；

（4）简要介绍酶的固定化方法与应用；

（5）简要介绍生物酶工程技术。

第一节 酶学与酶工程概况

一、酶学基础

（一）酶的定义

酶是一类具有高效率、高度专一性和活性可调节的高分子生物催化剂，其本质是蛋白质类生物催化剂。按酶的组成将其分为简单酶和复合酶。简单酶是全由蛋白质组成的酶，如消化系统的酶类；复合酶是由组成酶的蛋白质和相应的辅基、辅酶组成的酶，如 SOD、POD 等均含金属离子，其中辅基与酶共价结合，辅酶则能用透析的方法除去。

20 世纪 80 年代以来，Cech 和 Altman 等相继发现核酸具有自我编辑的能力，此后出现了大量有关 RNA 和 DNA 具有催化活性的报道，拓展了人类对酶的认识：自然界中除了蛋白质是生物催化剂外，还存在非蛋白质类的生物催化剂。

（二）酶的分类与命名

1. 按蛋白分子分类

（1）单体酶

由一条肽链组成的酶称为单体酶，往往是一些在生物体内大量需要而执行简单功能的酶，如淀粉酶、胰蛋白酶。

（2）寡聚酶

由两个或两个以上亚基组成的酶称为寡聚酶，在生物体内执行较为复杂的功能。这类酶有些具有活性亚基和别构亚基，别构亚基与效应物结合，调节酶的活性，称为别构效应。如糖酵解途径中的磷酸果糖激酶为寡聚酶，受到 ATP、ADP、AMP、脂肪酸、柠檬酸和无机磷酸等物质的调节。有的寡聚酶由相同的亚基组成，如植物草酸氧化酶是麦类作物中特有的一类氧化草酸生成过氧化氢的酶类，一般由 6 个相同的亚基组成，这些亚基聚合到一起才具有生物学活性。

（3）多酶体系

多酶体系由两个或两个以上的酶嵌合在一起，酶与酶之间以非共价键结合，其中一个酶催化生成的产物为下一个酶的底物，使得反应依次高效进行，提高了催化反应的效率。如丙酮酸脱氢酶系位于线粒体膜上，包含 3 个酶和 6 个辅因子，分别是丙酮酸脱羧酶、二氢硫辛酸转乙酰酶、二氢硫辛酸脱氢酶，TPP、硫辛酸、FAD、NAD^+、CoA 和 Mg^{2+}，其功能是催化丙酮酸脱羧生成乙酰 CoA。

2. 酶的命名

（1）习惯命名法

人们在研究和使用酶时，往往按使用习惯对其进行命名。其中绝大多数酶根据催化的底物来命名，如蛋白酶、淀粉酶等；有些酶则根据反应性质进行命名，如转氨酶、水解酶等；还有的酶根据结合底物和反应性质两方面进行命名，如琥珀酸脱氢酶；有时在命名酶时还加上酶的来源，如胃蛋白酶、牛胰凝乳蛋白酶等。酶的习惯命名符合人们的使用习惯，比较简单，但缺乏系统性，使用中存在不规范的现象。

（2）系统命名法

为了有效地研究和应用酶，国际酶学学会（EC）对酶的命名进行规范，将酶分为 6 大类，每个酶不管来源如何均采用一个编号，酶的系统名称标明酶的底物及催化反应的性质，如草酸氧化酶（习惯名）的系统命名为"草酸：氧氧化酶"，编号 EC1.2.3.4。

（三）酶动力学基础

1. 酶的测量

用单位时间底物的减少量或产物的生成量来衡量酶的活性大小。国际酶学学会将酶活性单位规定为，在特定条件下 1 min 内能转化 1 μmol 底物的酶量（U）。但由于不同的酶活性测量方法不同，实际操作中酶量的测量很繁琐，为了便于计算，研究者往往采用自行定义的单位对酶的活性进行描述，如 POD 的活性单位（愈创木酚法）一般采用"每分钟 A_{470} 增加 0.01 为 1 U"，SOD 的活性单位（NBT 法）采用"以抑制光化还原 NBT 50% 为 1 U"等。

1 mg 蛋白质具有的酶的活性称为比活性，比活性是衡量纯化后酶制剂纯度高低的指标。

2. 酶动力学简介

（1）米氏方程

酶动力学是研究底物浓度和各种调节剂对酶促反应速率影响的科学。对于单底物反应，底物浓度与反应速率的关系用米氏方程描述。生物化学反应一般为双底物反应，一般情况下认为两个底物中有一个的浓度为恒定值，即可简化为单底物反应，如氧化酶催化的反应除了被氧化的底物外还需要氧，一般视氧气浓度为恒定值，简化为一级反应。

描述单底物反应的米氏方程为

$$v = \frac{v_m c(S)}{K_m + c(S)}$$

式中，v 代表反应速率；v_m 代表最大反应速率；$c(S)$ 代表底物浓度；K_m 为米氏常数。

K_m 表示达到最大反应速率一半时的底物浓度，表明酶对底物亲和力的大小，其值越小，酶对底物的亲和力越大。不同来源的同一个酶 K_m 越小，对底物的亲和力越大；一个酶如果有多个底物，K_m 最小的为最适底物；不同酶催化同一反应，K_m 小的酶对底物的亲和力高，如己糖激酶和葡萄糖激酶均能催化葡萄糖磷酸化，己糖激酶的 K_m 为 0.1 mmol/L，葡萄糖激酶 K_m 为 10 mmol/L，细胞内葡萄糖的浓度一般为 5 mmol/L，只有在葡萄糖的浓度高时葡萄糖激酶才起作用。

（2）K_m 的求取

实际测定 K_m 时采用双倒数作图法：

$$\frac{1}{v} = \frac{K_m}{v_m} \cdot \frac{1}{c(S)} + \frac{1}{v_m}$$

以 $1/v$ 对 $1/c(S)$ 作图，回归直线与横轴交点的横坐标值为 $-1/K_m$。

采用双倒数作图法，测得的数据点在坐标轴左端过于集中，导致误差过大。因此，在实际测定时必须采用 v 对 $v/c(S)$ 作图进行验证：

$$v = v_m - \frac{v}{c(S)} \cdot K_m$$

两种作图方法得到的 K_m 一致时，测定结果才有效。

（3）酶法分析

酶法分析是以酶为分析工具测定酶催化反应的底物浓度的方法，常用来方便快捷地测定生物样品中已知物质的含量。由米氏方程可知，当底物浓度足够大时，反应过程中由于 $c(S)$ 的变化值可以忽略，因此，$\dfrac{v_m}{K_m + c(S)}$ 可近视为恒定值，即反应速率与被测物 $c(S)$ 成正比。因此，以酶为分析工具，通过测定酶活性（反应速率）能确定被测物质的含量。

（四）酶的电泳特性

酶的本质是蛋白质，酶在 SDS-PAGE 电泳系统中通常带负电荷，能够用电泳的方法对酶进行提纯和纯度检测。通常在载样缓冲液中加入 SDS 和巯基乙醇，使酶的亚基解聚并成为带负电荷的棒状物，采用不连续的电泳系统方法对其进行检测，若酶由相同亚基组成，检测结果为单条带，则认为酶达到了"电泳纯"。图 1.4.1 为莴苣 POD 的 SDS-PAGE 检测结果。

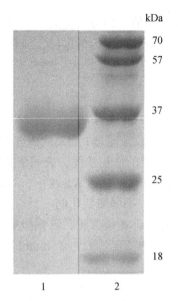

图 1.4.1 莴苣 POD 的 SDS-PAGE（考马斯亮蓝 R-250 染色）
泳道 1—经纯化的莴苣 POD 2；泳道 2—标准蛋白质 Marker

二、酶工程概况

（一）酶工程与酶学理论

酶的研究包括理论研究与应用研究两个方面。理论研究包括酶的理化性质与催化性质研究，催生了酶学。酶学的研究激发了人们对酶的应用研究的兴趣，酶的应用研究催生了酶工程。从 19 世纪初开始，酶的应用已经非常广泛，如利用胰酶制革、用淀粉酶作为纺织工业的退浆、发酵工业中的淀粉酶、DL-氨基酸的拆分、洗涤用酶、纺织工业用酶等。要将这些酶很好地应用于工农业生产，需要对酶的生产工艺、酶反应器、酶的制剂、酶的反应工艺、固定化酶等工艺技术进行研究，所有这些技术构成了酶工程。

（二）化学酶工程与生物酶工程

酶工程技术分为化学酶工程和生物酶工程两方面。

化学酶工程指采用传统化学的方法对酶应用进行研究，包括天然酶的筛选、纯化与制备，化学修饰改造酶及人工模拟酶的研究与应用等。如在淀粉加工工艺中，人们成功地从微生物中筛选出高效率的淀粉酶菌株，成功取代了化学水解的方法。

生物酶工程是指以基因重组技术为主的现代分子生物学技术与传统酶工程相结合的产物，包括基因重组技术生产酶、制造遗传修饰酶及设计新的基因生产自然界不存在的酶等方面的技术应用。现代分子生物学的发展，使得在分子水平认识酶的基础上改进酶、模拟酶乃至设计全新的酶成为可能。

第二节 天然酶的分离纯化

一、酶的纯化原则

1. 纯化过程防止酶变性

纯化酶的目的是要得到高纯度有活性的酶蛋白，必须在低温、接近于生理条件的 pH 环境和盐浓度的条件下进行操作。

2. 有目的地选择纯化方法

纯化方法的选择应采用能尽可能除去杂蛋白的方法，同时对酶的回收率和比活性进行测定，每一步纯化之后酶的比活性必须提高，酶的活性不能下降过多。因此，酶的活性测定与蛋白质的含量测定必须贯穿酶的纯化的每个步骤。

二、酶的分离纯化的一般步骤

（一）预处理

对细胞进行破碎和对粗酶液进行抽提。

破碎细胞的方法有机械法、化学法和酶促法等。

1. 机械法

用机械方法对组织进行匀浆，一般用研钵研磨少量样品，当处理样品较多时采用匀浆器破碎细胞，这是细胞破碎最常见的方法。为了防止酶失活，所有操作均应在低温下进行，如在冰浴或冰室中操作。

2. 化学法

采用化学试剂破碎细胞表面，如用表面活性剂破坏细胞壁。这类方法的缺点是化学试剂对酶的活性有一定影响，如大部分酶在表面活性剂 SDS 存在的情况下会失去活性。

3. 酶促法

在组织中加入水解细胞壁、细胞膜的酶，实现组织的温和破碎。这类方法的缺点是在纯化蛋白的过程中人为添加了杂蛋白，增大了分离纯化的难度。

破碎细胞后，细胞中的酶随细胞质流出，然后通过高速冷冻离心对粗酶液与细胞碎片进行分离。离心条件一般为 0～4 ℃、5 000～8 000×g 离心 10～30 min，弃去沉淀，收集上清液即为酶的粗提液。

（二）粗分级

对粗酶液中的蛋白质进行初步分离，将含酶蛋白的部分从总蛋白中分离出来，此步骤的纯化倍数一般为 2 倍左右。常用的方法有：

1. 硫酸铵分级分离法

硫酸铵是廉价的一价阳离子二价阴离子盐，对蛋白质的毒性较小。在浓度较低的情况下，蛋白质发生"盐溶"；浓度较高的情况下，蛋白质发生"盐析"，根据这一性质分离溶解度在特定区间的目标蛋白。表 1.4.1 给出了硫酸铵的饱和度，竖项为样品中硫酸铵的初始饱和度，横项为样品中硫酸铵的最终饱和度。如采用 30%~60% 的硫酸铵进行分级分离，按如下方法操作：首先查竖项 0、横项 30 的值为 176，即每 1 000 mL 粗酶液中加入 176 g 硫酸铵，搅拌均匀，沉淀 24 h，离心收集上清液；然后查竖项 30、横项 60 的值为 198，即每 1 000 mL 粗酶液中（初始体积）加入 198 g 硫酸铵，沉淀 24 h 后离心收集沉淀。

表 1.4.1　硫酸铵的饱和度（1 000 mL）（25 ℃）

	10	20	25	30	33	35	40	45	50	55	60	65	70	75	80	90	100
0	56	114	144	176	196	209	243	277	313	351	390	430	472	516	561	662	767
10		57	86	118	137	150	183	216	251	288	326	365	406	449	494	592	694
20			29	59	78	91	123	155	189	225	262	300	340	382	424	520	619
25				30	49	61	93	125	158	193	230	267	307	348	390	485	583
30					19	30	62	94	127	162	198	235	273	314	356	449	546
33						12	43	74	107	142	177	214	252	292	333	426	522
35							31	63	94	129	164	200	238	278	319	411	506
40								31	63	97	132	168	205	245	285	375	469
45									32	65	99	134	171	210	250	339	431
50										33	66	101	137	176	214	302	392
55											33	67	103	141	179	264	353
60												34	69	105	143	227	314
65													34	70	107	190	275
70														35	72	153	237
75															36	115	198
80																77	157
90																	79

2. 分子筛过滤法

分子筛过滤法也叫凝胶过滤法，小分子蛋白质经过凝胶时能够进入凝胶颗粒内部，大分子蛋白质不能通过凝胶颗粒内部，这样先洗脱出来的部分为大分子蛋白质，后洗脱出来的部分为小分子蛋白质。

常用 Sephadex G-系列葡聚糖凝胶进行分离。一般采用 G-25 对样品脱盐处理，分离蛋白质常采用 G-75、G-100 等介质。G-后面的数字表示胶的溶胀量和分离的线性范围，该数字除以 10 表示溶胀量，如 G-100 的 100 表示每克干胶溶于水后的体积为 10 mL（100/10）；数字为 100、150 和 200 时，表示分离最大线状分子为 100、150 和 200 kDa。层析柱（图 1.4.2）内径与柱长的比例一般为 1/20 ~ 1/100，样品用量一般为胶体积的 1/40，实际操作时为了提高每次的提取量，可稍加大样品用量，但最大不能大于胶体积的 1/20。

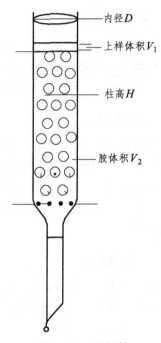

图 1.4.2　层析柱

注：$H = 20 ~ 100D$；V_1 一般为 V_2 的 1/40

3. 超滤法

用孔径为 0.002 ~ 2.0 μm 的滤膜加压过滤分离大分子物质的方法叫超滤法。选择不同孔径的滤膜能够对不同分子量的蛋白质进行分离。操作条件为常温低压，蛋白质变性小，能达到蛋白质粗分级的要求。

4. 其他方法粗分级

粗酶的分离应根据酶的性质采用不同的方法。如果酶对温度的耐受性高，则可采用加温的方法去除杂蛋白；如果酶在互不相溶的两相中有高的分配系数，则可采用萃取分离的方法。如 Taq 酶的耐热性高，将 Taq 酶的粗提液加热就能去掉大部分杂蛋白。

蛋白质的分离纯化没有统一的方法，应采取各种不同的方法反复试验，采用不同的粗提方法进行组合，达到高的纯化倍数和理想的回收率。

（三）细分级

对经过硫酸铵、葡聚糖分子筛等步骤分级分离后的酶液进行进一步分离，使酶的纯度达到均一（homogeneity）。一般而言，细分级纯化步骤的纯化倍数应大于 10 倍，经电泳检测为单条带，即达到电泳纯。若经凝胶高压液相色谱检测为单个峰，则称为色谱纯。作为酶联法的工具，酶必须达到电泳纯以上。细分级常用的方法有：

1. 离子交换层析法

在偏碱性的缓冲液体系中，酶蛋白通常带负电荷，能与阴离子交换介质进行离子交换，不同蛋白质与交换介质的离子交换效率不同，根据这一原理对酶蛋白进行分离的方法叫离子交换层析法。常用的阴离子交换介质有 DEAE-琼脂糖交换树脂、High-Q 交换剂（Bio-Rad 公司）等。

离子交换层析一般包括"平衡→上样→洗脱→复活"4 个步骤。例如，用 High-Q 纯化已粗分级的红薯 POD 的步骤：① 平衡交换介质：用 50 mmol/L pH 7.2 的 Tris-HCl、50 mmol/L pH 7.2 的 Tris-HCl［含 1 mol/L(NH₄)₂SO₄］和 50 mmol/L pH 7.2 的 Tris-HCl 的缓冲液以 1 mL/min 的流速冲洗阴离子交换柱 High-Q，然后用 50 mmol/L pH 8.6 的 Tris-HCl 缓冲液平衡交换柱，流速 1 mL/min；② 上样：用少量蒸馏水溶解粗酶晶体，以 0.5 mL/min 的流速上样；③ 洗脱：采用 50 mmol/L pH 8.6 的 Tris-HCl 缓冲液以 1 mL/min 的流速洗脱，收

集合并活性峰处的酶液；④ 活化介质：用 50 mmol/L pH 7.2 的 Tris-HCl 冲洗交换柱。

2．疏水层析法

蛋白质中含有疏水基团，根据酶中疏水基团与杂蛋白不同，在盐离子存在的条件下与疏水交换树脂的交换效率不同而进行分离的方法叫疏水层析法。疏水层析需要用到高浓度的盐溶液，因此层析后一般应进行透析脱盐处理。

3．亲和层析法

将与酶特异结合的配基用共价键的方式固定于支持介质上，上样后配基与酶结合，然后再用比与酶结合力更强的试剂将酶洗脱下来，得到单一蛋白的纯化酶。由于亲和介质与酶的特异性结合的特点，采用亲和层析往往能得到高纯度的酶。如刀豆凝集素 concanavalin A 是糖蛋白的特异性结合试剂，当分离的酶为糖蛋白时，采用 concanavalin A 层析一般能够得到电泳纯的纯酶。

4．层析聚焦法

酶蛋白具有一定的 pI 值，在层析柱中加入两性电解质使层析柱形成一定的 pH 梯度，利用蛋白质等电聚焦和离子交换层析的双重特性对酶进行分离。一般步骤为：① 往层析柱中加入两性电解质形成 pH 梯度；② 上样聚焦，使蛋白质各组分聚合在各自的 pI 处；③ 根据酶蛋白的 pI 值配制洗脱液，使处于 pI 处的酶蛋白在层析柱上往下移动，直至洗脱出层析柱；④ 按照步骤①对层析柱进行复活。

（四）酶制剂的制备

对经过细分级纯化后的酶进行检测，当酶的纯度达到应用要求后，应对酶进行浓缩、干燥与结晶，制备成相应的酶制剂。

1．酶的浓缩

（1）超过滤浓缩

采用超过滤的方法，缩小酶的体积。

（2）反透析浓缩

将酶置于透析袋中，用聚乙二醇（PEG）作为反透析试剂，用 PEG 吸收酶中的水分。此步骤一般能将酶体积浓缩至 1/20 左右。

（3）反复冻融浓缩

对于体积较大的酶溶液采用此方法。将酶溶液冰冻，先溶解的部分为含酶的部分，丢弃不含酶的冰块，然后冻融含酶的溶液，反复操作，缩小酶溶液的体积。此方法的缺点是反复冻融的过程会造成部分酶变性失活。

2．酶的干燥

由于酶是蛋白质，在高温下容易失活，酶的干燥常采用冷冻干燥法。先将酶在低温下凝结成冰块，放入密闭的低温容器中用真空泵抽成真空，使冰块在低温和真空的环境中升华。这种方法得到的酶活性损失较小。对于耐热性较高的酶，还可采用喷雾干燥、旋转蒸发等方法进行干燥。

3. 酶的结晶

酶的结晶是指酶在溶剂中以结晶的方法析出的过程。一般而言，酶必须有较高的浓度和纯度才能结晶。酶溶液在处于过饱和状态下析出晶体，有的酶在没达到电泳纯的情况就比较容易得到结晶，而有的酶在很纯的状态下仍很难得到结晶。因此，酶是否结晶不能作为判断酶纯度的标准。影响酶结晶的因素有很多。常用的结晶方法有盐析法、有机溶剂法、等电点法、透析平衡法等。

通常酶制剂可以为浓缩的液态或干燥后的固态，而酶的结构和活性中心研究必须通过化学修饰法和 X 射线衍射相互印证，酶结晶后才能进行 X 射线衍射的研究。

三、酶的分离纯化方法运用与排列原则

酶的纯化没有统一的方法与模式，选择纯化方法时要测定酶的活性和比活性两项指标，酶的比活性不断提高，说明杂蛋白去除方法有效；酶的活性用来衡量回收率，回收率越高，经济效益越好，两项指标综合考虑确定纯化方法。确定纯化方法后，应考虑各种方法的排列顺序。在酶的纯化方法中，沉淀法、分子筛法、层析法等方法运用较多，有时为了获得高纯度的酶，还需要多根层析柱串联使用。一般而言，热变性的方法排列在最前面，该方法能以最小的代价去掉杂蛋白且对粗酶液的理化性质没有要求；沉淀法对粗酶溶液的理化性质也没有苛刻要求，所以也应优先考虑，如一般离心匀浆后的溶液采用加入硫酸铵分级分离的方法去除杂蛋白。盐析后在粗酶溶液中会存在高浓度的盐，应选择透析或 G-25 脱盐处理再进行后面的步骤。而分子筛过滤的方法对上样体积有一定限制，上样体积为胶体积的 1/40 时分离效果较好，过滤后样品会稀释，采用此步骤时应先对样品进行浓缩。细分级的步骤对样品的理化性质如 pH、盐浓度有比较严格的要求，经过初步纯化后的酶液才能进入细分级的分离步骤，如采用亲和层析、疏水层析、离子交换层析等，这些介质价格较高，一般要求反复使用，把这些步骤放到后面，可保护纯化介质和提高纯化效率。

第三节　酶的固定化

一、酶的固定化概述

酶是生物催化剂，随着酶在工农业生产和轻工、医药行业的广泛使用，游离的酶用于催化反应缺点逐步凸显。酶促反应一般是在溶液中进行的，反应完毕后，游离的酶与底物和产物混合在一起，不能反复使用，提高了使用的成本；另一方面，游离酶的稳定性较差，容易变性失活，提高了生产成本，降低了产品的稳定性。

为了克服游离酶在应用中存在的缺陷，使用适当的方法使酶处于封闭状态，使之能进行

连续催化反应，重复使用，可降低酶的使用成本，提高酶使用的稳定性，这种用物理或化学手段定位在限定的空间区域，并使其保持催化活性，可重复利用酶的技术称为固定化酶技术。

二、酶的固定化方法

酶的固定化方法可大致分为吸附法、包埋法和共价法三种。

（一）吸 附 法

吸附法是指用非共价结合的方法将酶吸附于载体表面的方法。根据吸附的方式分为物理吸附与离子交换吸附两种。

1. 物理吸附法

物理吸附法是指通过次级键把酶吸附于有机载体或无机载体上的方法。常用的无机载体有活性炭、氧化铝、硅藻土等，常用的有机载体有纤维素、淀粉等。有机载体的吸附量高于无机载体。吸附法的缺点是固定化酶容易脱落。

2. 离子交换吸附法

离子交换吸附法是指用阴离子交换树脂如 DEAE、CM-纤维素与酶混合，在中性或偏碱条件下酶的阴离子基团与载体发生交换而使酶固定于载体上的方法。离子交换吸附法的吸附量高于物理吸附法；缺点是酶的吸附受离子强度和 pH 的影响较大，制约了酶的使用环境。

（二）包 埋 法

包埋法是指将酶直接包埋在介质中的方法。常用的有凝胶包埋法、纤维素包埋法和半透膜包埋法。

1. 凝胶包埋法

凝胶包埋法是指用聚丙烯酰胺凝胶、明胶或琼脂糖凝胶包埋酶的方法。方法较为简单，对酶的活性影响较小；但凝胶阻隔了酶与底物的接触，阻碍产物的扩散。该方法催化效率较低，不适合大分子底物。

2. 纤维素包埋法

纤维素包埋法是指将酶与醋酸纤维素在有机溶剂中乳化进行包埋的方法。由于醋酸纤维素与酶能形成次级键，因此，包埋的牢固程度较高，酶能够被包埋介质吸附。

3. 半透膜包埋法

半透膜包埋法是指用不能透过酶的半透膜包埋酶，形成微米级的微囊，底物能够透过膜与酶接触。该方法的缺点是由于膜的阻隔，底物与酶碰撞的几率降低，导致催化效率降低，大分子的底物和产物通过膜的阻力更大。

（三）共价结合法

共价结合法是指酶分子上的活泼基团如 NH_2— 、—SH、—OH 等与载体共价结合，把酶固定在载体上的方法。酶分子上与载体相结合的活泼基团不能位于酶的活性中心，固定化后酶的回收率不能过低。最常用的交联试剂为戊二醛，戊二醛为双功能试剂，能与酶分子上的 NH_2— 和含 NH_2— 载体结合，通过戊二醛为"桥梁"将酶固定于介质上。

例如，用戊二醛将草酸氧化酶（OxO）与鸡蛋膜相交联，首先以 Ni^{2+} 为催化剂在浓氨水中使膜氨基化：

$$RCHO + NH_3 \longrightarrow RCH_2NH_2$$

然后戊二醛的一个活泼醛基与膜上的氨基进行交联：

$$RCH_2NH_2 + OHC—(CH_2)_3—CHO \longrightarrow RCH_2N＝HC—(CH_2)_3—CHO$$

戊二醛的另一个活泼醛基与酶上的游离氨基结合：

$$RCH_2N＝HC—(CH_2)_3—CHO + OxO—NH_2 \longrightarrow$$
$$RCH_2N＝HC—(CH_2)_3—CH＝N—OxO$$

图 1.4.3 为扫描电镜检测结果，酶与膜上的纤维共价结合。

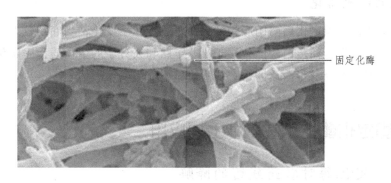

固定化酶

图 1.4.3　草酸氧化酶（OxO）通过戊二醛固定于鸡蛋膜的扫描电镜图

三、酶的固定化评价方法

1. 活性与比活性的测定

活性与比活性是评价固定化酶催化效率和固定化效率的方法。活性测定的方法与游离酶相同，比活性一般用每克固定化酶的活性或每单位面积固定化酶的活性表示。

2. 固定化效率

用固定化过程中酶的回收率来衡量固定化效率，用于分析固定化方法的可行性。

$$回收率/\% = \frac{固定化后酶的总活性}{用于固定化的游离酶总活性} \times 100\%$$

3. 操作半衰期

操作半衰期是指固定化酶在连续工作的情况下,活性下降到初始酶活性一半所用的时间,用来衡量固定化酶工作的稳定性。

四、固定化酶的性质变化

1. 活性的变化

一般而言,固定化后酶活性下降,但也有活性不下降甚至活性上升的情况。活性下降的原因主要是酶构象变化影响活性中心、活性基团参与固定化反应后一定程度上破坏了活性中心和固定化载体对酶与底物的空间阻隔。

2. 稳定性的变化

酶固定化后,稳定性增加。主要体现在增加了酶的牢固程度,耐热性上升;增加了对变性剂、抑制剂的抵御程度;增加了对蛋白水解酶的抵御程度;酶的操作与保存时间更长。

3. 底物特异性变化

对小分子而言,固定化后酶的底物特异性一般不发生变化;当底物较大时,固定化酶对底物的催化速率下降。如蛋白酶能作用于小分子肽和大分子的蛋白质,固定化后对小分子肽的影响不大,但对大分子蛋白质的水解能力明显下降。

五、固定化酶技术在农业上的应用

(一)固定化酶对农药残留的降解

1. 固定化扑草净降解酶对土壤的修复作用

扑草净属于均三嗪除草剂,在土壤中可稳定存在 1~3 个月,多年使用后能在土壤中存在 1~1.5 年,对农作物的危害较大。植保工作者从施用扑草净的农田中分离得到能高效降解扑草净的菌株,抽提酶液后用包埋法固定酶,该固定化酶的 pH 范围较宽,施用于土壤,6周后土壤中扑草净的残留量下降 85%。

2. 固定化酶对毒死蜱的降解

毒死蜱是一种高效广谱的乙酰胆碱抑制类的杀虫剂,应用于水稻、瓜果、蔬菜的杀虫。由于毒死蜱是神经传导抑制剂,在农产品上的残留严重危害人类健康,还能在水产品中富集。人们从真菌中分离出高效分解毒死蜱的菌株,通过培养菌体、硫酸铵分级和透析后得到部分纯化的降解酶,将酶用包埋法固定,在中性条件能够有效降解毒死蜱。

（二）固定化细菌用于生产氢气和甲烷

氢气是一种不引起环境污染的清洁燃料，人们从丁酸梭状芽孢杆菌（*Clostridium butyricum*）中分离出在厌氧条件下产生氢气的菌株，将菌株用琼脂糖包埋，固定装填于玻璃管中，该菌种中的酶能利用含葡萄糖的污水生产氢气。甲烷是农村推广的气体燃料，利用吸附法将产甲烷的细菌固定，装填于柱内，废水通过时细菌中的酶能够生产甲烷。

第四节　酶的化学修饰

一、化学修饰的作用

酶的化学修饰是采用特定的修饰剂，与酶上带活性基团的氨基酸残基进行反应，改变酶的性质。化学修饰的目的有以下几方面：① 改变酶活性中心的构象，提高酶的生物活性，改变酶的性质；② 增强酶的稳定性；③ 降低酶类药物的抗原性；④ 对酶的活性中心进行鉴定。

确定氨基酸残基位于活性中心的两个依据：① 底物对酶有保护作用，即先加入一定量的底物再加入修饰剂，修饰剂的抑制作用减弱；② 抑制动力学呈假一级动力学直线。

使用各种修饰剂时，应参照前人的工作确定修饰剂的使用浓度，由低到高确定修饰剂的浓度，发现在一定浓度范围该修饰剂能够抑制酶的活性后，再进行底物保护实验和动力学测定实验，确定氨基酸残基是否位于酶的活性中心。

二、常用修饰剂

1. 巯基试剂

5,5′-二硫-双硝基苯甲酸（DTNB）和 *N*-乙基马来酰亚胺（NEMI）为巯基的专一性试剂。其中 DTNB 与巯基反应释放出 2-硝基-5-硫苯甲酸，该物质在 412 nm 处有最大吸收峰。通过这一特性测出巯基的摩尔浓度，用巯基的摩尔浓度除以被测酶的摩尔浓度，能求出酶中巯基的数目。例如，实测酶巯基的浓度为 1.74 μmol/L，酶的浓度为 0.093 μmol/L，则

$$每摩尔酶中巯基个数 = \frac{1.74}{0.093} \approx 19 （个）$$

2. 含游离氨基的氨基酸残基修饰试剂

1-(3-二甲氨基丙基)-3-乙基碳二亚胺盐酸盐（EDAC）为修饰天冬氨酸（Asp）和谷氨酸（Glu）的特异性试剂，以 EDAC 浓度的对数 $\log_{10}c(\text{EDAC})$ 为横坐标，以达到酶活性被抑制 1/2 的时间的倒数的对数为纵坐标作图，如果为一条直线，则称该直线为酶的假一级动力学直线。该直线是判断该氨基酸是否位于活性中心的标准之一。

例如，用 EDAC 判断 Asp 或 Glu 是否位于活性中心，其中酶抑制动力学直线为 $y =$

$0.7664x + 0.0739$，$R^2 = 0.9984$，斜率 $n = 0.7664$，当底物对该酶有保护作用时（即先加入底物后加入抑制剂，EDAC 的抑制程度减轻），则认为 Asp 或 Glu 位于活性中心，其中一个酶分子的活性含一个 Asp 或 Glu 残基（$n = 0.7664 \approx 1$）（图 1.4.4）。

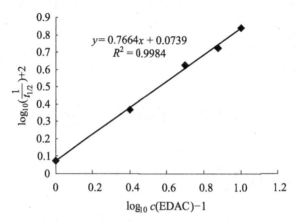

图 1.4.4　EDAC 抑制酶活性的假一级动力学直线

注：横坐标、纵坐标的加减数值是为了调整直线在坐标中的位置，不改变线性与斜率

3. 精氨酸残基修饰剂

精氨酸含有胍基，在活性中心与底物带负电的部分结合。丁二酮（BD）是精氨酸的特异性修饰剂，在中性或偏碱条件下，BD 的两个邻位羰基与精氨酸残基的胍基反应，抑制酶的活性。

4. 赖氨酸残基修饰剂

三硝基苯磺酸（TNBS）是赖氨酸特异性修饰剂，修饰产物为 ε-TNP-lys 蛋白质衍生物，在 345 nm 处有最大吸收峰（图 1.4.5）。

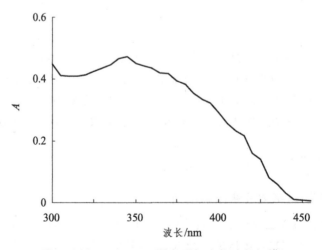

图 1.4.5　ε-TNP-lys 蛋白质衍生物波长扫描

5. 苏氨酸、丝氨酸残基修饰剂

苯甲基磺酰氟（PMSF）为苏氨酸（Thr）、丝氨酸（Ser）修饰剂，使用浓度一般为 0.1 ~

0.5 mmol/L。

6. 色氨酸残基修饰剂

N-溴代琥珀酰亚胺（NBS）为色氨酸（Trp）的专一修饰剂，一般采用较低浓度进行反应，如 NBS 浓度为 0.01 ~ 0.05 mmol/L。

7. 组氨酸残基修饰剂

焦碳酸二乙酯（DEPC）是组氨酸的特异性修饰剂，能修饰咪唑基上的两个 N 原子，产物在 240 nm 处有吸收峰。

第五节　生物酶工程技术简介

天然酶在生产上往往很难达到使用要求，需要采用基因工程的方法对其进行改造、重新设计、重组或设计自然界中不存在的酶。例如，通过克隆生产酶的基因，对基因进行改造后在异源受体中进行高效表达，可改善酶的特性和摆脱生产酶过程中对生物原材料的依赖。

一、外源酶基因的获取与表达

对于已知的酶基因，通过对基因序列进行检索，设计引物进行 PCR 或 RT-PCR 获取。对于未知序列的酶基因，可采用同源引物克隆、抑制消减杂交、蛋白质双向电泳等方法获取酶基因。外源酶的表达分为原核表达和真核表达两种。

1. 原核表达

对于获取的目的基因，一般用 T-easy 载体连接目的片段进行测序验证，获得的基因保存于克隆载体中。然后用酶基因构建原核表达载体，在大肠杆菌中进行诱导表达。这种表达方法适合于只含单个亚基的酶，如蛋白水解酶。表达的酶为包涵体融合蛋白，即表达蛋白是表达载体的一部分序列和目的基因共同编码的蛋白质，且与 RNA 结合在一起形成不溶性的颗粒，因此必须通过包涵体复性和活性验证。

2. 真核表达

对于从真核生物中克隆的酶基因，一般含多个亚基，采用原核表达系统难度较大，用有多个多克隆位点的原核表达载体产生的表达产物仍为融合蛋白，难以正确折叠成有活性的蛋白；而且真核生物的密码子嗜好与原核生物不一样，一般应采用真核表达的方法。真核表达采用酵母表达系统和模式植物表达系统两种方式。

常用酵母表达载体主要分为两种：毕赤酵母与酿酒酵母。毕赤酵母表达产物为胞外酶，甲醇诱导表达；酿酒酵母表达产物为胞内酶，由葡萄糖和半乳糖诱导表达。毕赤酵母表达系统表达水平高，产物翻译后能够进行修饰——糖基化、磷酸化和脂酰化；产物有高分泌性，能够采用简单的培养基进行高效表达，一般情况下应采用该系统进行表达。酿酒酵母表达水平较低，表达产物过糖基化，表达产物提取的过程复杂，不适合工业生产。

模式植物表达系统通常采用烟草、拟南芥等为转基因受体，通过农杆菌介导或基因枪将目的基因转入模式植物中，筛选高效表达的纯合子植株进行酶的提取。烟草转化一般采用叶片侵染后组织培养的方法获得植株，筛选需要的周期长；而拟南芥的生长周期短、转化难度低，能够在较短时间内筛选出高效表达的纯合子，但拟南芥生长条件苛刻，喜高湿度，生长温度为 20～28 ℃，不适合于在我国大部分地区大田栽培。荷兰科学家把果糖基转移酶基因导入烟草和马铃薯中，在获得转基因的植株中，筛选出了高效表达果聚糖的株系，果聚糖干重占 8% 以上，具有良好的开发前景。人们从黑曲霉中克隆得到植酸酶基因，用烟草的 PR-S 信号肽取代该基因的信号肽，导入烟草后植酸酶在烟草的种子中得到高效表达，其表达量达到种子总蛋白的 1%。在饲料中添加这种转基因烟草种子，能有效促进单胃动物如猪和家禽对磷元素的利用率。

二、酶分子的改造

1. 化学合成法

人工合成酶的基因，对需要改变的序列进行调整，再以合成的基因序列用蛋白质表达的方法合成酶。这种方法的优点是能一次性在基因的多个位点进行定点突变，缺点是基因合成成本偏高。

2. PCR 定点突变

在基因的特定位点删除密码子、插入密码子或对某个核苷酸的碱基进行突变，这种突变方法可在任意位点引入突变。反应需要两对引物：引物 1 与引物 2，引物 3 与引物 4，在第一对引物的下游引物和第二对引物的上游引物处引入突变碱基。分别以待突变的 DNA 为模板，用第一对引物和第二对引物进行 PCR，提取两次 PCR 产物混合后用引物 1 和引物 4 扩增混合产物，得到突变的基因序列，然后测序验证突变结果的保真性（图 1.4.6）。定点突变的优点是保真度高，缺点是一次突变需要 3 轮 PCR，而且中间产物需纯化。Stratagen 公司近年推出的 Quickchange 试剂盒能以质粒双链 DNA 为模板仅用一对引物即可完成定点突变。

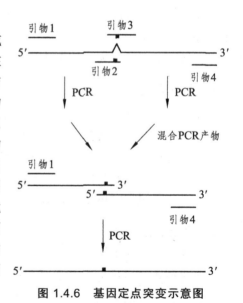

图 1.4.6　基因定点突变示意图

3. 盒式突变

将酶基因连接于载体上，用合适的限制性内切酶双酶切该基因，然后引入经限制性内切酶双酶切后的异源双链片段。这种突变方式的优点是能与混合插入片段进行连接，在同一插入位点上一次转化能得到多种突变体，突变效率高，简单易行；缺点需合成多条引物，而且受酶切位点的限制。

4. 定向进化

天然酶分子的突变与进化在自然界中是一个缓慢的过程，定向进化是人们在实验室中快速模拟达尔文进化对酶的基因进行改造，使酶基因快速随机突变，有目的地进行选择突变体的技术。定向进化是模拟自然进化的过程，用 DNA 重组、易错 PCR 扩增、化学诱导方法等技术诱导酶基因产生突变，然后进行重组子筛选，得到预期的高活性突变体。

酶工程实例：小麦草酸氧化酶的分离纯化与 K_m、v_m 的计算

小麦草酸氧化酶(OxO)是小麦萌发和结穗期产生的分解草酸生成 H_2O_2 和 CO_2 的酶，能作为草酸检测和食品毒素检测的分析酶。目前只有 Sigma 公司有商品酶，价格高。要将 OxO 应用于酶分析领域，首先要得到低成本、高纯度的 OxO。本实例介绍亲和层析法提取小麦 OxO 的方法，包括热变性、超滤浓缩、Sephadex G-100 凝胶过滤和 concanavalin A 亲和层析 4 个步骤。

一、纯化步骤

1. 热变性

小麦 OxO 由 6 个相同的亚基组成，在酸性条件下稳定；而且由于它为糖蛋白，热稳定性高。取萌发后 3~4 d 的小麦幼苗，去胚乳后，在 50 mmol/l pH 3.8 的琥珀酸/NaOH 缓冲液中研磨，低 pH 的酸性条件提取会去除部分杂蛋白；然后离心，提取液置于 60 ℃ 水浴中保持 1 h，在较高温度下能沉淀部分杂蛋白，OxO 活性不会损失，然后离心收取上清液。

2. 超滤浓缩

经热变性粗提取后下一步骤应采用 Sephadex G-100 或 Sephadex G-150 凝胶过滤对蛋白质进行级分离，一般采用的层析柱体积小于 200 mL，当上样量为柱体积的 1/40 时，上样量应不大于 5 mL。由于凝胶过滤法对样品的稀释程度很大，因此采取两个措施应对：一是在能够分离的情况下，适当加大上样量；二是对热变性提取液先超滤浓缩。超滤浓缩采用 MinitanⅡ超滤系统，将体积浓缩至原体积的 1/3，同时此步骤也去除了部分杂蛋白。这一步骤也能采用减压蒸馏或冷冻干燥替代。

3. Sephadex G-100 凝胶过滤

Sephadex G-100 凝胶过滤是常用的分子筛分离蛋白质的方法。为了得到浓度足够大的分离产物，实验设计中提高了上样量，上样体积达到柱体积的 1/20，实际分离效果仍然比较好。过滤后对收集的每管滤液的蛋白质含量和 OxO 活性进行检测，确定蛋白峰和活性峰的位置。

4. concanavalin A 亲和层析与电泳检测分析

OxO 是糖蛋白，采用 concanavalin A 亲和层析能得到高纯度的 OxO。对 concanavalin A 亲和层析柱进行平衡，收集 Sephadex G-100 凝胶过滤后的活性峰进行上样，然后用 0.15 mol/L 甘露糖与 0.15 mol/L 葡萄糖混合溶液进行洗脱，得到纯的 OxO。检测 OxO 活性和蛋白质含量，发现蛋白质含量偏低，无法用 SDS-PAGE 检测，因此将纯化后的 OxO 用聚乙二醇浓缩至原体积 1/10 后再进行电泳检测纯度。此步骤也可将洗脱液透析除糖后，用聚乙二醇浓缩至原体积，然后采用 TSK 凝胶柱进行 HPLC 检测。

二、结果计算

1. 纯化表计算

酶的纯化过程中每一步均应计算酶的活性和比活性。一般人为设定初始步骤酶的回收率为 100%、纯化倍数为 1。

回收率与纯化倍数计算公式：

$$回收率 = \frac{总活性}{粗酶液总活性} \times 100\%$$

$$纯化倍数 = \frac{比活性}{粗酶液比活性} \times 100\%$$

回收率用于衡量纯化方法的效率，一般随纯化步骤的增多而下降，但有时由于引入激活剂或去除了抑制剂而使回收率上升；纯化倍数用于衡量杂蛋白去除的程度，只有后面步骤的纯化倍数大于前面步骤时，该纯化方法才有效（表 1.4.2）。

表 1.4.2 OxO 纯化表

纯化步骤	总活性/U	总蛋白/mg	比活性/（U/mg）	回收率/%	纯化倍数
粗酶液	8.71	80.84	0.107	100	1
热变性	9.87	36.66	0.269	113.32	2.51
超滤浓缩	6.80	20.11	0.338	78.07	3.16
G-100 凝胶过滤	2.66	2.94	0.905	30.54	8.46
concanavalin A 亲和层析	1.91	0.27	7.074	21.93	66.11

2. 计算 K_m 与 v_m

K_m 与 v_m 是酶的两个重要参数。按表 1.4.3 设置底物浓度梯度，测出 OxO 活性。求出 $1/c(S)$，以 OxO 活性为 v，分别求出 $1/v$ 和 $v/c(S)$，用 $1/v$ 对 $1/c(S)$ 作图（图 1.4.7），横截距的倒数的绝对值为 K_m，即

$$K_m = \frac{0.5617}{2.8039} = 0.20 （mmol/L）$$

按照双倒数作图的公式，求出 v_m：

$$v_m = \frac{1}{2.8039} = 0.36 \text{（U）}$$

用 v 对 $v/c(S)$ 作图验证，得到 K_m 为 0.23 mmol/L，v_m 为 0.39 U（图 1.4.8）。两种作图方法得到的 K_m 和 v_m 的值接近，说明实验结果正确。

表 1.4.3 K_m 与 v_m 计算

$c(S)$（草酸浓度，mmol/L）	0.05	0.1	0.2	0.4	0.6
v（OxO 活性，U）	0.0725	0.113	0.168	0.253	0.288
$1/c(S)$	20	10	5	2.5	1.67
$1/v$	13.79	8.85	5.95	3.95	3.47
$v/c(S)$	1.45	1.13	0.84	0.63	0.48

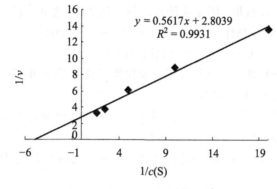

图 1.4.7 OxO 双倒数作图

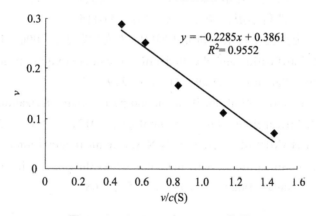

图 1.4.8 OxO v 对 $v/c(S)$ 作图

思 考 题

1. 常用的酶的固定化技术有哪些？试述其各自的优缺点。

2. 怎样评测固定化酶的效果？

3. 酶分子的改造技术有哪些？

4. 试举例说明酶生物传感器在环境检测中的应用。

5. 简述酶分离纯化的一般步骤。

6. 简述 PCR 引入定点突变的方法。

7. 简述生物酶工程中，原核表达系统与真核表达系统的优缺点。

8. 酶活性测定应注意哪些问题？

9. 简述酶浓缩和干燥的常用方法。

10. 实验中求取 K_m 的方法有 v -c(S) 作图法、$1/v$ -$1/c$(S) 作图法、v - v / c(S) 作图法等，为什么要采用两种或两种以上作图法相互印证计算 K_m？

参考文献

［1］ 陈驹声，居乃琥，陈石根. 固定化酶理论与应用[M]. 北京：轻工业出版社，1987.

［2］ 陈石根，周润琦. 酶学[M]. 上海：复旦大学出版社，2001.

［3］ 陈守文. 酶工程[M]. 北京：科学出版社，2008.

［4］ 刘姝梅，吴娟，李媚姝，等. 阴离子交换树脂纯化甘薯 POD 及其酶学性质研究[J]. 广东农业科学，2012（24）：165-167.

［5］ 沈亚欧，彭焕伟，潘光堂，等. 转基因植物表达植酸酶研究进展[J]. 中国生物工程杂志，2005，25（1）：29-32.

［6］ 吴娟，金晨钟，刘姝梅，等. 红薯过氧化物酶的纯化与性质测定[J]. 湖南农业科学，2012（9）：41-43.

［7］ 颜慧，冯炘，李军红，等. 扑草净降解酶的固定化及其对受污染土壤的生物强化研究[J]. 南开大学学报：自然科学版，2003，36（2）：109-115.

［8］ 张浩，毛秉智. 定点突变技术的研究进展[J]. 免疫学杂志，2000，16（4）：108-110.

［9］ HU Y, GUO Z. Purification and charaterization of oxalate oxidase from wheat seedlings[J]. Acta Physiologiae Plantarum，2009，31（2）：229-235.

［10］ HU Y, WU J, LUO P, et al. Purification and partial characterization of peroxidase from lettuce stems[J]. African Journal of Biotechnology，2012，11（11）：2752-2756.

［11］ PUNDIR C S, BHAMBI M, CHAUHAN N S. Chemical activation of egg shell membrane for covalent immobilization of enzymes and its evaluation as inert support in urinary oxalate determination[J]. Talanta，2009，77（5）：1688-1693.

第五章 发酵工程

【内容提要】

（1）发酵工程的基本知识；
（2）简要介绍发酵工程的一般工艺过程和工艺发展趋势；
（3）介绍工业发酵微生物的选育；
（4）介绍培养基的组成与设计优化；
（5）介绍工业发酵灭菌技术；
（6）菌种的扩大培养与保藏；
（7）介绍通用式发酵罐的基本结构；
（8）介绍发酵过程的工艺控制。

第一节 发酵工程基础

一、发酵与发酵工程

1857 年，法国化学家、微生物学家巴斯德提出了著名的发酵理论："一切发酵过程都是微生物作用的结果。"巴斯德认为，酿酒是发酵，是微生物在起作用；酒变质也是发酵，也是微生物在作祟。随着科学技术的发展，我们可以用加热处理等方法来杀死有害的微生物，防止酒发生质变；也可以把发酵的微生物分离出来，通过人工培养，根据不同的要求去诱发各种类型的发酵，获得所需的发酵产物。

（一）发 酵

1. 传统发酵

最初，发酵是用来描述酵母菌作用于果汁或麦芽汁产生气泡的现象，或指酒的生产过程。

2. 生物化学和生理学意义的发酵

发酵是指微生物在有氧或无氧条件下，分解各种有机物，产生能量的一种方式，是以有机物作为电子受体的氧化还原产能反应。如葡萄糖在无氧条件下被微生物利用，产生酒精并

放出 CO_2；过量运动后肌肉会有酸痛感，是因为机体在缺氧状态下进行糖酵解产生了乳酸等。

发酵是酵母菌无氧呼吸产生能量的过程，是有机化合物进行无氧代谢释放能量的过程。其中厌氧发酵是厌氧菌借助氧化还原反应释放能量的过程，需氧发酵是好氧生物在受到分子态氧短缺限制时不完全氧化释放能量的过程。

3. 工业上的发酵

工业上的发酵泛指利用微生物制造或生产某些产品的过程，产品有细胞代谢产物，也包括菌体细胞、酶等。例如，厌氧培养的生产过程，生产酒精、乳酸等；通气（有氧）培养的生产过程，生产抗生素、氨基酸、酶制剂等。发酵产物有微生物细胞、酶、药物活性物质、特殊化学物质和食品添加剂等。

（二）发酵工程

发酵工程是渗透工程学的微生物学，是利用微生物的特定性状，通过现代化工程技术产生有用物质或直接应用于工业化生产，以把粮食、能源、化学制品、环境控制等全球性课题联系起来的一种技术体系，是将传统发酵技术与 DNA 重组、细胞融合、分子修饰和改造等新技术结合并发展起来的现代发酵技术。

二、发酵工程的组成

发酵工程由 3 个部分组成：上游过程、发酵阶段和下游过程。

（1）上游过程是对原材料的处理，包括对菌种加以改造，提高生产能力或者导入外源基因等以获得工程菌；发酵或生物转化，通过优化发酵条件如温度、营养、供气量等，利用工程菌的生物合成，加工和修饰等获得目的产物；优良种株的选育和保藏（包括菌种筛选、改造，菌种代谢路径改造等）。

（2）发酵阶段即发酵过程控制，主要包括发酵条件的调控、无菌环境的控制、过程分析和控制等。

（3）下游过程是运用生物化学、物理学方法分离和纯化产品，最终将产品推向市场并获得社会或经济效益，主要包括固液分离技术、细胞破壁技术、产物纯化技术、产品检验和包装技术等。

三、工业发酵步骤和工艺流程

（一）菌种和原料的准备

用作培养菌种及扩大生产的发酵罐的培养基配制与发酵原料预处理：培养基原料不同，则处理方法也有所差异。如淀粉在利用前需变成糊精或葡萄糖，一般采用酸水解和酶水解法；糖蜜需要加热杀菌和用水稀释，也可加酸处理后再补充无机盐；碳氢化合物需要经过石油脱蜡，将一定馏分的石油经冷却脱蜡而获得的凝固点在 −10 ℃ 的油，加入适量无机盐进行接种发酵。

（二）设备的消毒灭菌

培养基、发酵罐以及辅助设备均需进行消毒灭菌。

（三）发　酵

将已培养好的有活性的纯菌株以一定量转接到发酵罐中进行发酵，主要过程如下。

1. 菌种斜面培养

已有的优良生产菌种和选育的新菌种，保存于冷冻管及沙土管或冰箱中的斜面。使用前要先转接到新鲜斜面培养基上活化，再用于种子扩大培养。

2. 种子扩大培养

采用固体培养或液体培养。固体种子扩大培养一般采用传统的制曲工艺，先用克氏瓶或茄子瓶进行扩大，再转接到曲盘扩大培养。对于需氧微生物，将克氏瓶表面培养的菌种接到装有液体培养基的三角瓶中，在摇床上振荡培养；对于厌氧微生物，将有菌种的试管斜面或克氏瓶转接到三角瓶液体培养基中静置培养。

3. 控制发酵条件

将接种到发酵罐中的菌株控制在最适条件下生长并形成代谢产物。发酵方式可分为固体发酵和液体发酵两种。固体发酵适用于传统发酵工艺及乡镇企业，用来生产比较简单的产品；液体深层发酵适用于大规模工业化生产。

影响发酵的因素很多，如温度、pH、通风、搅拌和罐压力等，必须掌握发酵的动态过程，并进行杂菌检查和产物测定，使发酵过程顺利进行。

4. 分离提纯

分离提取发酵产物并进行精制，得到合格的产品。如果产物是菌体，通过离心沉淀或板框压滤法使菌体与溶液分开，也可以用喷雾干燥法直接做成粉剂；如果产物是酒精，可以采用蒸馏塔；如果产物是抗生素及有机酸，可采用离子交换树脂吸附处理、脱色过滤、减压浓缩等方法提取精制。

5. 废弃物处理

回收或处理发酵过程中产生的废物和废水。

四、发酵技术及其产业的发展历史

由于人类面临的人口、健康、食品和环境问题的挑战，发酵技术产业已从过去简单的生产酒精类饮料、醋酸和发酵面包发展到今天成为生物技术的一个重要的分支。人们利用发酵技术生产胰岛素、干扰素、生长激素、抗生素和疫苗等多种医疗保健药物，生产天然杀虫剂、细菌肥料和微生物除草剂等农用生产资料，生产氨基酸、香料、生物高分子、酶以及维生素和单细胞蛋白等；发酵技术在环境污染治理方面也得到了广泛的应用。人类对发酵技术的认识以及发酵工业的发展经历了如下几个阶段。

（一）自然发酵阶段（1900 年以前）

此阶段主要集中在酿造工业，主要发酵产品有酒、酒精、醋、啤酒、干酪、乳酸等。17世纪时人们已经能在容量约为 20 万升的木质大桶中进行大规模酿造。从 1757 年开始，人们应用温度计对发酵过程进行温度监测，从 1801 年开始使用原始热交换器对发酵过程进行温度调节。这个阶段的发酵都是厌氧发酵，而且非纯种培养，因此产品质量不稳定。人们对发酵技术的认识起始于 19 世纪末，主要来自于对厌氧发酵的研究，如利用酵母菌和乳酸菌生产酒精和乳酸以及各种发酵食品。

（二）纯培养技术的建立（1900—1940 年）

Koch 首先发明固体培养基，建立了细菌的纯培养技术；Petri 首先用培养皿对微生物进行平板分离；Winograsky 和 Beijerink 发明富集培养法，用于分离特定的微生物。1916 年，英国人采用梭状芽孢杆菌生产丙酮、丁醇，建立了真正的无杂菌发酵。德国人采用亚硫酸盐法生产甘油，使得发酵工程由食品工业向非食品工业发展。这个阶段的主要产品有酵母、甘油、乳酸、丙酮、丁醇等。1933 年，摇瓶培养法代替了传统的静置培养法，使微生物生长均匀，增殖时间明显缩短。在面包酵母的生产中采用了分批补料培养技术，通过纯培养和厌氧发酵，使产品的产量、质量控制水平大大提高。

（三）通气搅拌纯培养发酵技术的建立（1940—1950 年）

1928 年，Fleming 发现青霉素，1941 年，美国人和英国人合作对青霉素进行生产研究，使以获取细菌的次生代谢产物为主要特征的抗生素工业成为生物发酵工业的支柱产业。目前，通过微生物育种和生产工艺优化，生产的效价由最初的 40 U/mL 提高到目前的 100 000 U/mL 以上。

这一时期主要的技术进展是用通气搅拌解决了液体深层培养时的供氧问题，建立了一套完整的好氧发酵技术，抗杂菌污染的纯种培养技术与抗污染设计解决了耗氧发酵中的杂菌污染问题，大型搅拌发酵罐培养方法使耗氧发酵实现规模化纯培养发酵。工程技术创新推动了抗生素工业乃至整个发酵工业快速发展，带动了链霉素、金霉素、新霉索和红霉素等抗生素的工业化生产。

（四）代谢控制发酵技术的建立（1950—1960 年）

代谢控制发酵技术是应用生物化学的代谢知识和遗传学理论选育微生物突变株，从而调控微生物代谢，大量积累目标发酵产物的发酵技术。它基于代谢途径及其调控，实现微生物菌种选育和控制发酵，实现了对微生物的代谢进行人工调节，主要应用于氨基酸及核苷酸等基于初级代谢产物的发酵生产，以及有机酸、抗生素和酶制剂等的生产。

（五）开拓新的发酵原料时期（1960—1970 年）

为了解决由于人口迅速增长而带来的粮食短缺问题，人们探讨用非碳水化合物代替碳水化合物的发酵，如利用石油化工原料进行发酵生产，培养单细胞蛋白，进行污水处理、能源开发等。这个时期以烃类为碳源生产微生物细胞，作为饲料蛋白质的来源，又称为石油发酵时期。随着科学技术的进步，发展了高压喷射式、强制循环式等多种发酵罐及相应的发酵技术。随着计算机和自动控制技术的运用，灭菌和发酵过程实现自动控制，促进了发酵工业朝连续化、自动化方向发展。通过开发新的发酵原料和提高发酵技术，解决了发酵原料与人畜争粮问题，发酵规模和自动化程度显著提高。

（六）基因工程阶段（1970 年以后）

1970 年以来，以现代生物技术和工程技术为基础的现代发酵工业取得了突飞猛进的发展，特别是 20 世纪 80 年代，随着重组 DNA 技术的发展，人们可以按需要定向培养出有用的菌株，为发酵工程引入了基因工程的技术，使发酵工程进入基因工程菌发酵时期。目前已批准上市的基因工程药物有几十种，如胰岛素、人生长激素和干扰素等。

五、发酵工业的范围

（一）以微生物细胞为产物的发酵工业

以获得具有多种用途的微生物菌体细胞为目的产品的发酵工业，包括单细胞的酵母和藻类、担子菌，生物防治的苏云金杆菌、蜡样芽孢杆菌、白僵菌、绿僵菌以及人、畜防治疾病用的疫苗等。其特点是细胞的生长与产物积累呈平行关系，生长速率最大的时期也是产物合成速率最高的阶段，生长稳定期产量最高。

在微生物菌体中，蛋白质含量占 45% ~ 55%（干物质），用发酵工业生产单细胞蛋白也是食品和饲料蛋白质的重要来源。此外，藻类蛋白饲料也是很重要的方面，如培养栅列藻，每年每公顷所得蛋白比小麦多 20 ~ 35 倍；一个 20 m 直径的水池年产 4 t 藻类，加工后可得相当于 3 000 L 柴油的燃料，1 英亩（1 英亩 = 4 047 m^2）三角大戟可生产相当于 50 t 石油的燃料。

（二）以微生物代谢产物为产品的发酵工业

产品包括初级代谢产物、中间代谢产物和次级代谢产物。对数生长期形成的产物是细胞自身生长所必需的，称为初级代谢产物或中间代谢产物。而各种次级代谢产物都是在微生物生长缓慢或停止生长时期即稳定期所产生的，来自于中间代谢产物和初级代谢产物，如抗生素和维生素。目前，国际上正在研究的除干扰素以外，还有口蹄疫疫苗、狂犬病疫苗等十余种。随着重组 DNA 的工作逐步深入，将会对人类和牲畜健康带来实质性的改善。

（三）以微生物酶为产品的发酵工业

酶易于采用工业化生产，广泛用于医药工业、食品、轻工业、石油化工，包括酶试剂盒、药用酶制剂、食品工业用酶制剂、基因重组技术用酶制剂等。

（四）生物转化或修饰化合物的发酵工业

生物转化是利用生物细胞对一些化合物某一特定部位（基团）作用，使之转变成结构类似但具有更高经济价值的化合物，其最终产物是由微生物细胞的酶或酶系对底物某一特定部位进行化学反应而形成的。例如，用固定化细胞技术进行甾体转化，制备甾体激素。

（五）微生物环境污染治理和其他

指利用微生物消除环境污染、利用微生物发酵保持生态平衡、利用微生物湿法冶金、利用基因工程菌株等技术开拓发酵工程新领域等。

1. 冶金工业

细菌浸矿是利用细菌的直接和间接作用对矿物或矿石中有用的金属浸出回收的过程。细菌浸出的金属涉及铜、铀、钴、镍、锰、锌、铅等十余种，但利用该技术大规模生产的只有铜和铀。美国用这种方法得到的铜占铜产量的 10% 以上，加拿大用细菌浸出的铀 U_3O_8 年产量达 230 t，世界上的 20 个矿山每年用细菌浸出铜达 20 万吨。

2. 微生物用于环境治理

嫌气发酵法指在嫌气情况下利用分解碳水化合物、蛋白质和脂肪的微生物将有机废弃物分解为可溶性物质，通过产酸菌和甲烷细菌的作用分解为甲烷和 CO_2。好气发酵（活性污泥）法指在曝气情况下，用能降解有机物质的产菌胶细菌和某些原虫的混合物对工业或生活污水进行处理。

在化学工业和环境保护等方面，微生物工程也同样能发挥独特的作用，与化学法相结合，选育相应的优良菌种，以乙烯和丙烯腈为原料，分别生产环氧乙烷、乙二醇等。利用微生物处理工业废水或含毒废液，构建超级细菌，可处理大面积的海面石油污染。

六、发酵工程的发展趋势

发酵工程处于生物技术的中心地位，发酵技术是工业生物技术的核心。发酵工程是连接生物科学、生物技术和生物工程的桥梁，生物科学与技术成果的推广应用离不开发酵工程。

传统发酵工程是利用微生物的生长和代谢活动来大量生产人们所需产品的过程的理论与工程技术体系。该技术体系主要包括菌种选育与保藏、菌种扩大生产、代谢产物的生物合成与分离纯化制备等技术集成。

现代发酵工程是将 DNA 重组及细胞融合技术、酶工程技术、组学及代谢网络调控技术、过程工程优化与放大技术等新技术与传统发酵工程融合，大大提高了传统发酵技术水平，拓展了传统发酵应用领域和产品范围的一种现代工业生物技术体系。它强调现代生物技术、控制技术和装备技术在传统与现代发酵工业领域的集成应用。现代发酵工业包括基因工程药物、细胞工程药物、疫苗、替代石油工业的大宗量生物基化学品等，以及传统发酵工业升级。

随着社会经济发展，现有的能源结构、资源结构、环境状态已不能支撑现有的发展模式。特别重要的是，随着煤、石油等能源的耗竭以及环境保护的迫切需求，如果没有基于科技进步的大力开发，能源和资源将难以支撑人类社会进一步发展的目标。发酵工程技术给人类社会生产力的发展带来了巨大的潜力，涉及解决人类所面临的食品与营养、健康与环境、资源与能源等重大问题。

第二节　工业发酵微生物的选育

一、工业发酵生产菌种

自然界微生物资源非常丰富，工业发酵经常使用的生产菌种有细菌（醋酸杆菌、乳酸杆菌、大肠杆菌）、放线菌（链霉菌属、小单孢菌属、地中海诺卡氏菌）、酵母菌（假丝酵母、毕赤酵母、汉逊酵母）和霉菌。这些工业发酵生产菌种的来源有：从自然界分离筛选、从菌种保藏机构获得、从生产菌种中获得正突变优良菌种。

二、已用于工业化生产的生产菌

1. 抗生素生产有关的微生物

抗生素是次级代谢产物，需要生物体进行复杂的代谢，目前发现的生物来源菌种有放线菌（链霉素、四环素、红霉菌）、真菌（青霉素、头孢等）、产芽孢的细菌及植物或动物来源的菌类。

2. 氨基酸生产有关的微生物

用人工诱变的方法，有意识地改变微生物的代谢途径，最大限度地积累产物，这种发酵称为代谢控制发酵，最早在氨基酸发酵中成功得到应用，如利用大肠杆菌、谷氨酸棒杆菌生产氨基酸。

3. 食品酶制剂生产有关的微生物

目前，用于食品酶制剂生产的微生物有黑曲霉、米曲霉、毛霉属、枯草芽孢杆菌和地衣芽孢杆菌等。

三、生产菌种的选育

影响工业发酵生产水平高低的因素包括生产菌种、发酵工艺控制及其设备、后提取工艺三个因素。其中，生产菌种最为重要。菌种选育的方法主要有自然选育和诱变育种。

（一）自然选育

自然状态下碱基对发生突变的概率为 $10^{-8} \sim 10^{-9}$，自然选育虽然突变率很低，却是工厂保证稳产高产的重要措施。自然选育操作基本步骤：

1. 定方案

查阅资料，了解目的菌种的生长培养特性。

2. 采　样

有针对性地采集样品。

3. 增殖培养

通过人为地控制养分或培养条件，使目的菌种增殖培养后，在数量上占优势。

4. 培养分离

利用分离技术得到纯种。

5. 筛　选

测定目的菌种的发酵生产性能，包括形态、培养特征、营养要求、生理生化特性、发酵周期、产品的品种和产量、耐受最高温度、生长和发酵最适温度、最适 pH、提取工艺、毒性等。

自然界的一些微生物在一定条件下是产毒的，将其作为生产菌种应当十分小心，尤其与食品工业有关的菌种，更应慎重。据有的国家规定，微生物中除啤酒酵母、脆壁酵母、黑曲霉、米曲霉和枯草杆菌作为食用无需做毒性试验外，其他微生物作为食用均需通过两年以上的毒性试验。

（二）诱变育种

诱变育种分为诱变和筛选两部分。出发菌株指用于育种的起始菌株，通常有三种：野生型菌株、自发突变的高产菌株和诱发突变的高产突变菌株。

诱变剂包括物理诱变剂和化学诱变剂但必须是有效诱变剂（正突变率较高）。物理诱变剂包括紫外线、X 射线、γ 射线、快中子等，目前使用最方便而且十分有效的是紫外线。化学诱变剂主要是亚硝基胍（NTG）和亚硝基甲基脲（NMU）等。化学诱变剂在大多数情况下就突变数量而言比电离辐射更有效，也很经济；但大部分诱变剂是致癌剂。

诱变育种步骤如下：

1. 出发菌株的选择

自然界新分离的野生型菌株，对诱变处理较敏感，容易达到好的效果。在生产中经生产选种得到的菌株与野生型较相像，也是良好的出发菌株。每次诱变处理都有一定提高的菌株，往往多次诱变能积累较多的提高。出发菌株开始时可以同时选 2～3 株，在处理比较后，将更适合的出发菌株留作继续诱变。由于变异性状特别是高产基因大部分是隐性的，要尽量选择单倍体细胞、单核或核少的多细胞体作为出发诱变细胞。同一诱变剂的重复处理会使细胞产生抗性，诱变效果下降，应根据细胞生理状态选择诱变剂。有的诱变剂是作用于营养细胞，应选对数期同步生长的细胞；有的诱变剂作用于休止期，应选用孢子。

2. 处理菌悬液的制备

这一步骤的关键是制备单细胞和单孢子状态的、活力类似的菌悬液。要进行合适培养基的培养，并进行离心、洗涤和过滤。

3. 诱变处理

根据前面有关诱变剂及诱变处理的介绍，结合诱变对象的实际，设计诱变处理方案。

4. 中间培养

由于在发生了突变尚未表现出来之前，有一个表现延迟的过程，即细胞内原有酶量的稀释过程（生理延迟），需 3 代以上的繁殖才能将突变性状表现出来。让变异处理后细胞在液体培养基中培养几小时，使细胞的遗传物质复制，细胞繁殖几代后，得到纯的变异细胞。若不经液体培养基的中间培养，直接在平皿上分离，就会出现变异和不变异细胞同时存在于一个菌落内的可能，形成混杂菌落，导致筛选结果不稳定和将来的菌株退化。

5. 分离和筛选

筛选分初筛和复筛。初筛是以迅速筛出大量达到初步要求的分离菌落为目的，以量为主。复筛是精选，以筛选精确度为主。例如，可以在平皿上直接以菌落的代谢产物与某些染料或基质的作用形成的变色圈或透明圈的大小来挑取参加复筛者，淘汰 90% 的菌落。在数量减少后就要仔细比较参加复筛和再复筛的菌株，才能选得优秀菌株。在以后的复筛阶段，还应不断结合自然分离，纯化菌株。

四、工业发酵生产菌种保藏

在生产发酵中高产、有重要经济价值的微生物菌种的保存和长期保藏对于一个成功的工业发酵过程极为重要。菌种退化是指优良菌种的群体中出现某些生理特征和形态特征逐渐减退或丧失，导致目的代谢产物合成能力下降的现象，是一个从量变到质变的过程，退化的主要原因为自发突变、回复突变、培养条件不良等。分离复壮是指通过分离出单菌落，通过菌落和菌体特征分析和性能测定，从中筛选出具有原来性状或性状更好的菌株。

影响微生物菌种稳定性的因素有变异（自发突变，不可避免但可降低）、杂菌污染（无菌操作不当，可避免）、死亡（培养条件不当，可避免）等。

（一）常见的菌株退化现象

菌株原来的形态和性状变得不典型，表现在菌落和细胞形态改变，如放线菌和霉菌产孢量减少；生长速度缓慢；代谢产物生产能力下降，如黑曲霉的糖化能力和放线菌抗生素的发酵单位下降；对外界不良条件的抵抗力减弱或其对宿主寄生能力下降，如球孢白僵菌对宿主的致病性下降。

（二）防止衰退的措施

创造良好的培养条件；采用有效的菌种保藏方法，减少传代次数；利用不易退化的细胞（单核体）传代（对丝状微生物而言）；经常进行纯种分离，并对相应的性状指标进行检测（主动预防）。

（三）理想的菌种保藏方法所具备的条件

经长期保藏后菌种仍存活健在；保证高产突变株不改变表型和基因型，特别是不改变初级代谢产物和次级代谢产物生产的高产能力。

（四）菌种保藏的主要方法

1. 低温保藏

普通冷冻保藏技术（4 ℃；−20 ℃）：普通冰箱保存，平板、斜面或菌液（4 ℃）、菌液（−20 ℃）；超低温冷冻保藏技术（−60 ~ −80 ℃）：超低温冰箱保存，菌液（需加保护剂，10% ~ 40% 甘油）；液氮冷冻保藏技术（−196 ℃）：液氮罐保存，菌液（需加保护剂，5% 二甲亚砜或 10% 甘油）。

2. 防水密封保藏

悬液保藏法：寡营养、密封保藏，保存放线菌、霉菌和酵母菌等；石蜡油低温保藏法：密封（橡皮塞取代棉塞）、保水（加石蜡油）、低温（4 ℃）保藏，保存不以石蜡为碳源的微生物。

3. 干燥保藏

干燥保藏法（国内常用）：采用干燥器、试管（含干燥载体）保存菌液，将菌种置于土壤、细沙、滤纸、硅胶等干燥材料上保藏；真空冷冻干燥法：采用真空冷冻干燥机，保存菌液。

第三节 发酵培养基

工业发酵培养基的功能是满足菌体的生长、促进产物的形成。对工业发酵培养基的要求为：培养基能够满足产物最经济的合成；发酵后所形成的副产物尽可能少；培养基的原料应因地制宜，价格低廉，且性能稳定，资源丰富，能保证生产上的供应；所选用的培养基应能满足总体工艺的要求，不影响通气、提取、纯化及废物处理等。

一、工业发酵培养基的成分及来源

（一）碳 源

碳源是提供微生物菌种的生长繁殖所需的能源、合成菌体细胞和代谢产物所必需的碳成分。其来源主要有糖类、油脂、有机酸、醇类、碳氢化合物等，还有蛋白质水解产物或氨基酸。由于菌体所含酶系不完全相同，各种菌种对不同碳源的利用速率和效率也不一样。速效碳源：快速被菌体利用，参与代谢、合成菌体和产生能量，并产生分解产物，因此有利于菌体的生长，但对产物的合成有阻遏作用，如葡萄糖、其他单糖、低级碳类物质等；缓效碳源：需要微生物产生酶来分解，被菌体利用速率慢，但有利于产物的合成，如蔗糖、乳糖、麦芽糖和糖蜜等二糖以及糊精和淀粉等多糖。工业发酵中，一般将两种碳源配合使用，以分别满足微生物生长和产物合成的需要。

工业发酵中常用的碳源有葡萄糖（单糖）、糖蜜（含双糖成分，制糖生产时的副产物结晶母液）、淀粉、糊精及其水解液（多糖）、油脂（霉菌、放线菌可以利用）、有机酸、醇及碳氢化合物。

（二）氮 源

主要用于构成菌体细胞物质和含氮代谢产物（氨基酸、蛋白质、核酸等）。常用的氮源可分为两大类：有机氮源和无机氮源。速效氮源：直接被利用的氨基氮或铵基氮，有利于微生物生长，如氨基酸和铵盐等；缓效氮源：不能直接被利用，需要微生物产生酶来分解利用，有利于产物的合成，如黄豆饼粉、花生饼粉等。

1. 无机氮源（速效氮源）

无机氮源包括铵盐、硝酸盐和氨水，能被微生物快速吸收；但无机氮源的迅速利用常会引起 pH 的变化，如

$$(NH_4)_2SO_4 \longrightarrow 2NH_3 + 2H_2SO_4 \text{（黑曲霉发酵）}$$

$$NaNO_3 + 4H_2 \longrightarrow NH_3 + 2H_2O + NaOH \text{（曲霉制液体曲）}$$

无机氮源被菌体作为氮源利用后，培养液中留下了生理酸性或碱性物质。正确使用生理酸碱性物质，对稳定和调节发酵过程的 pH 有积极作用。选择合适的无机氮源有两层意义：一是满足菌体生长，二是稳定和调节发酵过程的 pH。使用氨水既可调节 pH 又可充当速效氮源，应少量多次使用，防止局部碱性过程，注意过滤除菌。

2. 有机氮源（缓效氮源）

常用的有机氮源是一些廉价的原料，如花生饼粉、黄豆饼粉、玉米浆、蛋白胨、酵母粉、鱼粉、蚕蛹粉、尿素等，被微生物分泌的胞外蛋白酶分解成氨基酸后再利用。这些有机氮源还含有少量糖类、脂肪、无机盐、维生素及某些生长因子等，能够引起菌体旺盛生长。有机氮源成分复杂，来源具有不稳定性，选取和使用时必须考虑原料波动对发酵的影响。

（三）无机盐及微量元素

无机盐及微量元素主要作为生理活性物质或生理活性调节物，使用应考虑其他渠道有可能带入过多的某种无机离子和微量元素，注意使用浓度和可能发生的化学反应，避免产生沉淀。

（四）生长因子、前体、抑制剂和促进剂

1. 生长因子

生长因子是指微生物生长不可缺少的微量有机物质，如氨基酸、嘌呤、嘧啶、维生素等。有机氮源是这些生长因子的重要来源，多数有机氮源含有较多的维生素 B、微量元素及一些微生物生长不可缺少的生长因子。

2. 前　体

前体是指在产物的生物合成过程中，被菌体直接用于产物的合成而自身结构无显著改变的物质，能明显提高产物的产量。前体一般都有毒性，浓度过大对菌体的生长不利，而且价格较高，添加过多，容易引起挥发和氧化，因此常采用流加的方法添加。

3. 促进剂和抑制剂

促进剂和抑制剂是指发酵中为了促进菌体生长或产物合成、抑制不需要的代谢产物合成，向培养基添加的物质。促进剂提高产量的机制还不完全清楚，有些促进剂本身是酶的诱导物；有些促进剂是表面活性剂，可改善细胞的透性、细胞与氧的接触，从而促进酶的分泌与生产；也有人认为表面活性剂对酶的表面失活有保护作用；有些促进剂的作用是沉淀或螯合有害的重金属离子。

抑制剂用来抑制发酵过程中杂菌的生长，如在谷氨酸发酵时通过添加氯霉素、植酸或多聚磷盐等减少杂菌污染；有些抑制剂也可减少营养缺陷型发酵菌株发生回复突变的可能性。

（五）水

水源质量的主要考虑参数包括 pH、溶解氧、可溶性固体、污染程度以及矿物质组成和含量。

（六）消沫剂

发酵过程中产生的泡沫容易引起逃液和染菌。使用的消沫剂类型有植物油脂（玉米油、豆油）、动物油脂（鲸鱼油、猪油）和高分子化合物。

二、工业发酵培养基的类型及配方设计

微生物的营养活动是依靠向外界分泌大量的酶，将周围环境中大分子的蛋白质、糖类、脂肪等营养物质分解成小分子化合物，借助细胞膜的渗透作用吸收小分子营养来实现的。所有发酵培养基都必须提供微生物生长繁殖和产物合成所需的能源，包括碳源、氮源、无机元

素、生长因子、水、氧气等。对于大规模发酵生产，除考虑上述微生物的需要外，还必须重视培养基原料的价格和来源。

（一）培养基分类

1．按纯度分类

（1）合成培养基

其原料化学成分明确、稳定（如药用葡萄糖），适合于研究菌种基本代谢和过程的物质变化规律；但培养基营养单一，价格较高，微生物在合成培养基上生长较慢，有些微生物在合成培养基上不能生长，不适合用于大规模工业生产。

（2）天然培养基

采用天然原料（花生饼粉、蛋白胨），原料来源丰富（大多为农副产品）、营养丰富、价格低廉，适合工业化生产；但原料质量会影响生产稳定性。适合各类异养微生物生长，而一般自养微生物都不能生长。

（3）半合成培养基

采用一部分天然有机物作为碳源、氮源和生长因子的来源，再适当加入一些化学药品以补充无机盐成分，使其更能充分满足微生物对营养的需要。大多数微生物都能在此培养基上生长繁殖，在微生物工业生产和试验研究中被广泛使用。

2．按状态分类

（1）固体培养基

适合于菌种和孢子的培养和保存，也广泛应用于有子实体的真菌类，如香菇、白木耳等的生产。

（2）半固体培养基

在配好的液体培养基中加入 0.5%～0.8% 的琼脂，主要用于微生物的菌种鉴定，观察细菌运动特征及噬菌体效价测定。

（3）液体培养基

其中 80%～90% 是水，配有可溶性的或不溶性的营养成分。它是发酵工业大规模使用的培养基，常用于大规模的工业生产及生理代谢等基本理论研究工作。

3．按用途分类（从发酵生产应用考虑）

（1）孢子（斜面）培养基

菌种繁殖，营养不丰富，能使菌体快速生长，产生孢子数量大、质量好，不会引起菌种变异。

（2）种子培养基

孢子发芽、生长和大量繁殖菌丝体，使菌体强壮，成为活力强的"种子"。

（3）发酵培养基

菌体生长、繁殖和合成产物，使接种菌丝生长并能高效表达，获得高的发酵产量。其组分应尽可能单一，以保证高得率。

（二）培养基配方设计

目前还不能完全从生化反应的基本原理来推断和计算出适合某一菌种的培养基配方，只能用生物化学、细胞生物学、微生物学等的基本理论，参照前人所使用的较适合某一类菌种的经验配方，再结合所用菌种和产品的特性，采用摇瓶、玻璃罐等小型发酵设备，按照一定的实验设计和实验方法选择较为适合的培养基。

1. 培养基设计的原则

了解菌种的来源、生活习惯、生理生化特性和一般的营养要求，根据不同类型微生物的生理特性考虑培养基的组成。其次对生产菌种的培养条件，生物合成的代谢途径，代谢产物的化学性质、分子结构、一般提炼方法和产品质量要求等也应有所了解。先选择一种较好的化学合成培养基为基础，先做摇瓶试验，然后做小型发酵罐培养试验，摸索菌种对各种主要有机碳源和氮源的利用情况和产生代谢产物的能力。每次只限一个变动条件，确定培养基配比，再确定各种重要的金属和非金属离子对发酵的影响，对各种无机元素试验其最高、最低和最适用量。通过中间补料法，一边对碳、氮的代谢予以适当的控制，一边间歇添加各种养料和前体类物质，引导发酵走向合成产物的途径。应根据生产和科学研究的需要选择培养基，发酵工业大多采用液体培养基培养种子和进行液体发酵，并根据微生物对氧气的要求，分别做表面静止培养或深层通气培养。根据经济效益选择培养基原料，考虑经济节约，尽量少用或不用主粮，节约用粮，以其他原料代替粮。

2. 培养基设计的一般步骤

根据前人的经验、菌种特性、发酵工艺要求、后提取工艺要求和经济可行的培养基成分来源，初步确定可能的培养基成分，通过单因子实验摇瓶确定最适宜的培养基成分。当培养基成分确定后，采用正交设计、均匀设计等实验方法确定各成分最适的浓度，优化培养基配方。从摇瓶层次优化培养基配方后，再通过反应器最终优化基础配方。

第四节　工业发酵灭菌

发酵过程中发生污染产生的危害主要有：杂菌消耗营养，降低生产效率；杂菌合成新产物；杂菌引起菌体自溶、发黏等，造成产品分离困难；杂菌生长改变发酵液的 pH，影响发酵；杂菌分解产物；噬菌体对发酵的破坏性很大。发酵过程中溶解氧水平、pH、尾气 CO_2 出现异常，则需用显微镜检查法和板划线培养或斜面培养法检查是否染菌。

一、灭菌的方法

1. 热灭菌法

高温灭菌是最常用的物理方法，高温可引起蛋白质、核酸和脂类等活性大分子氧化或变性失活而导致微生物死亡。高温灭菌分为干热灭菌法和湿热灭菌法。

干热灭菌法可分为电热烘箱内热空气灭菌和火焰灼烧灭菌；湿热灭菌法可分为常压法和高压蒸汽灭菌法。其中常压法包括煮沸消毒、间隙灭菌法（丁达尔灭菌法）和巴氏消毒法；高压蒸汽灭菌法指用蒸汽灭菌锅在 0.1 MPa 下、温度为 121.3 ℃，维持 15～20 min，杀死各种微生物与芽孢。

2. 过滤除菌法

控制液体中微生物的群体可以通过将微生物从液体中移走而不是杀死的方法来实现，该方法适用于不耐热物质如抗生素、生长因子等。图 1.5.1 为注射式微孔滤器。

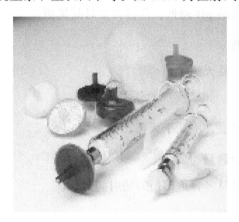

图 1.5.1 注射式微孔滤器

3. 辐射灭菌

辐射灭菌是指利用高能量的电磁辐射和微粒辐射杀死微生物的一种有效方法。灭菌的电磁波有微波、紫外线、X 射线和 γ 射线等。200～300 nm 范围的紫外线杀菌效果最好。杀菌作用机理是蛋白质（吸收峰约 280 nm）和核酸（吸收峰约 260 nm）吸收紫外线，变性失活。

4. 化学药品灭菌法

化学物质与微生物细胞中的某种成分发生化学反应而杀死微生物，如蛋白质变性、酶失活、破坏细胞膜透性。适用对象为操作员的双手、工作服装、局部空间和某些机械等。

5. 臭氧灭菌

利用臭氧分解细菌内氧化葡萄糖所必需的酶，直接破坏细胞膜，将细菌杀死。

二、培养基和发酵设备的湿热灭菌

发酵生产中灭菌条件选择的原则：既能达到灭菌目的，又使对培养基成分的破坏减至最小。例如，118 ℃ 下灭菌 15 min，细菌芽孢死亡率 99.99%，维生素 B_2 被破坏 10%；在 120 ℃ 下灭菌 1.5 min，细菌芽孢死亡率 99.99%，维生素 B_2 被破坏 5%。可见采用高温快速灭菌法既可达到灭菌效果，又可减少营养成分的破坏。

（一）影响培养基灭菌效果的因素

1. 培养基成分

油脂、糖类及一定浓度的蛋白质、高浓度有机物等可增加微生物的耐热性。如大肠杆菌在水中 60~70 ℃ 死亡，在 10% 糖液中 70 ℃ 下 4~6 min 死亡，在 30% 糖液中 70 ℃ 下 30 min 才能死亡。

2. pH

pH 6.0~8.0 时微生物耐热性最强，pH < 6.0 时 H^+ 易渗入微生物细胞内，改变细胞生理反应，促使其死亡。培养基的 pH 越低，所需灭菌时间越短。

3. 培养基的物理状态

培养基颗粒越小，越容易灭菌。

4. 泡　沫

泡沫中的空气形成隔热层，不利于灭菌。

5. 培养基中的微生物数量

培养基中的微生物数量越多，灭菌所需的时间越长。

（二）分批灭菌

在发酵罐中进行的实罐灭菌是典型的分批灭菌，包括升温、保温和降温 3 个过程。

（三）连续灭菌（连消）

连续灭菌包括蒸汽直接加热和蒸汽间接加热两种方式。蒸汽直接加热的优点是升温快，培养基成分损失少；缺点是蒸汽冷凝水使培养基稀释。蒸汽间接加热的优点是培养基不直接接触蒸汽；缺点是培养基容易在热交换器中产生结垢，热效率较低，高温高压蒸汽降低管道的使用寿命。因此发酵工业常采用蒸汽直接加热进行灭菌。蒸汽直接加热灭菌（喷淋冷却连续灭菌）流程见图 1.5.2。

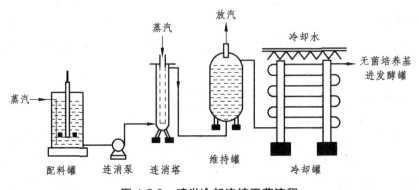

图 1.5.2　喷淋冷却连续灭菌流程

三、空气除菌

发酵工业应用的"无菌空气"是指通过除菌处理使空气含菌量降低到一个极低的百分数，从而能控制发酵污染减至极小的机会。一般按染菌几率为 10^{-3} 计算，即 1 000 次发酵周期所用的无菌空气只允许 1 ~ 2 次染菌。工业发酵所需空气主要的除菌方法有辐射杀菌、加热灭菌、静电除菌、过滤除菌等。

第五节　生产菌种的扩大培养与保藏

目前，工业规模的发酵罐容积已达到几十立方米甚至几百立方米。如按 10% 左右的种子量计算，需投入几立方米至几十立方米的种子。从保藏在试管中的菌种逐级扩大为生产用种子是由实验室制备到车间生产的过程，种子质量的优劣对发酵生产起着关键性的作用。种子扩大培养应根据菌种的生理特性，选择合适的培养条件，获得代谢旺盛、数量足够的种子。

一、种子的制备过程

在发酵生产过程中，种子的制备可分为实验室种子制备和生产车间种子制备两个阶段。

（一）实验室种子制备

实验室阶段所用的设备为培养箱、摇床等实验室常见设备，在工厂中这些培养过程一般都在菌种室完成，这些培养过程称为实验阶段的种子培养。选择有利于菌体、孢子生长的培养基，为了保证培养基的质量，培养基原料一般都比较精细。

实验室种子的制备一般采用两种方式：对于产孢子能力强的及孢子发芽、生长繁殖快的菌种，可以采用固体培养基培养孢子；对于产孢子能力不强或孢子发芽慢的菌种，可以用液体培养基，获得一定数量和质量的菌体，如谷氨酸的种子培养。

1. 孢子的制备

细菌孢子的制备：采用碳源限量而氮源丰富的配方斜面培养基，培养温度一般为 37 ℃，细菌菌体培养时间一般为 1 ~ 2 d，产芽孢的细菌培养需要 5 ~ 10 d。

霉菌孢子的制备：一般以大米、小米、玉米、麸皮、麦粒等天然农产品为培养基，培养的温度一般为 25 ~ 28 ℃，培养时间一般为 4 ~ 14 d。

放线菌孢子的制备：采用琼脂斜面培养基，培养基中含有一些适合产孢子的营养成分，如麸皮、豌豆浸汁、蛋白胨和无机盐等，培养温度一般为 28 ℃，培养时间为 5 ~ 14 d。

2. 液体种子制备

好氧培养：对于产孢子能力不强或孢子发芽慢的菌种，如产链霉素的灰色链霉菌

（ *S. griseus* ）、产卡那霉素的卡那链霉菌（ *S. kanamuceticus* ），可以用摇瓶液体培养法。将孢子接入含液体培养基的摇瓶中，于摇瓶机上恒温振荡培养，获得菌丝体作为种子。

厌氧培养：对于酵母菌，其种子的制备过程为：试管→三角瓶→卡式罐→种子罐。例如，生产啤酒的酵母菌种接入含 100 mL 麦芽汁的 500~1 000 mL 三角瓶中，于 25 ℃ 培养 2~3 d 后扩大至含有 250~500 mL 麦芽汁的 500~1 000 mL 三角瓶中，再于 25 ℃ 培养 2 d 后，移种至含有 5~10 L 麦芽汁的卡氏培养罐中，于 15~20 ℃ 培养 3~5 d 即可作 100 L 麦芽汁的发酵罐种子。

（二）生产车间种子制备

生产车间阶段，种子培养在种子罐里面进行，实验室制备的孢子或液体种子移种至种子罐扩大培养，最终获得一定数量的菌丝体。

1. 种子罐的作用

种子罐用于孢子发芽生长繁殖成菌（丝）体，接入发酵罐能迅速生长。

2. 种子罐级数的确定

种子罐级数指制备种子需逐级扩大培养的次数，由菌种生长特性、孢子发芽及菌体繁殖速度和所采用发酵罐的容积决定。例如，细菌生长快，种子用量比例少，级数也较少，采用二级发酵；霉菌生长较慢，如青霉菌采用三级发酵；放线菌生长更慢，采用四级发酵。

3. 确定种子罐级数需注意的问题

种子级数越少越好，可简化工艺和控制，减少染菌机会。但种子级数太少，接种量小，发酵时间延长，降低发酵罐的生产率，增加染菌机会。虽然种子罐级数根据产物的品种及生产规模而定，但也与所选用的工艺条件有关。如改变种子罐的培养条件能加速孢子发芽及菌体的繁殖，也可相应减少种子罐的级数。

二、种子质量的控制

（一）影响孢子质量的因素

影响孢子质量的因素通常有培养基、培养条件、培养时间和冷藏时间等。

1. 培养基

培养基原材料质量波动会导致生产过程中出现种子质量不稳定的现象，例如，在四环素、土霉素生产中，配制产孢子斜面培养基用的麸皮因小麦产地、品种、加工方法及用量不同，对孢子质量的影响也不同。地区不同、季节变化和水源污染，均可造成水质波动，也影响种子质量。

解决措施：培养基所用原料要经过发酵试验合格才可使用；严格控制灭菌后培养基的质量；斜面培养基使用前，需在适当温度下放置一定时间；供生产用的孢子培养基要用比较单一的氮源，作为选种或分离用的培养基则采用较复杂的有机氮源。

2. 培养条件

温度对多数品种斜面孢子质量有显著的影响。如土霉素生产菌种在高于 37 ℃ 培养时，孢子接入发酵罐后出现糖代谢变慢，氨基氮回升提前，菌丝过早自溶，效价降低等现象。斜面孢子培养基的湿度对孢子的数量和质量有较大的影响，如土霉素生产菌种龟裂链霉菌，在北方气候干燥地区斜面的孢子长得较快，在气温高、湿度大的地区，由于试管下部冷凝水多而不利于孢子的形成，斜面的孢子长得慢。从表 1.5.1 中可看出相对湿度在 40% ~ 45% 时孢子数量最多，孢子颜色均匀，质量较好。

表 1.5.1　不同相对湿度对龟裂链霉菌斜面生长的影响

相对湿度/%	斜面外观	活孢子计数 /（亿/支）
16.5 ~ 19	上部稀薄，下部稠、略黄	1.2
25 ~ 36	上部薄，中部均匀发白	2.3
40 ~ 45	一片白，孢子丰富，稍皱	5.7

3. 培养时间和冷藏时间

（1）培养时间

衰老的孢子已在逐步进入发芽阶段，核物质趋于分化状态，过于衰老的孢子导致生产能力下降，因此孢子培养的时间应该控制在孢子量多、孢子成熟、发酵产量正常的阶段。

（2）冷藏时间

斜面冷藏对孢子质量的影响与孢子成熟程度有关，如土霉素生产菌种孢子斜面培养 4 d 于 4 ℃ 冰箱保存，冷藏 7 ~ 8 d 菌体细胞开始自溶；培养 5 d 以后冷藏，20 d 未发现自溶。冷藏时间对孢子的生产能力也有影响，在链霉素生产中，斜面孢子在 6 ℃ 冷藏 2 个月后的发酵单位比冷藏 1 个月降低 18%，冷藏 3 个月后降低 35%。

4. 接种量

接种量大小影响培养基中孢子的数量，影响菌体的生理状况。

（二）影响种子质量的因素

生产过程中影响种子质量的因素有孢子的质量、培养基、培养条件、种龄和接种量等。

1. 培养基

种子培养基的营养成分应适合种子培养的需要，选择有利于孢子发芽和菌体生长的培养基。培养基营养成分应丰富、完全，氮源和维生素含量高，易于被菌体直接吸收和利用。营养成分应尽可能与发酵培养基相近。

2. 培养条件

应在合适的温度和足够的通气量下进行种子培养。例如，青霉素的生产菌种在制备过程中将通气充足和不足两种情况下得到的种子分别接入发酵罐内，发酵单位可相差 1 倍，但土霉素生产菌一级种子罐的通气量小却有利于发酵。搅拌可提高通气效果，促进生长繁殖；但过度搅拌导致培养液大量涌泡，液膜表面的酶易氧化变性，泡沫过多增加染菌机会，增加能耗，丝状微生物也不宜剧烈搅拌。

3. 种　龄

种龄是指种子罐中培养的菌丝体开始移入下一级种子罐或发酵罐时的培养时间。通常种龄以处于生命力极旺盛的对数生长期、菌体量还未达到最大值时的培养时间较为合适。大量接入培养成熟的菌种优点是缩短生长过程的延缓期，因而缩短了发酵周期，提高了设备利用率，节约发酵培养的动力消耗，有利于减少染菌机会。不同菌种或同一菌种工艺条件不同，种龄不同，需经过实验来确定，如嗜碱性芽孢杆菌生产碱性蛋白酶，种龄为 12 h 最佳。

4. 接种量

接种量是指移入的种子液体积和接种后培养液体积的比例。接种量的大小取决于生产菌种在发酵罐中生长繁殖的速度，采用较大的接种量可以缩短发酵罐中菌丝繁殖达到高峰的时间，使产物的形成提前到来，并可减少杂菌的生长机会。接种量过大会引起溶氧不足，影响产物合成，也会过多移入代谢废物；过小会延长培养时间，降低发酵罐的生产效率。通常接种量为：细菌 1% ~ 5%，酵母菌 5% ~ 10%，霉菌 7% ~ 15%，有时 20% ~ 25%。

（三）种子质量的控制措施

种子质量最终应考察其在发酵罐中所表现出来的生产能力，必须保证生产菌种的稳定性。提供种子培养的适宜环境，保证无杂菌侵入，以获得优良种子。因此在生产过程中通常进行菌种稳定性的检查和无杂菌检查。

（四）种子质量标准

1. 细胞或菌体

单细胞菌体健壮、菌形一致、均匀整齐，有的还要求有一定的排列或形态；霉菌、放线菌菌丝粗壮，对某些染料着色力强，生长旺盛，菌丝分枝情况和内含物情况好。

2. 生化指标

种子液的糖、氮、磷的含量和 pH 变化正常。

3. 产物生成量

在抗生素发酵中，产物生成量是考察种子质量的重要指标，种子液中产物生成量的多少间接反映了种子的生产能力和成熟程度。

4. 酶活力

种子液中相关酶的活力与目的产物的产量有一定的关联。

三、谷氨酸发酵的菌种扩大培养

培养流程：斜面菌种→一级种子培养→二级种子培养→发酵罐。

1. 斜面菌种的培养

菌种的斜面培养必须有利于菌种生长，不产酸，斜面菌种不得混有任何杂菌和噬菌体。培养条件应有利于菌种繁殖，培养基以多含有机氮、不含或少含糖为原则。

斜面培养基组成：葡萄糖 0.1%、蛋白胨 1.0%、牛肉膏 1.0%、氯化钠 0.5%、琼脂 2.0 ~ 2.5%，pH 7.0 ~ 7.2（传代和保藏斜面不加葡萄糖）。

培养条件：33 ~ 34 ℃，培养 18 ~ 24 h。

2. 一级种子培养

一级种子培养的目的在于大量繁殖活力强的菌体，培养基组成应以少含糖分，多含有机氮为主，培养条件从有利于菌种生长考虑。

培养基组成：葡萄糖 2.5%、尿素 0.5%、硫酸镁 0.04%、磷酸氢二钾 0.1%、玉米浆 2.5 ~ 3.5%（按质增减）、硫酸亚铁和硫酸锰各 $2×10^{-6}$，pH 7.0。

培养条件：用 1 000 mL 三角瓶装入 200 mL 培养基，灭菌后置于冲程 7.6 cm、频率 96 次/min 的往复式摇床上振荡培养 12 h，培养温度 33 ~ 34 ℃。

一级种子质量要求：种龄 12 h，pH 6.4 ± 0.1，OD 值净增 0.5 以上，残糖 0.5% 以下，无菌检查（-），噬菌体检查（-），镜检菌体生长均匀、粗壮，排列整齐，呈革兰氏阳性反应。

3. 二级种子培养

为了获得发酵所需要的足够数量的菌体，在一级种子培养的基础上扩大到种子罐二级种子培养，种子罐容积大小取决于发酵罐大小和种量比例。

培养基组成见表 1.5.2。

表 1.5.2 二级种子培养的培养基组成（%）

培养基组成/%	菌种			
	T6-13	B9	T738	AS1.299
水解糖	2.5	2.5	2.5	2.5
玉米浆	2.5 ~ 3.5	2.5 ~ 3.5	2.5 ~ 3.5	2.5
磷酸氢二钾	0.15	0.15	0.2	0.1
硫酸镁	0.04	0.04	0.05	0.04
尿素	0.4	0.4	0.5	0.5
$Fe^{2+}×10^{-6}$	2	2	2	2
$Mn^{2+}×10^{-6}$	2	2	2	2
pH	6.8 ~ 7.0	6.8 ~ 7.0	7.0	6.5 ~ 6.8

培养条件：接种量 0.8% ~ 1.0%，培养温度 32 ~ 34 ℃，培养时间 7 ~ 8 h。通风量，50 L 种子罐 1：0.5，搅拌转速 340 r/min；250 L 种子罐 1：0.3，搅拌转速 300 r/min；500 L 种子罐 1：0.25，搅拌转速 230 r/min。

二级种子的质量要求：种龄为 7~8 h，pH 7.2 左右，OD 值净增 0.5 左右，无菌检查（－），噬菌体检查（－）。

四、生产发酵罐的无菌接种

生产规模发酵罐的无菌接种包括两个方面：从实验室摇瓶或孢子悬浮液容器中移种入一个种子罐；从一个种子罐移入另一个生产发酵罐中。

五、菌种的保藏

（一）菌种保藏的原理

菌种保藏的任务是使菌种不致死亡同时还要尽可能把菌种的优良特性保持下来，而不致向坏的方面转化。菌种保藏主要是根据菌种的生理生化特点，人工创造条件使孢子或菌体的生长代谢活动尽量降低以减少其变异，一般可通过干燥和低温保持培养基营养成分在最低水平的缺氧状态，使菌种"休眠"，抑制其繁殖能力。一种好的保藏方法首先应能长期保持菌种原有的优良性状不变，同时还需考虑方法本身的简便和经济性，以便生产上能推广使用。

（二）菌种保藏的方法

1. 斜面低温保藏法

将菌株接种于合适的斜面培养基上，待生长好后置于 4 ℃ 冰箱保藏，每隔一定时间进行移接培养后再将新斜面继续保藏。这种保藏方法的优点是简单，存活率高，易于推广；其缺点是菌种仍有一定强度的代谢活动条件，保存时间不长，而且传代多，菌种易产生变异。

2. 石蜡油封保藏法

将生长好菌种的新鲜斜面在无菌条件下倒入已灭菌的液体石蜡，油层要高出斜面上端 1 cm，垂直放于室温或冰箱内保藏。这种方法也比较简便，保藏时间一般可长达 1 年以上，适于保存部分霉菌、酵母菌、放线菌；但对细菌效果较差，不适用某些同化烃类的微生物。

3. 沙土管保藏法

将孢子悬浮液转移至灭过菌的沙土管中，于真空干燥器内用真空泵抽干，转至有干燥剂的容器中密封，低温保藏。这是用人工方法模拟自然环境，适合于细菌的芽孢、霉菌和放线菌孢子的保藏，不适于对干燥敏感的无芽孢的细菌和酵母菌。

4. 冷冻干燥法

在低温下迅速将细胞冻结以保持细胞结构的完整，然后在真空下使水分升华，保持菌种。这种方法能长期保存菌种，一般为 5~10 年。微生物在此条件下易死亡，所以需加入脱脂牛奶、血清等作为保护剂。该法存活率高，变异率低，并能广泛适用于细菌（有芽孢和无芽孢的）、酵母、霉菌孢子、放线菌孢子和病毒等的保藏，是目前广泛采用的方法。其缺点是操作复杂，并需要一定的设备条件。

5. 超低温保藏法

将要保藏的菌种置于 10% 甘油或二甲亚砜保护剂中，密封于试管或安瓿管中，然后将其放入超低温冰箱中于 - 70 ℃ 下保藏。该法简便易行，而且保藏效果较好。

六、菌种的衰退与复壮

（一）微生物菌种的衰退

菌种退化通常是指在较长时期传代保藏后，菌株的一个或多个生理性状和形态特征逐渐减退或消失的现象。常见的菌种衰退在形态上表现为分生孢子的减少或菌落颜色的改变，在生理上常指菌种发酵能力降低，有些菌的抗噬菌体能力下降，对诱变育种而获得的高产变异株常表现出恢复野生型性状等。一般菌种退化是从量变到质变逐渐发生的，同时也是整个群体产量降低及相联系的特性变化，而不是指单个细胞的改变。

引起菌种退化的原因主要有基因突变、变异菌株性状分离、连续传代等，温度、湿度、培养基成分及各种培养条件引起菌种的基因突变，如在保藏菌种中基因突变率就随温度升高而上升。

（二）防止菌种衰退和退化

1. 控制传代次数

繁殖越频繁、复制的次数越多，基因发生变化的机会也就越多。因此应尽量避免不必要的接种和传代，把传代次数控制在最低水平。一般情况下，斜面每移植一代，霉菌、放线菌、芽孢杆菌在低温下可保藏半年左右，酵母可保藏 3 个月左右，无芽孢细菌可保藏 1 个月左右。生产菌种每移植一代，最好同时移植较多的斜面，以供一段时间生产之需。

2. 选择合适的培养条件

培养条件对菌种衰退有一定的影响，选择一个适合原种生长的条件可以防止菌种衰退。另外，生产上应避免使用陈旧的斜面菌种。

3. 利用不同类型的细胞进行传代

由于放线菌和霉菌的菌丝细胞常含有许多核，甚至是异核体，用菌丝接种时就会出现衰退和不纯的子代。孢子一般是单核的，利用孢子来接种，可以达到防止衰退的目的。但是也必须注意微生物细胞本身的特点。对构巢曲霉来说，利用它的分生孢子传代易发生衰退，而用它的子囊孢子移种则不易退化。

4. 选择合适的保藏方法

采用有效的菌种保藏方法也可以防止菌种的衰退。由于菌种衰退的情况不同，对有些衰退原因还不甚了解。因此要根据实际情况，通过实验正确地进行选择。

（三）退化菌种的复壮

使衰退的菌种重新恢复原来的优良特性，称为复壮。常用的方法是对已退化菌株用一定培养条件进行单细胞分离纯化，限制退化菌株在数量上占优势，淘汰已退化菌落，而使原菌株得以复壮。例如，用高剂量 UV 或再配以低剂量 NTG 对退化菌株进行处理，可得到较多的纯菌落；又如选择一种对退化型菌株细胞核具有更大杀伤力的诱变剂，可使原菌株得到复壮。另外，用遗传方法选育不易退化的稳定菌株或采用双缺、三缺菌株及减少传代次数等都可防止菌种退化。

第六节　发酵罐及其附属设备

发酵罐是对微生物进行液体深层培养的反应器，承担产物的生产任务。发酵罐提供微生物生命活动和代谢所要求的条件，便于操作和控制，保证工艺条件的实现，从而获得高产。发酵罐分为液体发酵罐和固体发酵罐两类。发酵罐与其他工业设备的突出差别是对纯种培养的要求很高，发酵罐的严密性、运行高度可靠性是发酵工业的显著特点。为了获取更大的经济利益，现代发酵工业的发酵罐更加趋向大型化和自动化发展。在发酵罐的自动化方面，作为"眼睛"的检测参数如 pH 电极、溶解氧电极、溶解 CO_2 电极等的在线检测在国外已相当成熟，国内尚处于起步阶段，发酵检测参数还只限于温度、压力、空气流量等一些常规参数。

一、发酵罐的类型

（一）按微生物生长代谢需要分类

1. 好气发酵罐

抗生素、酶制剂、酵母、氨基酸、维生素等产品的生产在好气发酵罐中进行，需强的通风搅拌，提高氧在发酵液中的传质系数。

2. 厌气发酵罐

丙酮、丁醇、酒精、啤酒、乳酸等采用厌气发酵罐，不需要通气。

（二）按发酵罐设备特点分类

1. 机械搅拌通风发酵罐

机械搅拌通风发酵罐包括循环式发酵罐，如伍式发酵罐、文氏管发酵罐，以及非循环式的通风发酵罐和自吸式发酵罐等。

2. 非机械搅拌通风发酵罐

非机械搅拌通风发酵罐包括循环式的气提式、液提式发酵罐，以及非循环式的排管式和喷射式发酵罐。

这两类发酵罐是采用不同的手段使发酵罐内的气、固、液三相充分混合，从而满足微生物生长和产物形成对氧的需求。

（三）按容积分类

一般认为 500 L 以下为实验室发酵罐；500～5 000 L 为中试发酵罐；5 000 L 以上为生产规模的发酵罐。

二、发酵罐的结构

（一）机械搅拌通风发酵罐

机械搅拌通风发酵罐是发酵工厂常用类型之一。它是利用机械搅拌器的作用，使空气和发酵液充分混合，促使氧在发酵液中溶解，以保证供给微生物生长繁殖和发酵所需要的氧气，适合高黏度、发酵液需氧量大的发酵。但其结构较复杂，能耗大，机械搅拌易损伤微生物细胞。好气性机械搅拌通风发酵罐是密封式受压设备，主要部件包括罐体、轴封、消泡器、搅拌器、联轴器、中间轴承、挡板、空气分布管、换热装置、手孔及管路等。

1. 罐 体

罐体由圆柱体以及椭圆形或蝶形封头焊接而成，小型发酵罐罐顶和罐身采用法兰连接。为了便于清洗，小型发酵罐罐顶设有清洗用的手孔。中大型发酵罐则装有快开人孔以及清洗用的快开手孔。罐顶还装有视镜及灯镜，在罐顶上的连接管有进料管、补料管、排气管、接种管和压力表接管。在罐身上的接管有冷却水进出管、进空气管、取样管、温度计管和测控仪表接口。罐的高度与直径之比一般为（1.7～4）∶1。

2. 搅拌器

搅拌器的作用是打碎气泡，使空气与溶液均匀接触，使氧溶解于发酵液中。搅拌器分平叶式、弯叶式、箭叶式三种，国外多用平叶式，我国多用弯叶式。平叶式功率消耗较大，在同样雷诺准数时，提供溶解氧多；箭叶式混合较好，适合于菌丝体发酵液；弯叶式介于二者之间。

3. 挡 板

挡板的作用是使液流方向由径向流动改为轴向流动，促使液体剧烈翻动，增加溶解氧。全挡板条件指在一定转数下再增加罐内附件而轴输出功率仍保持不变的状况，一般装设 4～6 块挡板即可满足全挡板条件。竖立的蛇管、列管、排管等也可起挡板作用，一般具有冷却列管式的罐内不另设挡板，但对于盘管仍应设挡板。挡板的长度从液面起至罐底为止，挡板与罐壁之间应保持适当距离，避免死角，防止物料与菌体堆积。

4. 消泡器

消泡器的作用是打破泡沫。常用的有锯齿式（图1.5.3）、梳状式及孔板式消泡器。

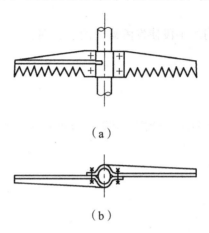

（a）

（b）

图 1.5.3 锯齿式消泡器

5. 联轴器

大型发酵罐搅拌轴较长，常分为 2~3 段，用联轴器使上下搅拌轴成牢固的刚性连接。常用的联轴器有鼓型及夹壳型两种。小型发酵罐可采用法兰将搅拌轴连接，轴的连接应垂直并对正中心线。

6. 轴　承

为了减少震动，中型发酵罐一般在罐内装有底轴承，大型发酵罐装有中间轴承。底轴承和中间轴承的水平位置能适当调节。

7. 变速装置

常用的变速装置有三角皮带变速传动、圆柱或螺旋圆锥齿轮减速装置，其中以三角皮带变速传动较为简便。

8. 轴　封

轴封的作用是将罐顶或罐底与轴之间的缝隙加以密封，防止泄露和污染杂菌进入。

9. 换热装置

（1）夹套式换热装置

这种装置多应用于容积较小的发酵罐和种子罐。5 m³ 以下的发酵罐采用夹套冷却，夹套的高度比静止液面稍高，无需进行冷却面积的设计。其结构简单，加工容易，罐内无冷却设备，死角少，容易进行清洁灭菌，有利于发酵；但传热壁较厚，冷却水流速慢，发酵时降温效果差。

（2）竖式蛇管换热装置

这种装置是竖式的蛇管分组安装于发酵罐内，有 4 组、6 组或 8 组不等，根据管的直径大小而设，容积在 5 m³ 以上的发酵罐多用这种换热装置。其冷却水在管内的流速大，传热系数高，特别适用于冷却用水温度较低的地区。如果在气温高的地区使用，冷却用水温度较高，发酵时降温困难，会影响发酵产率，需采用冷冻盐水或冷冻水冷却，增加了设备投资及生产成本；且其弯曲位置比较容易被蚀穿。冷却列管极易腐蚀或磨损穿孔，宜采用不锈钢制造。

10. 空气分布装置

空气分布装置的作用是吹入无菌空气，并使空气均匀分布。分布装置的形式有单管及环形管等。常用的是单管式，管口正对罐底中央，与罐底的距离约 40 mm，空气分散效果较好，可根据溶氧情况适当调整距离。环形管的分布装置以环径为搅拌器直径的 0.8 倍较为有效，喷孔直径 5~8 mm，喷孔向下，喷孔的总截面面积约等于通风管的截面面积，空气分散效果不如单管式，喷孔也容易堵塞。喷口直径越小，气泡直径越小，氧的传质系数越大。实际生产由于通风量很大，此时气泡直径与通风量有关，与喷口直径无关，单管式分布装置的分布效果并不低于环形管。

（二）密闭厌氧发酵罐

这类发酵罐要求能封闭、承受一定压力，有冷却设备，罐内尽量减少装置，无死角，便于清洗灭菌。酒精和啤酒都属于嫌气发酵产物，发酵罐因不需要通入昂贵的无菌空气，在设备放大、制造和操作时，其发酵设备比好气发酵设备简单得多，容积常大于 50 m³，罐的上、下部为锥形，上部有物料口、冷却水口、CO_2 和气体出口、人孔和压力表开口等，温度控制采用罐内蛇管和罐外壁直接水喷淋相结合，排料管位于罐的底部。

1. 酒精发酵罐

酵母将糖转化为酒精的高转化率条件是满足酵母生长和代谢的必要工艺条件，需一定的生化反应时间，及时移走在生化反应过程中释放的生物热。酒精发酵罐的结构要求满足工艺要求，有利于发酵热排出，有利于发酵液的排出，有利于设备清洗、维修以及设备制造和安装方便。

酒精发酵罐筒体结构为圆柱形，底盖和顶盖均为碟形或锥形。在酒精发酸过程中，为了回收 CO_2 气体及其所带出的部分酒精，发酵罐宜采用密闭式。罐顶装有人孔、视镜及 CO_2 回收管、进料管、接种管、压力表和测量仪表接口管等；罐底装有排料口和排污口；罐身上下部装有取样口和温度计接口。对于大型发酵罐，为了便于维修和清洗，往往在近罐底处也装有人孔。

2. 发酵的冷却装置

对于中小型发酵罐，多采用罐顶喷水淋于罐外壁进行膜状冷却；对于大型发酵罐，罐内装有冷却蛇管或罐内蛇管和罐外壁喷淋联合冷却装置。为避免发酵车间潮湿和积水，要求在罐体底部沿罐体四周装有集水槽。采用罐外列管式喷淋冷却的方法，具有冷却发酵液均匀、冷却效率高等优点。

3. 酒精发酵罐的洗涤

酒精发酵罐已逐步采用水力喷射洗涤装置进行洗涤，降低了劳动强度，提高了操作效率。水力喷射装置是由一根两头装有喷嘴的洒水管组成，两头喷水管弯有一定的弧度，喷水管上均匀地钻有一定数量的小孔。喷水管呈水平安装，借助活接头和固定供水管相连接，喷水管两头喷嘴以一定喷出速度形成的反作用力使喷水管自动旋转。对于 120 m³ 的酒精发酵罐，采用 36 mm × 3 mm 的喷水管，管上开有 44 × 30 个小孔，两头喷嘴口径为 9 mm。

高压强水力喷射洗涤装置是一根沿轴向安装于罐中央的直立喷水管，在垂直喷水管上按一定的间距均匀钻有 4 ~ 6 mm 的小孔，孔与水平呈 20° 角。水平喷水管借助活接头上端和供水总管相连，下端与垂直分配管相连接，洗涤水压为 0.6 ~ 0.8 MPa。水流在较高压力下，水平喷水管出口处喷出的水使其以 48 ~ 56 r/min 的速度自动旋转，并喷射到罐壁各处，垂直的喷水管也以同样的水流速度喷射到罐体四壁和罐底。约 5 min 可完成洗涤作业，用废热水还可提高洗涤效果。

第七节　发酵工艺控制

一、工业发酵的主要类型

（一）按投料方式分类

1. 分批发酵

分批发酵中微生物的生长分为迟滞期、对数生长期、稳定期和衰亡期，其中从对数生长期初期开始合成并积累初级代谢产物，在对数生长期后期和稳定期大量合成次级代谢产物。分批发酵过程包括空罐灭菌，加入灭菌后的培养基，接种，发酵，放罐和洗罐。培养基中接入菌种后，除了通入空气和排气外没有物料的加入和取出，整个过程中菌的浓度、营养成分浓度和产物浓度等参数都随时间变化。分批发酵操作简单，周期短，染菌机会少，生产过程和产品质量容易掌握；但产率低，总生产能力不高，发酵周期中非生产时间长，生产成本较高。

2. 补料分批发酵（半连续发酵）

补料分批发酵指在分批培养过程中适当补入新鲜的培养基，克服营养不足导致发酵过早结束的缺点。与分批发酵相比，补料分批发酵能解除营养物基质抑制、产物反馈抑制和葡萄糖分解阻遏效应。与连续发酵相比，补料分批发酵不会产生菌种老化和变异。

（1）单一补料分批发酵

在此过程中只有培养基的加入，没有培养基的取出，发酵结束时发酵液体积比发酵开始时有所增加（不超过最大操作容积），在工厂的实际生产中多采用这种方式。但由于没有物料取出，产物的积累最终导致比生产速率下降，物料的加入也增加了染菌机会。

（2）反复补料分批发酵

在单一补料分批发酵的基础上间歇放掉部分发酵液，使发酵液体积始终不超过发酵罐的最大操作容积，如四环素发酵采取这种方式。放掉部分发酵液，补入部分料液，使代谢有害物得以稀释，有利于产物合成，延长了发酵周期，提高了总产量；但代谢产生的前体物和营养被稀释，产物浓度低。

3. 连续发酵

发酵过程中一边补入新鲜培养基一边放出等量的发酵液，使发酵罐内的体积维持恒定。达到稳态后，整个过程中菌的浓度、产物浓度和限制性基质浓度都是恒定的，有效延长了分批培养中的对数生长期或产物生产期。连续培养的产品质量和产率稳定，采用自动化和机械化操作，降低了劳动强度，减少了非生产时间，使灭菌次数减少，延长了测量仪器探头使用时间，容易根据需要对生产过程进行优化，提高了发酵产率；但长期连续培养会引起菌种退化，长时间补料增加了染菌机会，对仪器设备和控制元件的技术要求高，不适合黏性丝状菌的长期培养。

（二）按菌体生长与产物形成关系分类

1. 生长关联型

微生物比生长速率（μ）与目标产物的比生产速率（Q_p）呈正比，生物量与产物量同时达到最大，如初级代谢。

2. 生长部分关联型

菌体生长阶段没有或很少形成产物，然后是产物合成阶段，菌体生长和产物形成是部分分开的。

3. 生长无关联型

菌体生长阶段没有或很少形成产物，产物合成阶段菌体很少、停止甚至负生长，如次级代谢。

二、工业发酵过程的主要控制参数

提高发酵水平的途径可以通过监测和控制使发酵过程向有利于生产的方向进行。监测参数的方法分为离线监测（取样检测，较经济）和在线监测（传感器检测，较昂贵）。在线监测要求传感器能经受高压蒸汽灭菌，传感器及其二次仪表具有长期稳定性，能在过程中随时校正，灵敏度好，探头材料不易老化，安装、使用和维修方便，探头敏感部位不易被物料（反应液）粘住、堵塞。

发酵过程的监测分析是生产控制的"眼睛"，代谢参数又称为状态参数，反映发酵过程中菌的生理代谢状况，如 pH、溶氧量、尾气氧、尾气二氧化碳、黏度、菌浓度等。

（一）物理参数

1. 发酵温度

发酵温度影响氧溶解度和传递速率、菌体生长速率和产物合成速率等，在线监测（铂电阻或热敏电阻）。

2. 压力（Pa）

防止染菌，影响氧和二氧化碳的溶解度，罐压一般为 $0.2 \times 10^5 \sim 0.5 \times 10^5$ Pa，在线监测（隔膜法压力表）。

3. 搅拌速度（r/min）

搅拌速度指搅拌器转速，影响氧在发酵液中的传递速率和发酵液均衡性，在线监测。

4. 搅拌功率（kW/m³）

搅拌功率指搅拌器工作时消耗的功率，与液相氧体积传质系数 K_{La} 有关，在线监测。

5. 空气流量（vvm）

空气流量指每分钟向单位体积发酵液通入的空气体积（0.5 ~ 1.0 vvm），与氧的传递有关，在线监测。

6. 黏度（Pa·s）

通常用表观黏度表示，反映细胞生长、菌丝分裂过程的情况，影响氧传递的阻力，离线监测。

7. 料液流量（L/min）

流体进料的情况。

（二）化学参数

1. pH

pH 影响菌体生长和产物合成，在线监测（耐高温复合电极）。

2. 基质浓度（g/L 或%）

基质浓度指发酵液中糖、氮、磷等重要营养物质的浓度，影响菌体生长和产物合成，在线监测或离线监测。

3. 溶氧浓度（mmol/L、mg/L 或饱和度%）

溶氧浓度指溶解在发酵液中的氧气浓度（DO），在线监测（耐高温覆膜溶氧电极）。

4. 氧化还原电位（mV）

氧化还原电位影响微生物的生长及其生化活性，与溶解氧浓度监测配合使用，在线监测。

5. 产物的浓度［μg(U)/mL］

产物的浓度反映发酵产物产量高低或合成反应是否正常，决定发酵周期长短，在线监测或离线监测。

6. 废气中的氧浓度（Pa）

废气中的氧浓度可计算菌体的摄氧率和发酵罐供氧能力，在线监测。

7. 废气中的二氧化碳浓度（%）

利用废气中的二氧化碳浓度计算菌体的呼吸熵，了解菌的呼吸代谢规律，在线监测。

（三）生物参数

1. 菌体形态

采用显微镜离线监测（图 1.5.4）。

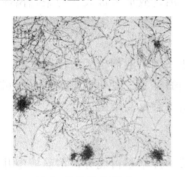 

（a）正常菌体形态　　　　　　　　（b）异常菌体形态

图 1.5.4　显微镜检查丝状真菌发酵状况

2. 菌体浓度

监测菌体浓度对于次级代谢产物的发酵尤为重要。其与培养液的表观黏度有关，间接影响发酵液的溶氧浓度，离线监测（浊度法、干重法、沉淀测体积法等）。

三、染菌与防治

染菌是指发酵过程中除了生产菌以外还有其他菌生长繁殖。避免染菌的关键之一是纯种培养。

（一）工业发酵染菌的危害

发酵过程中污染杂菌会严重影响生产，造成大量原材料浪费，经济上造成巨大损失，打乱生产秩序，影响生产计划。遇到连续染菌，特别是在找不到染菌原因的情况下，往往会影响人们的情绪和生产的积极性，严重影响产品外观及内在质量。

1. 染菌对不同菌种发酵的影响

放线菌生长的最适 pH 为 7 左右，易染细菌；霉菌生长的最适 pH 为 5 左右，易染酵母菌。青霉素发酵过程中，绝大多数杂菌都能直接产生青霉素酶，也可被青霉素诱导而产生青霉素酶，使青霉素被迅速破坏。链霉素、四环素、红霉素、卡那霉素等发酵染菌也会造成不同程度的危害，如杂菌大量消耗营养，干扰生产菌的正常代谢，改变 pH，降低产量等。灰黄霉素、制霉菌素、克念菌素等抗生素可抑制霉菌，但对细菌几乎没有抑制和杀灭作用。

染菌对疫苗生产危害也很大。疫苗多采用深层培养，是一类不进行提纯而直接使用的产品，在其深层培养过程中一旦污染杂菌，就必须全部废弃。发酵罐容积越大，染菌后的损失也越大。

2. 污染不同种类和性质的微生物的影响

（1）污染噬菌体

噬菌体的感染力很强，传播蔓延迅速，也较难防治，故危害极大。污染噬菌体后，发酵产量大幅度下降，严重的造成断种，被迫停产。

（2）污染其他杂菌

有些杂菌会使生产菌自溶，产生大量泡沫，即使添加消泡剂也无法控制逃液，影响发酵过程的通气搅拌。有的杂菌会使发酵液发臭、发酸，pH 下降，使不耐酸的产品被破坏。特别是染芽孢杆菌，由于芽孢耐热，不易杀死，一次染菌后会反复染菌。

3. 不同培养时期染菌的防治

（1）种子培养期：由于接种量较小，生产菌生长一开始不占优势，培养液中几乎没有抗生素（产物）或只有很少抗生素（产物），防御杂菌能力弱，容易污染杂菌。如在此阶段染菌，应将培养液全部废弃。

（2）发酵前期：发酵前期最易染菌，危害大。发酵前期菌量不是很多，与杂菌相比没有竞争优势，且还未合成产物（抗生素）或合成量很少，抵御杂菌能力弱。在这个时期要特别警惕染菌的发生，一旦发生，可以采用降低培养温度、调整补料量、调整 pH、缩短培养周期等措施予以补救。如果前期染菌，且培养基养料消耗不多，可以重新灭菌，补加一些营养后重新接种。

（3）发酵中期：发酵中期染菌会严重干扰生产菌的代谢。杂菌大量产酸造成培养液 pH 下降，糖、氮消耗过快，发酵液发黏，菌丝自溶，产物分泌减少或停止，有时甚至会使已产生的产物分解，有时也会使发酵液发臭，产生大量泡沫。此时应降温培养，减少补料，密切注意代谢变化情况，发酵单位到达一定水平后可以提前放罐，抗生素生产中可以将高单位发酵液输送一部分到染菌罐抑制杂菌。

（4）发酵后期：发酵后期发酵液内已积累大量的产物，特别是抗生素，对杂菌有一定的抑制或杀灭能力。因此如果染菌不多，对生产影响不大。如果染菌严重，可以提前放罐。

（二）染菌的检查

1. 无菌检测

采用显微镜观察和肉汤培养法。

2. 无菌试验法

采用肉汤培养法和平板培养法。

3. 试剂盒检测法

试剂盒检测法是发酵工业中无菌检测的新趋势，具有快速、高效、专一的优点。

4. 染菌率的计算

总染菌率指发酵染菌的批（次）数与总投料批（次）数之比，染菌批（次）数应包括染菌后培养基经重新灭菌后又再次染菌的批（次）数。这是习惯的计算方法，也是我国统一的计算方法。

$$染菌率/\% = \frac{发酵染菌批(次)数}{总投料批(次)数} \times 100\%$$

（三）染菌（包括染噬菌体）的处理

1. 污染杂菌的处理

种子罐：灭菌后弃之。

发酵罐：前期染菌，如危害大，则灭菌后弃之；危害小，灭菌后重新接种继续使用，严密监视，继续运行。中后期后，加杀菌剂抑制杂菌、降低培养温度或控制补料抑制杂菌，若不能抑制，则提前放罐。

发酵设备：用甲醛等化学试剂处理，蒸汽灭菌，下次使用前，需彻底清洗罐体、附件，同时检测防止渗漏。

2. 污染噬菌体的处理

高压蒸汽灭菌后弃之，严防发酵液任意流失。全部停产，对环境进行全面清洗和消毒，断绝噬菌体的寄生基础。更换生产菌种，筛选抗噬菌体菌种，防止噬菌体重复感染。应特别注意温和噬菌体的污染。

四、发酵参数的检测和控制

在没有弄清生产菌控制其代谢活动的机制之前，发酵过程的控制主要依赖于能反映发酵过程变化的参数的控制。建立各种监测系统，对于发现和分析发酵过程中出现的问题，及时对发酵过程实施人工控制，是发酵过程高产和稳产的重要条件。目前还不能对次级代谢产物的发酵过程进行最佳控制，难以确定什么样的环境条件可使发酵产物的合成达到最佳的产率。其主要困难是缺少各种可以在发酵罐中"在线"测定的探测传感器，如细胞浓度、细胞活性、关键性酶的活性等参数。例如，发酵行业中检测细胞浓度的方法还是依靠定时从发酵罐中取样"离线"测定的方法。这种方法不但繁琐、费时，而且不能及时反映发酵系统中的状况，发酵过程控制只不过是执行事先拟定好的工艺操作计划。

　　用于发酵工程中的传感器，除了应满足对一般测量仪器的要求外，还应具有如下几方面的特性：传感器能安装在发酵罐内，耐受高压蒸汽（120～135 ℃，30 min 以上）无菌处理；传感器及二次仪表具有长期工作稳定性，在1～2周内测定误差应小于5%；最好能在使用过程中随时校正；材料不易老化，使用寿命长；传感器探头安装和使用方便；探头不易被物料粘住、堵塞；价格便宜。

　　目前已设计出先进的能在发酵罐内装设的传感器有测定温度、pH、溶氧、氧化还原电位、泡沫和液位等参数的传感器；但是还有许多重要的传感器，特别是能监测化学物质变化的生物传感器还难以在罐内使用。为此，在生产实践中可用如下补救办法使用这些传感器达到在线测定的目的：用化学试剂如环氧乙烷、过氧乙酸或季铵盐类等对传感器进行冷灭菌，然后用无菌手续安装到罐内，这种方法只适用于小型发酵罐。采用连续取样或罐外循环的办法，把不耐热的传感器安装在罐外流动样品槽内，以便用化学试剂对整个罐外循环系统灭菌，灭菌后再用无菌水冲洗，然后与发酵罐内接通；用多孔氟塑料管道（透气法）监测惰性载气带出的样品（如 O_2、CO_2、有机化合物乙醇等）；以水为载体利用透析装置使发酵液中的低分子化合物透过半透膜，进入水中被输送到有传感器的容器中测定。

　　反映发酵过程变化的参数可以分为两类，一类是可以直接采用特定的传感器监测的参数，包括各种反映物理环境和化学环境变化的参数，如温度、压力、搅拌功率、转速、泡沫、发酵液黏度、浊度、pH、离子浓度、溶解度、基质浓度等，又称为直接参数；另一类参数是到目前为止还没有可供使用的传感器监测的参数，包括细胞生长速率、产物合成速率和积累速率、呼吸熵等。这些参数需要根据一些直接监测出来的参数，借助电脑快速运算的功能和特定的数学模型才能得到。因此这类参数又称为间接参数。

　　随着电脑技术的发展，人们已设计出可以控制和管理发酵系统的小型电脑。利用电脑运算速度快的特点，根据能够在线测量得到的各种参数和提供的数学模型，可推算发酵系统中的基质和细胞浓度的瞬时值。例如，发酵过程的氧呼吸可通过系统中氧的平衡求得，根据氧的吸收和其他参数，并借助一定的数学模型可间接求得细胞浓度和生长速率。因此，缺少测量细胞浓度的传感器似乎不再是对发酵过程实施控制的障碍。

发酵工程实例：发酵罐生产酵母菌

　　生物反应器是发酵工程的重要组成部分，是生物技术转化为产品的关键设备，在发酵工程中处于中心地位。机械搅拌式生物反应器又称发酵罐，是进行液体发酵的特殊设备。实验室使用的小型发酵罐，其容积可从1 L至数百升。发酵罐配备有控制器和各种电极，可以自动调控实验所需的培养条件，是微生物学、遗传工程、医药工业等科学研究必需的设备。一般小型台式玻璃生物反应器置于高压中灭菌；而金属制生物反应器的灭菌是采用夹套层蒸汽加热灭菌的方式进行的，可将反应器内培养液的温度升至121 ℃，达到灭菌的效果。灭菌后的培养基冷却至培养温度后，即可接种培养。接种时，严格按照无菌操作进行，避免杂菌污染。整个装置处于工作状态时，必须保持无菌状态。操作结束后，必须移走培养液，并进行罐体清洗等。本实例介绍采用发酵罐生产酵母菌的具体步骤与方法。

一、pH 电极校正

（1）清洗发酵罐，将配制好的培养基加入罐内。

（2）pH 电极的校正

将 pH 电极浸入 pH 7.0 的缓冲液（0.2 mol/L Na_2HPO_4 16.47 mL、0.1 mol/L 柠檬酸 3.53 mL）中，获得稳定读数时立即将 pH 表设定到缓冲液的 pH 值。用蒸馏水漂洗电极玻璃球泡部位，然后用软纸轻轻擦干，再浸入第二种 pH 9.2 的缓冲液（1/15 mol/L Na_2HPO_4）或 pH 4.0 的缓冲液（0.2 mol/L Na_2HPO_4 7.71 mL、0.1 mol/L 柠檬酸 12.29 mL）中，获得稳定读数后，pH 电极的校正完毕。

二、培养基灭菌

（1）在反应器安装就绪后，接通电源，打开控制台总开关，开启冷却水阀，分别按下温度、pH、溶解氧、搅拌器开关键，调节搅拌器转速（约 1 000 r/min），调整灭菌时间（30 min），设置灭菌温度（121 ℃）。按下灭菌开关键，启动蒸汽发生器，产生蒸汽，对罐底夹套层进行加热，罐内温度逐渐上升，待温度升至 105 ℃ 左右时，关闭废气出口阀。温度继续上升至灭菌温度，自动保温至设定时间后，由冷却水自动冷却至设置的发酵温度。

（2）溶氧电极的校正

在培养基灭菌时，当温度达到 121 ℃，即可在控制面板上设置 DO 值为 0，在培养基灭菌结束后，温度达到设置的发酵温度，且在通气量最大和搅拌器转速最大时，设置 DO 值为 100%，溶氧电极的校正完毕。

三、接种与培养

1. 确定培养条件

通入反应器的空气是从空压机经空气过滤器而成的无菌空气，再由空气分布管送入灭过菌的培养罐内。在控制台上设定所需的搅拌转速（400 r/min）、发酵温度（28 ℃）、pH（5.5），并将空气流量计的流量调至确定值。

2. 接种与培养

将事先培养好的培养液（在三角瓶中进行摇床培养，处于对数生长期的细胞，以无菌操作方式倒入已灭过菌的、带有插在保险管套筒内的注射针及软管的三角瓶内）由接种口接入罐内。接种时，要在接种口的隔膜周围放上浸有酒精的棉花或用 1~3 mL 乙醇覆盖点燃，以产生上升的气流来防止杂菌污染。将接种塞从无菌筒内取出，然后将接种针穿过火焰和隔膜，慢慢插入中心部位，拧紧连接螺帽，直至插入部分固定。接种量大体上是培养液的 10%。调节 pH 和泡沫时，可将酸液和碱液及消泡剂装入三角瓶，灭菌后，分别经蠕动泵与反应器连接，与罐体连接的方法与接种相同。这样，通过控制台的自动控制，就可以自动连接流加，使罐内保持所需 pH 和泡层状态。

3. 取 样

为了了解培养过程中反应物的变化情况，必须定时进行取样监测。取样时，要关闭排气口，使罐内处于正压状态，打开取样口，培养液即可自动流出。在下一次取样时，必须注意将残液放净后再取样。

思 考 题

1. 生产抗生素的微生物能不能用于生产氨基酸？

2. 什么是自然选育？主要步骤有哪些？设计实验方案，从土壤中筛选出高产碱性蛋白酶的芽孢杆菌。

3. 根据国家规定，哪几种微生物作为食用无需进行毒性试验？为什么？

4. 什么是诱变育种？以紫外线诱变育种为例，简述其主要步骤。

5. 什么是菌种退化？菌种保藏的原理是什么？主要方法有哪些？

6. 培养基由哪些化学成分组成？这些成分的来源有哪些（尤其是 C、N 源）？各成分的作用是什么？在应用天然 C、N 源时应注意什么问题？

7. 面对日益严重的粮食危机，从可持续发展角度叙述发酵工业中原料转化的意义。

8. 相同条件下，湿热灭菌法为什么比干热灭菌法效果好？

9. 什么是分批灭菌、连续灭菌？连续灭菌的优点和缺点是什么？

10. 设计一套工业培养基灭菌流程。

11. 为什么 pH 电极在生物反应之前要进行校正？应注意哪些事项？

12. 为什么在生物反应之前要对 DO 电极进行校正？是否每次反应都必须校正？为什么？

参考文献

[1] 曹军卫，马辉文. 微生物工程[M]. 北京：科学出版社，2002.

[2] 岑沛霖. 生物工程导论[M]. 北京：化学工业出版社，2004.

[3] 贺小贤. 生物工艺原理[M]. 北京：化学工业出版社，2003.

[4] 李艳. 发酵工业概论[M]. 北京：中国轻工业出版社，1999.

[5] 沈自法，唐孝宣. 发酵工厂工艺设计[M]. 上海：华东理工大学出版社，1994.

[6] 斯坦伯里 P F，惠特克 A. 发酵工艺学原理[M]. 北京：中国医药科技出版社，1992.

[7] 尹光琳，战立克，赵根楠. 发酵工业全书[M]. 北京：中国医药科技出版社，1992.

[8] 张卉. 微生物工程[M]. 北京：中国轻工业出版社，2010.

[9] 周德庆. 微生物学教程[M]. 北京：高等教育出版社，2011.

[10] BLACK J G，LEWIS L M. Microbiology：principles and explorations[M]. 6th Ed.，New York：John Wiley & Sons，2005.

[11] CRUEGER W，CRUEGER A. A textbook of industrial microbiology[M]. 2nd Ed.，Madison：Science Tech，Inc, 1990.

[12] LEE J M. Biochemical engineering[M]. Englewood Cliffs：Prentice Hall Inc, 1992.

第六章 生物技术在农业上的应用

【内容提要】

（1）分子育种在农业上的应用现状和方法；

（2）介绍试管苗木的国内外研究状态，基本的概念、原理和应用；

（3）简要介绍无土栽培的研究进展、优点、栽培方式与设施；

（4）简要介绍国内外设施农业发展现状、功能、意义、面临的形势和问题及应采取的对策；

（5）对生物农药进行了简要介绍，分别介绍了病毒农药、细菌农药、真菌农药、抗生素农药、植物源农药及动物源农药；

（6）简要介绍了植物修复的类型、植物种类及在环境污染中的应用；

（7）介绍了生物信息学发展的历程、研究的方向及数据库的建立和检索方法等；

（8）生物技术在食品及农产品加工中的应用。

生物技术是由多学科综合而成的一门新学科，就生物科学而言，它包括了微生物学、生物化学、细胞生物学、免疫学、育种技术等几乎所有与生命科学有关的学科，其基础知识及相关内容主要包括基因工程、细胞工程、酶工程、发酵工程、蛋白质工程、生物芯片、人类基因组计划与研究方法。

生物技术对农业的有利影响主要表现在两个方面：一是生物技术有助于提高畜禽的生命力以及消灭竞争者，促进畜禽生长的物质有生长激素以及促进其生长的调节剂，这些物质可由基因工程而获得；二是生物技术在提高农作物产量、质量的同时，有助于提高畜牧业的生产力发展水平。

第一节 分子育种

1983 年，世界上第一例转基因植物在美国成功培植，标志着转基因技术的正式诞生。在随后近 20 年时间里，转基因技术获得了迅猛发展，2001 年全球转基因（genetically modified，GM）作物种植面积超过 5000 万公顷，2010 年达 1.48 亿公顷，2014 年达 1.815 亿公顷。其中，美国的转基因作物种植面积最大，主要作物为玉米、大豆、棉花、油菜等。全球从转基因作物中获益的农民数量从 2000 年的 350 万人增加到 2014 年的 1800 万人。

目前全世界 80% 的转基因农作物出自孟山都（Monsanto）、杜邦等 5 家跨国公司。这些公司拥有相关基因、作物和种子的专利权，对转基因产品的市场拥有垄断性的控制权。

美国是转基因技术应用最多的国家。自 20 世纪 90 年代初将基因改制技术实际投入农业生产以来，目前占美国农产品年产量 70% 的大豆、45% 的棉花和 40% 的玉米已逐步转化为通过基因改造方式生产，其种植面积占全球转基因作物种植总面积的 36.8%。目前，有 20 多种转基因农作物的种子已经获准在美国播种，包括玉米、大豆、油菜、土豆和棉花等。从 1999—2004 年，美国基因工程农产品和食品的市场规模从 40 亿美元扩大到 200 亿美元，预计到 2019 年将达到 750 亿美元。在英国则有几千种加工食品（包括粮、肉、奶、糖等）含有转基因或基因修饰产物成分，阿根廷、加拿大也是转基因农业生产发展迅速的国家。

2010 年，全球转基因作物种植面积的前六名分别是美国、巴西、阿根廷、印度、加拿大和中国。其中，美国种了 6 680 万公顷、巴西 2 540 万公顷、阿根廷 2 290 万公顷、印度 940 万公顷、加拿大 880 万公顷、中国 350 万公顷，这 6 个国家种植了全世界 92.4% 的转基因作物。

近年来，我国的转基因研究取得了较大进展，并且在基因药物、转基因作物、农作物基因图谱与新品种等方面具有相对比较优势，但真正进入商业化生产的则较少。就农作物而言，获得转基因生产应用安全证书并在有效期内的作物有棉花、水稻、玉米和番木瓜（见农业部网站 http：//www.moa.gov.cn/ztzl/zjyqwgz/权威发布）。但取得了转基因生产应用安全证书后并不能马上进行商业化种植，转基因作物还需要取得品种审定证书、生产许可证和经营许可证，才能进入商业化种植。

我国是世界上第二个拥有转基因抗虫棉花自主知识产权的国家，国内已有多个抗虫棉品种通过审定，2014 年转基因棉花的种植面积占棉花种植总面积的 93%，累计推广面积达 390 万公顷，极大地减少了农药用量，增加了皮棉产量。

在我国的进口转基因作物中，每年大约有价值 10 亿美元的转基因大豆来自美国和阿根廷，总数量相当于我国全部的大豆产量。

一、生物技术在诱导植物雄性不育中的应用

许多植物中都存在雄性不育的现象，是基因自然突变的结果。利用现代生物技术方法可以诱导植物雄性不育，从而产生新的不育材料，为育种服务。人们已在基因工程技术、组织培养、原生质体融合、体细胞诱变和体细胞杂交等等方面进行了有益的探索，并取得了一定的成就。

植物雄性不育从基因控制水平可分为细胞质雄性不育和核雄性不育。细胞质雄性不育性状既有核基因控制又有核外细胞质基因控制，表现为核质相互作用的遗传现象。植物细胞质雄性不育是研究植物的线粒体遗传、叶绿体遗传和核遗传的极好材料。可以结合性状遗传、细胞遗传、分子遗传进行研究。

在农业生产中以此理论为基础，建立了三系育种体系：在这个体系中包括① 不育系——其雄蕊中的花药是不育的，无法实现传粉受精作用，而其雌蕊是可育的；② 保持系——其作用是给不育系授粉，杂交后代仍然保持雄性不育性状；③ 恢复系——该品系含恢复基因，给不育系授粉后其后代是可育的，并且能够形成杂种优势，从而提高农作物产量与品质。

植物核雄性不育性状是由细胞核内基因所控制的，目前的研究认为多数是由核内一对等位基因调控。有的核雄性不育基因会受到外界光照或温度等因素的影响。

随着雄性不育研究的不断深入，研究技术也不断改进，产生可遗传的不育性状的技术方法很多，主要有基因工程技术、远缘杂交核置换、辐射诱变、体细胞诱变、组织培养、原生质体融合和体细胞杂交等。远缘杂交核置换仍然是目前培育植物雄性不育的主要方法。

植物雄性不育及杂种优势利用，已成为现代粮食作物和经济作物提高产量、改良品质的一条重要途径，无论是其理论研究还是实践应用，都日益受到各国科学界和政府的广泛重视。我国作为一个人口大国，这方面的工作显得更加重要，杂交水稻的大面积推广和杂种优势的理论研究均被列入国家的 863 计划和攀登计划等重大研究计划中，并已取得令世人瞩目的巨大成就。

二、生物技术培育抗逆性作物品种

抗逆包括抗病、抗虫、抗盐碱、抗旱、抗涝、抗寒。利用苏云金杆菌毒蛋白对鳞翅目昆虫的特异毒性作用是在抗病虫基因工程中应用最成功的；利用转基因的山梨醇-6-磷酸脱氢酶或甘露醇-3-磷酸脱氢酶抗盐碱已初获成果；利用转基因厌氧条件下酒精脱氢酶抗涝，利用歧化酶和过氧化物酶抗寒的工作也初见端倪。

（一）培育抗除草剂作物

草甘膦（glyphosate）是一种广谱除草剂，它具有无毒、易分解、无残留和不污染环境等特点，得到了广泛的应用。它的靶位是植物叶绿体中的一个重要酶——内丙酮莽草酸磷酸合成酶（EPSP），草甘膦通过抑制 EPSP 的活性而阻断了芳香族氨基酸的合成，最终导致受试植株死亡。目前已从细菌中分离出一个突变株，它含有抗草甘膦的 EPSP 突变基因。把抗草甘膦基因引入植物，可使这种基因工程作物获得抗草甘膦的能力。此时若用草甘膦除草，则可选择性地除掉杂草，而这种作物因不受损害而生长。美国科学家已成功地将这种突变了的抗草甘膦的 EPSP 基因引入烟草中，转化植株获得了抗草甘膦的能力。

膦丝菌素（phosphinothricin，PPT）是非选择性的除草剂，也是植物谷氨酰胺合成酶（GS）的抑制剂。GS 在氨的同化作用和氨代谢过程中起关键的作用，而且也是唯一的一种氨解毒酶。GS 在植物细胞中的代谢过程中也非常重要，抑制 GS 的酶活性将导致植物体内氨的迅速积累，并最终引起其死亡。

（二）培育抗病虫作物

由于传统的杂交育种技术受植物种属的限制，杂交后代在接受了亲本的某些优良性状的同时也可能接受其不良性状，需要长时间多世代的大量选育，才能获得理想的优良品种，大大限制了育种工作的进展，不能满足农业生产高速发展的需要。在抗虫育种方面，由于人们对害虫与宿主植物之间相互作用的复杂关系、植物本身的抗虫性能等了解甚微，所以植物（特别是林木）抗虫育种工作远远落后于其他改良农作物性状的遗传育种的进程。各种害虫每年直接或间接地给农、林业生产造成巨大的损失，在有些地方还给环境造成严重的污染，如我国北方地区杨树的舞毒蛾及天牛危害就很严重;美国 1992 年有 300 万公顷的林木受到舞毒蛾危害。到目前为止虽然生物杀虫剂的应用越来越广，但是主要的防虫措施仍然是大量使用化学杀虫剂。长期大量施用化学杀虫剂使环境污染日趋严重，大大危害人类的健康，影响畜类、水产类等的生长发育，也使害虫对化学杀虫剂产生抗性。1992—1993 年，我国棉铃虫的大流行给棉花生产造成近百亿元的巨大损失，主要原因之一是长期大量使用化学农药。如果人类继续依赖化学杀虫剂来防治害虫，类似的虫灾悲剧可能会愈演愈烈、愈演愈频繁，改变原来只依赖化学农药的防虫策略，寻求新的抗虫途径势在必行。

20 世纪 80 年代以来，植物生物技术的迅速发展和以苏云金杆菌分内毒素基因为主的各种杀虫蛋白基因的发现和克隆激发了人们开始用基因工程手段进行抗虫育种的研究。利用植物基因工程技术可以打破种属间难以杂交的界限，将任何来源的有用基因很快转入植物染色体上，从而有目的地快速改变植物的性状。将杀虫蛋白基因转入植物使植物，获得对某些昆虫的抗性已成为植物抗虫育种的一条新途径，即分子抗虫育种。通过这一途径获得的抗虫转基因植物可以一定的方式（组成型、诱导型、发育调控型或组织特异型等）表达抗虫基因。这种抗虫植物的应用可避免反复喷洒农药、有的部位不易喷药及有的生物杀虫剂在自然界不稳定等缺点，节约人力和物力，减少农药造成的环境污染，在促进农林业生产和改善人类生存环境方面会发挥巨大的经济和社会效益。

（三）转基因作物品质改良

改良品质涵盖的范围十分广泛，包括改良作物的蛋白质、淀粉、油脂、铁、维生素和甜味的含量或品质，改良花卉的花色、形态、香味、花期和光周期，改良棉花的保暖性、色泽、强度、长度等纤维品质，改良马铃薯加工性能，降低作物中的有毒、过敏源等有害成分，改良饲料作物和牧草的营养成分及其可消化性等。

2000 年，瑞士科学家将黄水仙中的 3 个合成 β-胡萝卜素的基因转入稻米中，培育成富含 β-胡萝卜素的金大米（第一代金大米），在国际上引起了轰动，但其中的 β-胡萝卜素含量仅为 1.6 mg/kg。2005 年，英国先正达种子公司开发出第二代金大米，转入玉米中的对应基因。与第一代金大米相比，第二代金大米中 β-胡萝卜素的含量达到前者的 20 多倍，科学家们甚至计划将 β-胡萝卜基因、增加铁离子和蛋白质的基因等聚合到水稻中，使之具有更全面的营养功能。

Martineau 等报道，编码异戊烯转移酶（isopentenyl transferase, ipt）在番茄子房中表达可提高内源细胞激动素的水平，他们采用的 ipt 基因来自土壤农杆菌，启动子在番茄子房特异表达，用农杆菌转化，转基因番茄的子房中细胞激动素含量比未转化的高 2 ~ 3 倍。经过 3 年大田试验和选育，转基因株系果实总可溶固型物含量得到显著提高，有些株系糖酸比（sugar to acid ratio，SAR）提高。此项研究说明，提高细胞激动素水平可加强对糖和有机酸沉积的强度（sink strength）。对番茄工业来说，增加果实固型物意味着降低运输成本以及与水分蒸发相关的番茄酱加工的成本;对鲜番茄市场来说，增加果实固型物，糖和有机酸的增加给鲜果以风味，因此增加番茄果实固型物具有重要的经济意义。

花生引起的过敏是最常见、最致命的食物过敏之一，主要原因是花生中含有编码致敏蛋白质的基因。美国佐治亚大学等单位的植物生物学家们已尝试用遗传工程方法创造低过敏原花生。

第二节 试管苗木

自 20 世纪 60 年代以来，利用生物技术育种的植物已达近 1 000 种。1978 年，美国豪惠公司利用北卡罗英纳州立大学南方林业研究中心火炬松优树的组培苗进行小面积的造林，到 1983 年美国苗圃已经有 100 万株左右的组培苗，另外德国、法国、加拿大、巴西也在不同育种领域进行了比较系统的研究，试管苗木育种进入实用化阶段。中国科学院、中国林科院林业研究所、南京林业大学、北京林业大学、东北林业大学和许多地方林业科学研究所和学校都开展了这方面的研究，先后分别有杨属、杉木、马尾松、泡桐、桉树、落叶松、火炬松、湿地松、马褂木、柚木和竹子等物种从器官、成熟胚、花药和愈伤组织诱导成苗。自 1983 年国家实施"六五"林业科技攻关计划以来，我国的林木组培苗研究已从实验室走向工厂化大生产。

林木细胞工程育种主要有体细胞胚胎发生、植株再生和人工种子技术。细胞工程育种的理念主要来源于 1902 年 Haberlandt 提出的植物细胞的全能性，通过植物体细胞杂交原生质体的分离。植物细胞之间有果胶质粘连，每个细胞之外还有一层纤维素组成的壁，在分离原生质体时，要在一定浓度的酶液（果胶酶与纤维素酶）中保温消去果胶质与纤维素后才能使原生质体分离出来，然后使原生质体融合。不同种之间原生质体的融合，须选用融合诱导剂诱导，细胞融合后要把杂种细胞选择出来，利用生化指标和遗传标记来选择和鉴定。例如，使用天然的或人工诱变的突变体如白化苗、营养缺陷型、抗药性突变体等或根据不同材料对激素的敏感性不同、生长差异等来设计适合的选择系统。如果融合的原生质体一个是白化，另一个具叶绿体，就可用机械的方法把融合的细胞在倒置显微镜下挑选出来进行培养。这些细胞培养到各个发育阶段，如愈伤组织、分化苗和根，都需要更换培养基继代培养。

一、体细胞胚胎发生

体细胞胚胎发生是指单细胞或一群细胞被诱导，不断再生非合子胚并萌发形成完整植株的过程。离体培养下没有经过受精过程，但经过了胚胎发育过程所形成的胚的类似物（不管培养的细胞是体细胞还是生殖细胞），统称为体细胞胚或胚状体。

（一）体细胞胚的形成

1. 体细胞胚从外植体上直接发生

在以叶片为外植体的培养中，体细胞胚的直接形成可分为两个阶段：第一个阶段为诱导期，在此阶段，叶片表皮细胞或亚表皮细胞感受培养刺激，进入分裂状态；第二个阶段是胚胎发育期，在这一阶段，形成的瘤状物继续发育，经过球形胚、心形胚等发育过程，最后形成体细胞胚。

2. 经过愈伤组织的体细胞胚发生

经过愈伤组织的胚胎发生需要 3 个培养阶段：第一阶段是诱导外植体形成愈伤组织，第二阶段是诱导愈伤组织胚性化，第三阶段是体细胞胚形成。

在以幼胚、胚以及子叶为外植体时，通常可以直接诱导胚性愈伤组织产生，进而发生体细胞胚。因此，经过愈伤组织的体细胞胚发生，胚性愈伤组织的形成是培养的关键。进而发生原胚，经过不同时期完成体细胞胚发育。

3. 细胞悬浮培养的体细胞胚发生

在胡萝卜细胞悬浮培养中，体细胞胚形成的细胞学观察表明，培养物中存在两种类型的细胞：一是自由分散在培养基中的大而高度液泡化的细胞，这类细胞一般不具备胚胎发生潜力；二是成簇成团的体积小而细胞质致密的细胞，这类细胞具有成胚能力，因而把这类细胞团又称为胚性细胞团。

胚性细胞团转移到适宜的胚胎发生培养基上以后，其外围的许多细胞开始第一次不均等分裂，靠近细胞团方向的一个细胞较大，以后发育成类似胚柄的结构。另一个细胞则继续分裂形成类似原胚的结构，以后经过类似于体内的发育过程，经球形期、心形期等发育阶段形成完整的体细胞胚。

通过悬浮细胞系再生体细胞胚，由于胚性细胞可以继代增殖，因此可以提高胚胎的生产效率。

（二）体细胞胚的结构与发育特点

与器官发生形成个体的途径相比，体细胞胚发育再生植株有两个明显的特点，一是体细胞胚具有双极性（double polarity）；二是体细胞胚形成后与母体的维管束系统联系较少，即出现生理隔离（physiological isolation）现象。

由于大多数体细胞胚起源于单细胞，因此对于单个植株来讲，通过体细胞胚形成的再生植株，其遗传特性相对稳定。

与合子胚相比，合子胚在发育初期具有明显的胚柄，而体细胞胚一般没有真正的胚柄，只有类似胚柄的结构。合子胚的子叶是相当规范的，可以作为分类的依据，而体细胞胚的子叶常不规范，有时具有两片以上的子叶。与相同植物比较，体细胞胚的体积明显小于合子胚。体细胞胚没有休眠而则直接形成植株，合子胚在胚胎发育完全进入子叶期以后，经过一系列的物质积累和脱水后进入休眠。

二、植株再生

植株再生是指从外植体上通过各种途径直接或间接诱导出再生植株的培养，是利用细胞的全能性，通过愈伤组织途径或直接再生途径，获得再生植株，用的材料是叶片、茎尖、子叶等。

（一）植物细胞的全能性

植物细胞的全能性是指任何具有完整细胞核的植物细胞，都拥有形成一个完整植株所必需的全部遗传信息和发育成完整植株的能力。愈伤组织（callus）指植物在受伤之后于伤口表面形成的一团薄壁细胞，在组织培养中指在人工培养基上由外植体组织的增生细胞产生的一团不定形的疏松排列的薄壁细胞。分化（differentiation）是指细胞在分裂过程中发生结构和功能上的改变，在个体发育中形成各类组织和器官，完成整个生活周期。脱分化（dedifferentiation）是指已分化好的细胞在人工诱导条件下，恢复分生能力，回复到分生组织状态的过程。再分化（redifferentiation）是指脱分化后具有分生能力的细胞再经过与原来相同的分化过程，重新形成各类组织和器官的过程。

（二）愈伤组织的培养

1. 愈伤组织形成的条件

（1）外植体

植物的形成层、皮层、髓、次生韧皮部及木薄壁组织和表皮等都能形成愈伤组织，诱导愈伤组织成败的关键不在于植物材料的来源，而在于诱导的条件。植物不同组织脱分化能力不同，越幼嫩的组织脱分化能力越强，在决定选用一个合适的材料时，必须考虑以下一些因素：

① 取材部位；

② 取材植株的质量：植株健壮，生理状态良好；

③ 离体材料（外植体）的大小：切块的直径一般在 0.5 cm 左右，太小产生愈伤组织的能力弱；太大在培养瓶中占地方太多，易污染。

（2）培养条件

培养条件包括培养基和植物生长调节物质、培养方式（固体培养和液体培养）和外部环境（光、温度）。植物生长调节物质是诱导愈伤组织极为重要的因素。用于诱导愈伤组织形成的常用生长素是 2, 4-D、IAA 和 NAA，所需浓度在 0.01～10 mg/L 范围内，很多情况下，单独用 2, 4-D 就可以成功地诱导愈伤组织发生，但是 2, 4-D 浓度过低（10^{-3} mg/L）时，生长会受到抑制。常用的细胞分裂素是激动素和 6-BA，使用的浓度范围在 0.1～10 mg/L。生长素和细胞分裂素对保持愈伤组织的快速生长是必要的，特别是两者结合应用时，能更强烈地刺激愈伤组织的形成。

2. 愈伤组织形成过程

从单个细胞或一块外植体形成典型的愈伤组织，大致要经历以下 3 个时期：

（1）诱导期

诱导期是细胞准备恢复分裂的时期及愈伤组织形成的起点。处在静止状态的成熟细胞通过一些刺激因素和激素的诱导作用，其合成代谢活动加强，迅速进行蛋白质和核酸物质的合成，细胞大小变化不大。

诱导期的长短因植物种类和外植体的生理状况和外部因素而异，如菊芋的诱导期只要 22 h，而胡萝卜需要几天时间，若菊芋块茎经 5 个月的贮藏，诱导期则需延长到 40 h。

（2）分裂期

分裂期指细胞通过一分为二的分裂，不断增生子细胞，即发生脱分化的过程。经过诱导期之后，外植体外层细胞开始迅速分裂。在这一时期由于细胞分裂的速度大大超过了细胞伸展的速率，细胞体积迅速变小，逐渐恢复到分生状态。该时期的特点为：细胞的数目迅速增加；每个细胞平均鲜重下降；子细胞具体积小，内无大液泡，和根茎尖的分生组织细胞一样；细胞的核和核仁增大到最大；细胞中 RNA 含量增高，RNA 含量最高时，标志着细胞分裂进入了高峰期；组织的总干重、蛋白质和核酸含量逐渐增加，新细胞壁的合成极快。

此时愈伤组织的形态特征为：细胞分裂快，结构疏松，缺少有组织的结构，维持其不分化的状态。

脱分化因植物种类和器官及其生理状况而有很大差别，如烟草、胡萝卜等脱分化较易，而禾谷类的脱分化较难；花器官脱分化较易，而茎叶较难；幼嫩组织脱分化较易，而成熟的老组织较难。

愈伤组织生长特点：愈伤组织的增殖生长只发生在不与琼脂接触的表面，而与琼脂接触的一面极少细胞增殖，只是细胞分化形成紧密的组织块。因此，由于愈伤组织的迅速增殖，组织小块变成了不规则的馒头状的块状结构。它是愈伤组织表面或近表面瘤状物生长的结果。

愈伤组织的继代培养：愈伤组织块若在原培养基上继续培养，由于其中营养不足或有毒代谢物的积累，会导致愈伤组织块停止生长，直至老化变黑死亡。因此，若要愈伤组织继续生长增殖，必须定期（如 2～4 周）将它们分成小块，接种到新鲜的原培养基上继代培养，愈伤组织可长期保持旺盛的生长。但长时间继代培养的细胞会出现染色体丢失，影响愈伤组织的再分化。

（3）形成期

形式期指外植体细胞经过诱导期和分裂期后形成了无序结构的愈伤组织时期。其主要特征为：细胞的体积突然不再减小；细胞分裂部位和方向发生改变，分裂期的细胞分裂局限在组织的外缘，主要是单周分裂，在形成期开始后，愈伤组织表层细胞的分裂逐渐减慢，直至停止，愈伤组织内部深处局部地区的细胞开始分裂，使分裂面的方向改变，出现了瘤状结构的外表和内部分化；分生组织瘤状结构和维管组织形成，当愈伤组织生长速度减慢时，就形成由分生组织组成的瘤状结构，它变成不再进一步分化的生长中心，而在其周缘产生扩展的薄壁细胞；出现各种类型的细胞，如薄壁细胞、分生细胞、管胞、石细胞、纤维细胞、色素细胞、毛状细胞、细胞丝状体等；生长旺盛的愈伤组织一般呈奶黄色或白色，有光泽，也有淡绿色或绿色的，老化的愈伤组织多转变为黄色甚至褐色。

以上对愈伤组织形成过程时期的划分并不具有严格的意义，实际上分裂期和形成期往往可以出现在同一块组织上。植物细胞脱分化并不一定形成愈伤组织，越来越多的实验表明，植物细胞脱分化可以直接分化为胚性细胞而形成体细胞胚。

3. 愈伤组织的类型

根据愈伤组织有无胚性分为胚性愈伤组织和非胚性愈伤组织，根据愈伤组织的质地分为松脆愈伤组织和致密愈伤组织（表 1.6.1），松脆愈伤组织和致密愈伤组织之间可以相互转化。

表 1.6.1 愈伤组织的特点

	松脆愈伤组织	致密愈伤组织
组织状态	细胞间由大而未分化的细胞分开，胞间隙大，排列无次序	内部由管状细胞组成维管组织，细胞间有果胶质，紧密地粘连在一起
活动状态	有大量的分生组织中心，可进行活跃的细胞分裂	为高度液泡化的细胞，很少进行分裂分化
培养状况	易分散，可进行悬浮培养	不易分散，不能悬浮培养
转变方法	减低或除去生长物质	加入高浓度的生长物质

在不同的实验中由于目的不同，对愈伤组织状态的要求也不完全相同，优良的愈伤组织通常必须具备的特性：高度的胚性或再分化能力，以便从这些愈伤组织中得到再生植株；容易散碎，易于建立优良的悬浮系；旺盛的自我增殖能力，以便用这些愈伤组织建立大规模的愈伤组织无性系；胚性的保持力强，即长期继代胚性不丧失，以便可以对其进行各种遗传操作。

4. 愈伤组织细胞的分化

愈伤组织在离体培养过程中，组织和细胞的潜在发育能力可以在某种程度上得到表达，伴随着反复的细胞分裂，又开始新的分化。

在分化过程中，植物生长调节剂的作用是极为明显的，合适的植物激素配比在器官分化中起着重要的作用。当生长素与细胞分裂素的比例高时，仅形成根，生长素与细胞分裂素的比例低时则产生苗。

生长素对维管组织分化过程有显著影响。法国植物学家 Camus 最早将小的营养芽嫁接在一种菊苣属植物根的愈伤组织表面，这些愈伤组织由薄壁细胞组成，经培养一段时间后，愈伤组织已分化出维管组织。Wetmore 等用洋丁香芽嫁接于开始生长的愈伤组织上，培养后，在芽基部的周围发生了零星分布的分裂细胞团，稍后由它们又进一步分化成维管组织。而在远离芽的愈伤组织深处，这种细胞团却分化成瘤状的结构，瘤内木质部向心分布，韧皮部位于离心的一侧。后来证实，芽能诱导维管组织的分化与芽在生长时合成了某些植物激素有关。在蚕豆愈伤组织实验中，用含有蔗糖和生长素的琼脂能代替芽的作用，同样诱导维管组织的分化。一般来说，生长素浓度和木质部发生之间存在着一种反比关系，低浓度的生长素能刺激木质部的发生。

生长素对维管组织分化所起的作用在很大程度上取决于糖的存在。在洋丁香愈伤组织实验中，如果灌注到愈伤组织顶面缺口里的琼脂含有 0.05 mg/L IAA 和 1% 蔗糖，愈伤组织只能形成数量很少的木质部分；若保持生长素浓度不变，蔗糖水平达 2%，则有利于木质部的分化，但韧皮部很少形成；当蔗糖水平为 2.5% ~ 3.5% 时，木质部和韧皮部都能分化；蔗糖为 4% 时，只有韧皮部形成。

细胞分裂素也能刺激大豆子叶愈伤组织木质部的形成。对烟草愈伤组织木质部形成而言，IAA 和激动素之间存在协同作用。此外，生长素和赤霉素之间对木质部发生存在着刺激性的相互作用。乙烯也参与愈伤组织木质部的形成，如发现在缺乏乙烯的番茄突变体植株内，木质部没有导管，但产生乙烯的正常植株则有导管。硝酸银能抑制大豆愈伤组织木质部的分化，加入蛋氨酸可以克服硝酸银的抑制作用。

三、再生植株的获得——愈伤组织的形态建成

已分化的具有专一功能组织细胞，可通过改变细胞原来的结构、功能，而回复到无功能分工的分生组织状态，即愈伤组织状态。再从愈伤组织分生细胞团再分化，进行形态建成，可再产生完整的植株。

（一）愈伤组织形态建成

愈伤组织的形态建成，有器官发生和胚状体发生两种方式。

1. 器官发生

器官发生指细胞或愈伤组织培养物通过形成不定芽/不定根再生成植株，这是组织培养中常见的发生方式。愈伤组织的器官发生顺序有 3 种情况：

（1）先产生根，在组织培养中最常见的再分化是根的形成，但在培养中先形成根的，往往抑制芽的形成，尤其是单子叶植物。

（2）先形成芽，再在芽伸长后，在其茎的基部长出根而形成小植株，多数植物属于这种情况。

（3）先在愈伤组织的邻近不同部位分别形成芽和根，然后两者结合起来形成一株小植株。

2. 胚状体发生

胚状体（embryoid）：指在组织培养中起源于一个非合子细胞，经过胚胎发生和胚胎发育过程形成的具有双极性的胚状结构。

胚状体发生的方式最早在胡萝卜的组织培养中发现。现在大量实验证实，植物体细胞具有成胚的潜力，生长素和氮源是影响胚状体发生的两个特别重要的因素。

以离体条件下多数植物愈伤组织的体细胞胚发育，需要含 2,4-D 的培养基，其浓度范围为 $0.5 \sim 10$ mg/L，愈伤组织在这种培养基上，首先分化形成分生细胞团（称胚性细胞团）；在胚性细胞团发育到某一时段时，将之转移到生长素含量很低（$0.01 \sim 0.1$ mg/L）或完全没有生长素的培养基上，它们就能发育为成熟的胚。其他植物生长物质也能影响体细胞胚的形成，在南瓜中，NAA 和 IBA 能促进胚胎发生，有些研究者发现 0.1 μg/L 的玉米素可促进胡萝卜体细胞胚发生。

氮源培养基中的氨源形态也会显著影响离体条件下的胚胎发生。在野生胡萝卜叶柄节段的培养物中，只有在含一定数量还原态氮的培养基上才能有胚胎发生，用 NH_4^+ 和水解酪蛋白优于 NO_3^- 或谷氨酰胺。

胚状体具有两极性，即在发育的早期阶段，从方向相反的两端分化出茎端和根端，而不定芽或不定根都为单向极性；胚状体的维管组织与外植体的维管组织无解剖结构上的联系，而不定芽或不定根往往与愈伤组织的维管组织相联系；胚状体的维管组织的分布是独立的

"V"字形，而不定芽的维管组织无此现象。

（二）愈伤组织形态发生的调控

细胞和愈伤组织的形态发生，主要受外植体本身、培养基和培养环境等 3 大类因素的调控。

1. 外植体

虽然所有的植物细胞都具有全能性，能够重新形成植株，但各种细胞在表现全能性、重新形成植株的能力并不相同。这种差别不仅表现在同一植株的不同部位、不同器官和不同组织上，而且还表现在植物种类、年龄、生长季节和生理状态上。

2. 培养基

培养基的各种成分和物理性质，都对器官发生产生一定影响，但起决定作用的仍然是植物生长激素，特别是生长素和细胞分裂素的配比。

3. 培养环境

环境条件主要有光照和温度。

（三）人工种子技术

所谓人工种子，就是将组织培养产生的体细胞胚或不定芽包裹在能提供养分的胶囊里，再在胶囊外包上一层具有保护功能和防止机械损伤的外膜，造成一种类似于种子的结构。人工种子又称人造种子，是细胞工程中最年轻的一项新兴技术。最初是由英国科学家于 1978 年提出的。他认为利用体细胞胚发生的特征，把它包埋在胶囊中，可以形成种子的性能并直接在田间播种。这一设想引起人们极大的兴趣。1986 年，Redenbaugh 等成功地利用藻酸钠包埋单个体细胞胚，生产人工种子。胡萝卜、棉花、玉米、甘蓝、莴苣、苜蓿等人工种子的制作获得成功。

目前已有许多国家的植物基因公司和大学实验室从事这方面研究。欧共体将人工种子的研制列入"尤里卡"计划，我国也于 1987 年将其列入"863 计划"。经过 20 多年的努力，人工种子研究已取得了很大进展。一种新型的、像一粒粒小胶丸样的人造种子，正在雄心勃勃地带领着古老的种植业迈向新时代，它为解决日益困难的粮食问题带来了新曙光。现代遗传学研究证明，植物细胞具有全能性，每一个细胞都有可能生成一株完整的植株。1958 年，美国科学家斯蒂伍德将一棵胡萝卜根须上的细胞取下，经人工培养成了完整的胡萝卜植株并开花结果，这种方法是在玻璃试管中完成的，从此开创了"试管苗"的先河。但是，这种试管苗的培育环境要求无菌而且营养丰富，把试管苗移种大田，条件的变化使其成活率非常低。人造种子可有效解决上述难题。人造种子制作过程是先把植物幼苗的嫩茎切成极小的碎片，这些碎片叫胚状体，根据生物工程原理，每一碎片经处理后可长出根、茎、叶，成为一株幼苗。胚状体很娇嫩，为了适应环境必须给它穿上"外衣"，即给其包上一层如天然种子种皮一样的营养层和保护层，营养层为胚状体萌发及发育提供营养物质，保护层是一种入土后能自行溶解的高分子材料。人造种子可以保证种子发芽整齐划一，对管理和收获的机械化非常有利。人造种子可以在制作过程中用刺激细胞变异的方法培养新品种，或增强某种有用性获得高产优质的种子。人造种子还可加入天然种子没有的特殊成分，如固氮菌、杀虫剂和除草剂等。人造种子的使用可以节约大量的粮食，统计表明，我国每年种子的用量可达 150 亿千克，几乎是近 1 亿人一年的口粮。而制作人造种子，一株植物的嫩芽就可制出百万粒种子，可节约大量的粮食。

1. 制 作

种子能发育出新的植物体，首先是因为它有一个具有生活力的胚。科学工作者采用高科技手段，将某些植物细胞在试管中培育成胚状体，再用富含营养物质和其他必要成分的凝胶物将胚状体包裹起来，制成人工种子。当条件适宜时，胚状体就像真正的种子那样萌发成幼苗。

体细胞胚是制作人工种子的起始材料。它既可由外植体的表皮细胞直接产生，也可由愈伤组织的表层细胞产生。人们还发现细胞培养中的单细胞、花粉中产生的单倍体体细胞和原生质体培养在适当条件下均可获得体细胞胚。从理论上讲，产生体细胞胚是植物界的普遍现象，但已知能产生体细胞胚的植物只有 200 余种。由于这方面的奥秘还未完全揭开，科学工作者们只得花费巨大的劳动，进行大量筛选才能获得体细胞胚。人工胚乳是包埋体细胞胚的胶状介质。美国一个研究组花了近两年时间，从百余种材料中筛选到广泛使用的人工种子包埋介质海藻酸钠，这种物质在 0.1 mol/L 氯化钙溶液中可以迅速固化成透明的小胶球。但这种物质用作人工胚乳还存在一些缺点，如营养物质易泄漏，保水性差，而且胶球很易粘连等。为此，科学家又设想在胶球外包一层薄膜——人工种皮。美国科学家在 1987 年筛选出一种疏水性物质 Elvax-4260（乙烯-醋酸乙烯共聚物），但效果不够理想。人们正在寻找更理想的、既能透水透气又能防菌的人工种皮。

2. 人工种子的结构

农业生产中使用的天然种子，一般都是由种被、胚乳和胚三部分构成的，人工种子的结构为体细胞胚、人工种皮和人工胚乳。广义的体细胞胚由组织培养中获得的体细胞即胚状体、愈伤组织、原球茎、不定芽、顶芽、腋芽、小鳞茎等繁殖体组成。胶囊之外的包膜称为人工种皮，有防止机械损伤及水分蒸发等保护作用。包裹成功的人工种子既能通气，保持水分和营养，又能防止外部一定的机械冲击力。人工胚乳一般由含有供应胚状体养分的胶囊组成，养分包括矿质元素、维生素、碳源以及激素等。

3. 人工种子的优点

通过组织培养的方法可以获得数量很多的胚状体（1 L 培养基中可产生 10 万个胚体），而且繁殖速度快，结构完整，可根据不同植物对生长的要求配置不同成分的"种皮"。在大量繁殖苗木和用于人工造林方面，人工种子比采用试管苗的繁殖方法更能降低成本，而且方便机械化播种，可节省劳动力。体细胞胚是由无性繁殖体系产生的，因而可以固定杂种，有时可以在人工种子中加入某些农药、菌肥、有益微生物、激素等。胚状体发育的途径可以作为高等植物基因工程和遗传工程的桥梁，解决了有些作物品种繁殖能力差、结子困难或发芽率低等问题。与天然种子相比，人工种子有很多优点。比如，生产人工种子不受季节限制，可能更快地培养出新品种，还可以在凝胶包裹物里加入天然种子没有的有利成分，使人工种子具有更好的营养供应和抵抗疾病的能力，从而更加苗壮生长。天然种子由于在遗传上具有因减数分裂引起的重组现象，因而会造成某些遗传性状改变。天然种子在生产上受季节限制，一般每年只繁殖 1~2 次，有些甚至十几年才繁殖一次，而人工种子则可以完全保持优良品种的遗传特性，生产上也不受季节的限制。人工种子大小一致，落种均匀，出苗整齐。对于杂交后因性状分离而不能制种的作物品种，可以通过人工种子发展成品种。对于自然条件下不能结实和能结实但种子寿命短的植物，可以通过人工种子得以快速大量繁殖。试管苗的大量储藏和运输也是相当困难的，人工种子则克服了这些缺点，人工种子外层是起保护作用的薄膜，类似天然种子的种皮，可以很方便地储藏和运输。人工种子技术适用于难以保存的种质资源、遗传性状不稳定或育性不佳的珍稀林木繁殖。人工种子可以克服营养繁殖造成的病毒积累，可以快速繁殖脱毒苗。

第三节　无土栽培

无土栽培（soilless culture）是指利用无机营养液或无机营养液加基质直接向植物提供生育必需的营养元素，代替由土壤和有机质向植物提供营养的栽培方式，是一种不用土壤，而使用溶解于水的各种盐类所配制的营养液和其他非土基质及适当的设备来栽培作物的农业高新技术。根据营养液的供给渠道不同，无土栽培可分为液体基质培和固体基质培两类。

一、无土栽培概况

（一）无土栽培的优越性

1. 提早成熟，增加产量

无土栽培可以为作物的生长发育提供良好的根际环境、充足的水分和各种营养物质，为作物早熟高产创造了合理的库、源、流基础。无土栽培的蔬菜与土壤栽培相比表现为早熟高产，果蔬类一般提早 5~7 d 成熟，产量可提高 1 至数倍。荷兰番茄无土栽培年产量达 52 kg/m^2，土壤栽培仅为 22 kg/m^2；黄瓜无土栽培年产量可达 70 kg/m^2，土壤栽培仅为 25 kg/m^2。美国宇航局将无土栽培技术应用到航天飞机上的番茄生产，可年产番茄 125 kg/m^2。

2. 增进品质，清洁卫生无污染

无土栽培的产品有良好的外观，维生素与矿物质含量增加，果实的硬度与耐储性也较土壤栽培有所提高。无土栽培蔬菜不直接向作物施用人畜粪尿，不受工业"三废"污染，隔绝了土壤污染源，土壤病虫害减少，减少了杀虫剂、杀菌剂的使用，是生产洁净无污染蔬菜较好的方式。

3. 不择地点，管理方便

无土栽培可以在不适宜于农业生产的地方进行，如沙漠、盐碱地、戈壁滩、荒山岛屿、海滩石砾地与不毛之地，有利于对土地资源紧缺地区的土地开发利用。城市居民区的窗台、阳台、屋顶也可利用无土栽培方式进行花卉、蔬菜的生产，即可美化环境、绿化城市，又可品尝到清洁卫生的新鲜蔬菜。无土栽培系统一经建立，栽培管理较土壤栽培要方便得多，施肥灌溉自动化和栽培管理程序化，可改善劳动条件，节省劳动力，提高生产效率。

4. 防止障害，稳定生产

在土壤栽培尤其是设施土壤栽培中，病虫害及土壤理化性质的恶化连年加重造成的连作障害比较常见，导致生产性能下降或产量极不稳定。无土栽培基质每种一茬都更换或进行消毒处理，故不存在连作障害问题，是解决连作障害的有效途径。

5. 节约养分，经济用水

可根据作物种类的差异及不同生育时期对养分与水分的要求定时定量地供应营养液，封闭或半封闭式的循环供液方式可避免水分和养分由于自然蒸发、地表渗漏而造成的大量流失，从而大量节约水分与肥料。无土栽培仅仅只有蒸腾作用耗水，其用水量仅为土壤栽培的 1/3 ~ 1/10，对于干旱缺水地区的农业开发具有重要意义。

（二）无土栽培的发展现状

目前全球无土栽培面积约 3 万公顷。荷兰是世界上无土栽培最发达的国家之一，其主要形式是岩棉培；欧共体国家温室果蔬生产目前 90% 以上已采用无土栽培形式；美国大面积采用岩棉培，小规模生产采用珍珠岩袋培；日本无土栽培的草莓占总产量的 66%，青椒占 52%，黄瓜占 37%，番茄占 27%；新西兰 50% 的番茄采用无土栽培方式生产；意大利的园艺生产中无土栽培占 1/5；古巴哈瓦那的番茄和黄瓜全由郊区一个露天水培蔬菜工厂生产。无土栽培正在改变传统种植方式，成为飞速发展的新兴学科。世界各国采用无土栽培主要生产蔬菜、花卉和水果，在欧盟国家温室蔬菜、水果和花卉生产中，已有 80% 采用无土栽培方式。欧盟规定，2010 年之前该组织所有成员国的温室必须采用无土栽培。发达国家已经实现了采用计算机实施自动测量和自动控制，先进的无土栽培技术可以较好地保护环境，生产绿色食品。近年来，发达国家相继采用专家系统的最新技术，应用知识工程总结专家的知识和经验，使其规范化、系统化，形成专家系统软件，可以完成与专家水平相当的咨询工作，为用户提供建议和决策。

（三）无土栽培的发展趋势

目前，世界上无土栽培技术发展有两种趋势：一种是高投资、高技术、高效益类型，如荷兰、日本、美国、英国、法国、以色列及丹麦等发达国家，无土栽培生产实现了高度机械化，其温室环境、营养液调配、生产程序控制完全由计算机调控，实现一条龙的工厂化生产，经济效益显著。另一种趋势是以发展中国家为主，以中国为代表，根据本国的国情和经济技术条件，土法上马，朝着经济、节能与实用、有机生态型的方向发展，以较低的投入换取较高的产出。

二、无土栽培方式与设施

（一）固体基质培

"基质"为整个根的居住层，包括空气、水分和营养物质，可分为无机基质培、有机基质培、有机和无机混合基质培。一般采用床栽、袋栽或盆栽方式，以滴灌软管或滴头配合滴灌管道的方式供应清水或营养液。

1. 无机基质培

以沙、蛭石、珍珠岩、火山岩、石砾和岩棉等为栽培基质，其特点是盐基交换量小，缓冲力差，容重不一，如沙、火山岩、石砾容重偏大，岩棉、蛭石、珍珠岩容重偏小，前几种孔隙度小，透气性较差，后几种孔隙度大，透气性较好，但价格较贵，来源也受一定的限制。这种栽培方式适用于大多数蔬菜作物（如番茄、黄瓜、甜瓜、青椒等）和花卉（如月季、香石竹、菊花和兰花等）的栽培。

2. 有机基质培

以草炭、秸草、谷壳、锯木、树皮、蔗渣、菌渣、果壳等有机废物混配一定量的有机肥如消毒鸡粪、猪粪、饼肥为栽培基质，其特点是盐基交换量大，有一定缓冲力，容重轻，孔隙度大，透水、透气性良好，来源方便、成本低廉；但基质过于疏松，保水性能差，也不利于作物的固定。这种栽培方式适宜栽培的作物较广泛，一般为黄瓜、甜瓜、西瓜、番茄、青椒和茄子，还能应用于草莓及各种鲜切花的栽培，如月季、香石竹和菊花等。

3. 有机、无机混合基质培

有机基质与无机基质各有其优缺点，视其理化性质的差异有选择性地进行基质组合，可以弥补单一基质栽培带来的弊端，使基质的缓冲力增强，容重与总孔隙度更趋合理，通气性与保水力提高，更有利于作物根系的固定与生长发育。比较理想的基质组合有：① 草炭与蛭石按 1：1 比例（体积比）混合；② 蛭石、草炭和锯木屑等比例混合；③ 炉渣、蛭石和草炭按 3：1：1 的比例混合；④ 河砂、蛭石和菌渣等比例混合；⑤ 蛭石、河砂与老糠按 1：2：2 的比例混合。基质间的组合应以 2~3 种为好，不宜太杂，杂乱的基质反而达不到预期效果。混合基质的容重应在 0.5 g/cm² 左右为宜，总孔隙度为 60%~96%。混合基质培有利于各种有机肥、生物肥的配合施用，降低了肥料成本，更有利于生产无污染的绿色蔬菜食品，在生产上比单一基质培应用更为普遍。

（二）液体基质培

液体基质培指植物根系直接与营养液接触的栽培方法，其显著特征是能够稳定地供给植物根系充足的养分，并能很好地支持、固定根系。液体基质培比较省工省时，栽培环境优雅、舒适，但设备投资昂贵，必须保证充足的电力和一套相应的控制设备。在栽培过程中，营养液的成本高，调控难度大，一旦感染病害势必蔓延整个系统，造成毁灭性危害。同时对这种系统需要受过专门训练的人员操作，推广应用难度较大。主要有漂浮水培法、营养液膜法、深液流法、雾培系统、动态浮根系统等方式。

1. 漂浮水培法

漂浮水培法（floating solution culture）的整体设施由栽培槽、管道、原液罐和控制系统构成。其特点是在宽 1 m、厚 2 cm 的漂浮板上铺设 2 mm 厚的不织布，上面再垫一层防根布，然后安装滴灌带。这种结构能使根系生长在不织布中，而不直接浸泡在营养液中，加大了根系与空气中氧气的接触面积，促进了根毛的发育，有利于植物的旺盛生长。由于有一层富含营养液的不织布的存在，可以缓解由于突然停电造成的营养液供给中断的意外事件。但是设备耗资大，目前应用不太广泛。

2. 营养液膜法

营养液膜法（nutrient film technique，NFT）由营养液储液池、泵、栽培槽、管道系统和调控装置构成（图 1.6.1）。营养液通过水泵从储液池抽提到栽培床的高端流出，流经作物根系（0.5～1 cm 厚的营养液薄层），然后从栽培床的低端通过回液管回到储液池，形成循环式供液系统。其结构简单、投资小、成本低；营养液薄膜循环供液，较好地解决了根系供氧问题；营养液的供应量小，且易更换；设备的清理与消毒较方便。根据栽培需要又可以分为连续供液和间隙供液两种类型，间隙式供液既可节约能源，又有利于植株及根系的生长发育，通常是在连续供液系统的基础加一个定时器。NFT 系统对速生叶菜的栽培十分理想，如果管理得当，产值很可观。

图 1.6.1 营养液膜法

3. 深液流法

深液流法（deep nutrient flowing technique，DNFT）是由 NFT 法派生出来的一种营养液栽培方法，其系统构成与 NFT 法差不多，只是栽培床中营养液流的深度比 NNF 法深，一般在 5～15 cm 的范围内变动。我国华南地区气温较高，常采用此系统常年生产一些绿叶蔬菜。

4. 雾培系统

雾培系统（aeroponics）中植物的根系处于密闭的栽培槽之内，槽底部铺设一条带喷头的喷雾管道，在喷雾装置的作用下，营养液被雾化，形成细小的雾滴作用于植物的根系，达到灌溉与施肥的目的。为维持植物根系生长在 100% 的饱和空气湿度中，可通过定时器控制，定时向根系喷雾。

营养液是水、肥的结合体，能使水、肥循环利用，节能环保。雾培技术栽培形式多种多样，不仅适宜于平面栽培，也适宜于平面多层圆柱体和多面体等多种立体栽培形式，还能用于垂直栽培甚至是太空栽培，是一种立体栽培面积大、产量高、应用范围广、栽培形式多的最新技术和前沿技术。此系统不仅对营养液的利用率高，而且保障根系生长处于一种良好的环境中，作物增产幅度大。然而该设施成本高，对技术精度要求也高，目前国内很少有应用。

5. 动态浮根系统

动态浮根系统（dynamic root floating system，DRF）是由 DNFT 派生出来的一种营养液栽培方法，栽培作物的根系生长在液位经常发生变动的营养液中。例如，往栽培床中灌满 8 cm 的水层后，由栽培床内的自动排液器将营养液排出去，使水位降至 4 cm 深度，此时上部根系暴露在空气中，可以吸氧，下部根系浸在营养液中，不断吸收水分和养料。该系统在我国台湾地区应用较广。

第四节 农业工厂——设施农业

设施农业的主要内容是先进的园艺设施和畜禽舍的环境创造、环境控制技术，应用现代技术转变农业生产环境，使自然光、地热等资源得到最充分的利用，形成农产品反季节生产和高效生产，提高农产品产量、质量，促进农业现代化。

设施农业的核心问题是太阳光的利用，关键是覆盖材料。覆盖材料必须具备高透光率、高保温性能，好的覆盖材料还应当具备优化太阳光光波的功能。目前应用最广泛的设施农业覆盖材料是聚乙烯/EVA 大棚膜，中国发展最快，产量已经占到全世界的 2/3 以上，我国设施农业的覆盖面积也占世界总量的 2/3 以上，已经应用到蔬菜、水果、花卉、禽畜、渔业、林木育苗、食用菌、中草药生产等方面，成为国计民生中不可缺少的设施。

一、设施农业在我国的发展轨迹

我国设施农业的发展有两条路可走，一是各级政府拿出大量资金，引进国外最先进的设施农业技术。20 世纪 70 年代以来，各地相继引进了多种配套的设施农业装备，但都无法消化吸收，甚至因为运行成本过高而无法继续使用。有些技术不太切合实际，特别是不适应中国当时的国情，大量资金引进的最先进的设施农业装备，停留在科研院所的试验阶段，没有推广开来。另一条路是国内塑料企业自己研制、生产的农用大棚膜，塑料企业和农民直接联手，工厂的技术加上农民摸索的经验，急速发展了中国的设施农业。这种装置最简单适用，主要是日光温室、塑料大棚、小拱棚和遮阳棚4类。

二、国外设施农业的发展

20世纪70年代以来，西方发达国家在设施农业上的投入和补贴较多，设施农业技术成长较快。荷兰、以色列、美国、日本等设施农业比较发达的国家，在设施环境调控、覆盖材料研制、肥水管理、专用品种选育等方面进行了全面系统的研究，并形成了完整的设施农业栽培技术体系。

荷兰是花卉出口大国，拥有最多、最先进的玻璃温室，已研制出先进的设施环境智能控制系统，可根据作物对环境的不同需求，由计算机对设施内的环境因子，如温、光、水、气、肥等进行全面有效的自动监测与调控。以色列温室覆盖材料为塑料大棚膜，因其国土内沙漠较多，昼夜温差极大，特别注重夜间保温和滴灌技术，其滴灌技术、棚膜保温、耐老化技术及养殖品种的开发和培育均属世界一流。美国的温室多数为大型连栋温室，在美国的北部以冬季不加温的塑料大棚为主，与我国连栋越冬大棚相似；先进技术在南方，各种温室覆盖材料都有应用，设施栽培温度控制技术方面，所开发的高压雾化降温、加湿系统以及夏季降温用的湿帘降温系统处于世界领先水平。日本的果树设施栽培面积最大、技术最先进，设施养鱼技术先进，其先进的温室配套设施和综合环境调控技术处于世界先进行列。比如，日本的温室设施可以通过计算机将温度、湿度、二氧化碳浓度和肥料等控制在最适合植物生长发育的水平。大田应用以外涂敷式棚膜的连栋大棚为主，耐老化和流滴消雾效果最佳，但滚式涂敷限制了薄膜宽度，高成本限制了大批量推广。

总的看来，国外设施农业技术已经发展到较高水平，但最先进的技术往往只应用在高附加值产品的设施园艺、集约化养殖生产等方面，以高投入、高产出、高效益为特征。在应用最广泛的蔬菜设施农业种植方面，上述国家也只是在棚膜的流滴、消雾和光转换方面下功夫，与我国目前的技术相比并没有太多的优势。由于国外设施农业更注重高端技术，应用成本高，推广的速度不如中国迅速。

三、中国和国外设施农业的差异

国外设施农业的标准化、大型化、作业机械化，设施环境监控自动化、智能化、网络化，这些都是政府大量补贴扶植起来的，虽处于世界前沿，但带有实验性质。迄今，荷兰的花卉种植和以色列沙漠改造巨额投资取得很好的效益，日韩等国注重大棚膜功能的改进和大型化，如连栋温室得到普遍推广，值得我国借鉴，而其他国家真正大面积推广的并不多，世界其他国家设施农业总和不及中国的1/2。国外设施农业覆盖材料有先进之处：以色列高保温聚乙烯/EVA大棚膜保温效果特别好，适合在昼夜温差极大的沙漠上种养出高产农产品；日本与韩国的聚乙烯/EVA大棚膜流滴消雾效果较好，日本在最新的外涂敷功能材料研制方面，也比我国略胜一筹。

而我国设施农业走的是低成本扩张之路，数量虽然是世界其他国家总量的 2 倍以上，但在最先进的技术方面仍是空白，不过最关键的覆盖材料研制方面，我国也在稳步发展。我国上游的加工设备基本全部实现国产化，设施农业栽培养殖的种类最全面，应用地域的纬度跨度也最大，积累了许多实践经验。随着我国综合国力的提升，要实现持续发展，设施农业冲击世界先进水平的进程必须提速。

我国设施农业需要向国外学习先进技术，但更应注重走自己的路；借鉴国外技术，更要研究国外没有的东西。我国设施农业数量的快速超越，造就了我国设施农业领域方方面面的人才队伍，积累了大量实用的经验，积蓄了巨大的发展潜力。只要我们既借鉴国外先进经验，又加大自己的研发投入，在实践中不断创新，中国迈入设施农业先进行列的时期必将到来。

四、我国设施农业面临的形势和问题及应采取的对策

1. 设施农业发展的数量和质量

目前设施农业发展的主要问题是数量增长很快而质量水平较低。首先，产业结构应转型，从单一生产蔬菜转变成以生产蔬菜为主，辅以生产花卉、瓜果；从单一生产大宗菜，转变成生产大宗菜为主，辅以生产经济效益高的特菜，有条件的地区应积极发展名、特、优、新、稀产品。其次是提高现有设施水平，现有设施质量普遍较低，日光温室中绝大多数为 20 世纪 80 年代中期形成的普通类型，结构较简单，以竹木、水泥杆为骨架，厚厚的土坯墙体降低了土地利用率，可利用面积仅 40%~50%，作业空间小，不便于机械操作，保温、采光性能差，必须投入大量的人力、物力维修，抗灾能力差，易被大雪压塌、大雨冲垮。塑料大棚的发展同样存在结构和栽培技术两方面有待提高的问题。

2. 能源消费和气候资源的合理利用

我国的三北地区、青藏高原、云贵高原晴天多，日照率超过 50%，光照充足，是发展设施园艺生产的有利条件。但我国地处欧亚大陆东部，季风发达，大陆性强，气温的年变化很大，冬季严寒，夏季酷热，冬季气温比同纬度其他国家低，我国发展设施农业生产冬季加热所需能耗比欧洲国家要高得多；夏季比同纬度其他国家炎热，必然增加降温所需的能耗，而且夏季又是雨季，空气相对湿度大，湿热同季使借助于蒸发降温机理的降温效率下降，在封闭条件下进行湿帘降温、喷雾降温，其降温效果必然受到限制。如何根据我国各地的气候特点发展设施农业生产，必须进行深入研究，不能照搬国外的经验，节能是中国设施园艺生产的重要课题。

3. 引进和国产化

目前现代化温室的引进主要存在投资大、运行成本高、功能定位不对、规模小、经营单一、引进设施不配套等问题，因此温室的国产化也越来越引起人们的重视。现代化大型温室内部的配套设施、计算机管理系统等现代化的管理方式和观念等方面，我国仍需认真学习和借鉴国外先进经验。硬件的国产化在短期内容易实现，软件特别是计算机管理、生物技术（品

种、授粉技术、定量化肥水管理等）方面，我国与先进国家差距较大，是今后要着力解决的问题。

4．大型现代化温室的发展问题

近年来，各地出现发展大型温室的热潮，一些大企业也投资设施农业，将其作为新的利润增长点。但原有的设施技术不配套，土地利用率低，制约了大型温室的发展。一般认为具备下列条件者可以适度发展：① 资金实力允许（当地政府有补贴，或有企业参与）；② 产品有良好的市场；③ 有雄厚的科技实力，包括经营管理技术、生产技术和劳动者素质；④ 能形成规模化，不搞分散建设。

5．关于小型机械的问题

目前在普通的塑料温室和日光温室中基本没有使用机械，部分地区建立了工厂化育苗设施，但由于传统小农经济的影响，推广范围和规模有限。在现有的大部分现代化温室内，常规的农机具很少，尤其是采用了无土栽培种植方式的温室，应配备灌溉设施、采摘车及采摘工具、喷雾设备（喷雾车及喷雾器）、运输车、嫁接机、花卉及蔬菜清理分拣设备、包装设备、育苗设备、冷库等，其中不少设备在我国还是空白。

五、新型设施农业的结构和内容

新型设施农业的设施由管护房、单体温室、连体温室、露天种植庭院、道路、管网配套设施、节水设施、太阳能设施及生物循环利用设施等组成。管护房为一层或两层，形状多样，由钢筋混凝土建成。单体温室和连体温室主体为钢材，上顶为圆弧或斜面，上铺塑料薄膜或阳光板，侧面可采用透明或不透明材料围墙。单体温室位于管护房和连体温室之间，连体温室由多个相同大小的单体温室组成。管护房、单体温室和连体温室相通。一个管护房和一个单体温室并排对接在连体温室上，形成一个单套新型设施农业的设施。每套新型设施农业的设施交错对接，形成连栋温室，由多个连栋温室组成现代化生态园区。

露天种植庭院由管护房、单体温室、连体温室及公共道路自然围成。院内有污水沉降池、沼气池、雨水储水池。管护房顶有太阳能利用设施，温室顶有节水设施，温室内有温度控制设施及通风设施等。道路两侧绿化带下埋饮水管道和燃气管道，园区的电力及通信采用空中架线，便于维修。

第五节　生物农药

生物农药是指利用生物活体或其代谢产物对害虫、病菌、杂草、线虫、鼠类等有害生物进行防治的一类农药制剂，或者是通过仿生合成具有特异作用的农药制剂。关于生物农药的范畴，目前国内外尚无十分准确统一的界定。按照联合国粮农组织的标准，生物农药一般是天然化合物或遗传基因修饰剂，主要包括生物化学农药（信息素、激素、植物调节剂、昆虫生长调节剂）和微生物农药（真菌、细菌、昆虫病毒、原生动物，或经遗传改造的微生物）两部分，抗生素农药制剂不包括在内。我国生物农药按照其成分和来源可分为微生物活体农药（病毒农药、细菌农药和真菌农药）、微生物代谢产物农药、植物源农药、动物源农药四部分。按照防治对象可分为杀虫剂、杀菌剂、除草剂、杀螨剂、杀鼠剂、植物生长调节剂等。就其利用对象而言，生物农药一般分为直接利用生物活体和利用源于生物的生理活性物质两大类，前者包括细菌、真菌、线虫、病毒及拮抗微生物等，后者包括抗生素农药、植物生长调节剂、性信息素、摄食抑制剂、保幼激素和源于植物的生理活性物质等。

生物农药与化学农药相比具有的优点：① 对病虫害防治效果好，而对人畜安全无毒，不污染环境，无残留；② 对病虫害特异性强，不杀伤害虫的天敌和有益生物，能保护生态平衡；③ 生产原料和有效成分属于天然产物，能保证可持续发展；④ 可用现代生物技术手段对产生菌及其发酵工艺进行改造，不断改进性能和提高品质；⑤ 由多种因素和成分发挥作用，害虫和病菌难以产生抗药性。

一、病毒农药

已开发应用的病毒农药均为杀虫剂，目前全球已从 1100 多种昆虫中发现了 1600 多种昆虫病毒，其宿主涉及昆虫 11 目 43 科，我国已从 7 目 35 科的 196 个虫种中分离得到 240 多株昆虫病毒。用于害虫生物防治的昆虫病毒主要是杆状病毒科的核多角体病毒（NPV）、颗粒体病毒（GV）和质型多角体病毒（CPV），主要用于防治棉铃虫、菜青虫、桑毛虫、斜纹夜蛾、小菜蛾等害虫。昆虫病毒的最大特点是被昆虫食入后能形成包涵体，一个包涵体中含有一个或多个病毒粒子。包涵体不溶于水，也不溶于有机溶剂，但能溶于酸碱溶液，在昆虫的胃液作用下释放病毒粒子，感染幼虫，进而在昆虫体内大量繁殖，干扰其血液循环，最终使昆虫感病死亡。昆虫病毒的感染途径主要是食入感染，也有皮肤感染，但不同类型昆虫病毒的杀虫原理也有所不同。目前应用于杀虫剂的主要是昆虫病毒中的杆状病毒，对人类、非靶标生物和环境十分安全。

我国昆虫病毒研究始于 20 世纪 50 年代，在 70 年代相继发展起来，武汉大学 1978 年开始对菜粉蝶颗粒体病毒进行了系统、深入的基础和应用研究，标志着昆虫病毒杀虫剂产业化基本模式的形成。1985 年在湖北蒋湖农场投资建立了我国第一个棉铃虫病毒杀虫剂工厂。1990 年从黑胸大蠊中分离获得非包涵体细小病毒，是国内外第一个正式分类鉴定的蟑螂病毒，完成全基因组核苷酸序列测定和产业化程序，并在防治蟑螂中发挥了重要作用。1993 年，国内第一个昆虫病毒杀虫剂棉铃虫核型多角体病毒取得产品登记，正式进入商品化生产领域。2003 年，河南济源白云实业有限公司与中科院强强联合，对我国生物农药的生产始终无法突破昆虫饲养和病毒提取等难题进行了科技攻关，采用自主知识产权的棉铃虫群养技术和系统集成的病毒分离提纯技术，首次分离得到高品质昆虫病毒生物杀虫剂原药。目前，该公司共有 3 种病毒原药，都是国际上迄今为止含量最高的昆虫病毒。

二、细菌农药

细菌农药是指利用生物活体（真菌、细菌、昆虫病毒、转基因生物、天敌等）或其代谢产物（信息素、生长素、萘乙酸、2,4-D 等），针对农业有害生物进行杀灭或抑制、防治有害生物的一类农药制剂，或通过仿生合成具有特异作用的农药制剂。

（一）细菌农药的特点

细菌农药在农业生产中常常使用，其毒性不高，环境污染不大，不毒害人、畜，不诱发害虫产生抗药性。细菌农药属于活体制剂，细菌进入虫体后大量繁殖，产生有毒的伴孢晶体，扰乱害虫正常的生理代谢。它与化学农药的杀虫原理不同，使用不当会降低药效甚至完全无效。

（二）细菌感染昆虫后的症状

昆虫活动力降低、食欲减退、口腔和肛门周围有排泄物；病原侵入后导致败血症；虫体死亡后，颜色加深，迅速变为褐色或黑色，部分虫体软化腐烂；死后虫体一般都有臭味。

（三）细菌类生物农药的类群

目前报道的具有细菌类生物农药潜能的有 100 余种，主要分布在芽孢杆菌科（Bacillaceae）芽孢杆菌属（*Bacillus*）、梭状芽孢杆菌属（*Clostidium*），肠杆菌科（Enterobacteriaceae）沙雷氏菌属（*Serratia*）、变形杆菌属（*Proteus*）、肠杆菌属（*Enterobacter*），弧菌科（Vibrionaceae）气单胞菌属（*Areomonas*），假单胞菌科（Pseudomonadaceae）假单胞菌属（*Pseudomonas*），链球菌科（Streptococcaceae）链球菌属（*Streptococus*）、微球菌属（*Micrococus*），立克次氏体（Rickettisaceae）沃尔巴立克次氏体属（*Woerbachia*）、立克次氏小体属（*Rickettisella*），枝（支）原体目（Mycoplasmatales）、螺属支原体（*Spiroplasma*）等。

（四）细菌农药的作用机理——以苏云金芽孢杆菌为例

苏云金杆菌产生的毒素有以下 3 种：

α-外毒素：又称卵磷脂酶或磷酸酯酶 C，是一种对昆虫肠道有破坏作用的酶。

β-外毒素：又称热稳定外毒素、耐热毒素，是一种腺嘌呤核苷酸物质。

δ-内毒素：又称晶体毒素，是一种毒原（protoxin）或称前毒素，须经敏感昆虫肠道蛋白酶消化后，或在碱性条件下由蛋白酶消化或酶解才释放出对昆虫有毒力的小分子量的毒蛋白。

一般认为杀虫晶体蛋白杀死昆虫的机理为：① 晶体在昆虫肠内溶解；② 中肠蛋白酶的降解；③ 中肠膜受体与毒蛋白结合；④ 毒蛋白插入中肠细胞表层，形成离子通道，使敏感细胞的渗透平衡被破坏，导致肠体自溶。

作用过程：晶体蛋白一般以毒蛋白源的形式存在，在碱性蛋白酶或糜（胰）蛋白酶的作用下，分解为 60~80 kDa 的蛋白，改变为具有杀虫活性的毒蛋白。δ-内毒素对昆虫的毒害主要是胃肠毒作用，必须由敏感昆虫吞食苏云金芽孢杆菌的 δ-内毒素和芽孢才能生效。

感染的主要途径：从口腔经食道、嗉囊至中肠。破坏中肠后，细菌侵入体腔，使血液 pH 发生变化，菌体进一步繁殖后引起幼虫败血症及全身瘫痪而致死亡。

β-外毒素的毒效比 δ-内毒素低，可杀死多种昆虫的幼虫或使幼虫发育不正常，虫体某些部分残缺不全等。例如，家蝇 3 龄幼虫对这种毒素非常敏感，感染 3 d 后可引起幼虫蜕皮死亡或造成独特的致病症状，使幼虫发育受到明显的影响，如出现半化蛹（上部是幼虫，下部是蛹）、畸形蛹、不羽化蛹，以及形成畸形的成虫，包括残缺翅、窄而光的腹部、上唇萎缩等现象。

（五）细菌农药的应用

苏云金杆菌是目前应用最为广泛的品种，约占全部生物农药使用量的 90%，用于防治小菜蛾、菜青虫、甜菜夜蛾、斜纹夜蛾、茶毛虫、茶尺蠖、棉铃虫、稻苞虫、稻纵卷叶螟、枣尺蠖、玉米螟、苹果巢蛾和天幕毛虫等多种鳞翅目害虫。多粘类芽孢杆菌用于防治番茄、烟草、辣椒、茄子青枯病。放射土壤杆菌用于防治桃树根癌病。枯草芽孢杆菌用于防治黄瓜白粉病、草莓白粉病和灰霉病、水稻纹枯病和稻曲病、三七根腐病、烟草黑胫病等，还用于水稻调节生长、增产。蜡质芽孢杆菌可用于油菜抗病、壮苗、增产，还用于防治水稻纹枯病、稻曲病和稻瘟病，小麦纹枯病和赤霉病，姜瘟病等。荧光假单胞杆菌可用于防治番茄青枯病、烟草青枯病和小麦全蚀病。类产碱假单孢菌可用于防治草场牧草草地蝗虫。

（六）使用细菌生物农药注意事项

细菌生物农药是当前蔬菜无公害栽培重点推广使用的新型保护药剂。由于使用时天气条件会直接影响细菌农药中的细菌活性，从而影响其效果，因此在使用时必须特别注意天气条件。

1. 温　度

细菌生物农药的活性成分是蛋白质晶体和有生命的芽孢。在低温条件下，芽孢在害虫体内繁殖速度慢，蛋白质晶体也不易发生作用。据试验，在气温 25 ～ 30 ℃ 时施用细菌生物农药的药效比在 10 ～ 15 ℃ 时提高 1 ～ 2 倍。

2. 湿　度

细菌生物农药中细菌的芽孢喜潮湿环境，田间湿度越大，药效越高，尤其是喷施粉状生物制剂农药更应注意田间湿度。一般在清晨和傍晚有露水时喷施细菌粉剂，以利于菌剂较好地粘在作物茎叶上，促进芽孢繁殖，提高药效。

3. 光　照

阳光中的紫外线对芽孢有杀伤作用。据试验，阳光直射 0.5 h，芽孢死亡率达 50% 左右；直射 1 h，芽孢死亡率达 80%。此外，紫外线辐射会使伴孢晶体变形降效，喷施细菌生物农药最好在傍晚或阴天进行。

4．雨　水

喷施细菌生物农药后不久，如遇中到大雨，会将喷洒在作物茎叶上的菌液淋冲掉而降低药效。如果在施药 5 h 后下雨，反而有增效作用。

三、抗生素农药

抗生素是指由生物产生的能影响另一种生物生命活动的次生代谢物质，具有杀灭、促进或抑制等调节发育的功能。抗生素农药就是用于农业生产的一类抗生素，它作为农药、兽药和饲料添加剂等，广泛应用于农业，是由微生物发酵产生的，具有农药功能，用于农业上防治病、虫、草、鼠害等有害生物的次生代谢产物。放线菌、真菌、细菌等微生物均能产生抗生素农药，其中放线菌产生的抗生素农药最多。目前广泛应用的许多重要抗生素农药都是从链霉菌属中分离得到的放线菌所产生的，具有杀虫、杀螨、杀菌、杀动物体内寄生虫、抗球虫、除草和调节植物生长等作用。

（一）抗生素农药的特点

抗生素农药是一类由生物合成的化学物质，与化学合成农药一样，是具有特定化学结构的化合物，同样具有一般化学农药的共性和优缺点。抗生素农药具有如下特点：

（1）化学结构和化学成分复杂。抗生素农药的工业生产通常采用液体深层通气培养的发酵工程，与化学合成农药的有效成分和化学结构相比，大多数抗生素农药的化学结构和化学成分都更复杂。

（2）产品毒性差别很大。抗生素农药的毒性根据品种的差异表现出强、中、弱不同，如阿维菌素原药的毒性很强，但大多数抗生素农药对高等动物和非靶标生物的毒性很弱，如井冈霉素、浏阳霉素、春雷霉素等均属低毒。与化学合成农药的毒性相比，大多数抗生素农药对高等动物和非靶标生物还是相对安全的。

（3）生物活性高、使用剂量低、选择性好、使用安全。如防治水稻稻瘟病，使用灭瘟素，按有效成分计每亩仅需 1～2 g，而使用化学合成的杀菌剂需要几十克甚至几百克。大多数抗生素农药都可列入高效、低毒、安全的范畴。

（4）易被土壤微生物分解而不污染环境，与环境相容性较好。大多数抗生素农药是生物合成的天然物质，比较容易在自然界的大环境中被土壤微生物分解，不在环境中积累或残留，不容易污染环境，不破坏生态环境和生态平衡。

（5）抗药性相对较低。抗生素农药与化学合成农药一样也可能引起靶标生物产生抗药性，但抗生素农药与化学合成农药相比，引起靶标生物产生抗药性要慢得多、低得多，如井冈霉素防治水稻纹枯病，使用 20 年后仍未发生抗药性问题。

（6）生产原料易得、资源可再生。通常抗生素农药采用发酵工程生产，所用原料多数为农副产品如淀粉等，是植物利用太阳能进行光合作用产生的再生资源。

自然界微生物种类繁多，从中寻找有特殊生理活性的物质还有很大潜力，随着生物工程新技术，特别是遗传工程和细胞工程的发展，现有的生产菌种将获得更高的生产能力，提高工业的经济效益；同时还可能选育出产生新的抗生素农药的新种微生物，以解决农业上难治病、虫害的防治问题。

（二）抗生素农药的性质

1. 内吸和运转

抗生素经浸种、沾根或喷洒在植物茎秆、叶面、花果等表面上吸收进入植物组织，在植物体内运转，并保持其对病菌的抗菌作用，这种特性称为内吸性。具有内吸性的抗生素称为内吸性抗生素，如井冈霉素、灰黄霉素、放线菌酮、内疗素等均属于这一类。抗生素在植物体内的吸收和运转的强度和速度取决于能否进入筛管或导管系统，如放线菌酮或灰黄霉素吸入后，由筛管或导管输送到植株的各部分，产生全身的抗菌作用。

2. 稳定性和有效期

抗生素农药应具有较高的稳定性，有较高的抗热、光、酸、碱以及酶解能力。稳定性较强的抗生素在植物体内的存活期较长，可用抗生素在植物体内降解的半衰期（即损失一半效价所需的时间）来估计实际有效期。抗生素的有效期关系到施药时间和次数，有效期长，在作物病害发生的一段时期内都能起到防治效果，如井冈霉素防治水稻纹枯病的有效期达 25 ~ 30 d。

3. 药害问题

选用抗生素抑制病原菌的有效浓度比使植物发生药害的浓度要低很多倍，使其在寄主体内对组织细胞无毒害，仍能发挥抗菌作用。产生药害的浓度比抑制病原菌有效浓度高 3 倍以上（如有效浓度为 30 mg/L，药害浓度为 100 mg/L）才比较安全。抗生素对植物的药害常表现为叶片失绿，叶尖干枯，叶面出现坏死斑点，落叶，根系发育受阻，植物生长缓慢甚至畸形等。

4. 对人、畜的安全性和残毒问题

抗生素农药应对人畜和各种水生生物安全无毒，一般以常用浓度 20 倍以上对人畜无毒害，200 倍以上对鱼、虾、贝、蚧等无毒害为标准。常用抗生素农药应是无毒或低毒的。大多数抗生素较易被其他微生物分解失去活性，不致在环境中累积，残留毒性不大，属于无公害农药之列。

（三）抗生素农药在植物病害防治中的应用

我国目前试验推广的抗生素农药多数是链霉菌属（*Streptomyces*）中的一些放线菌产物，应用抗生素防治作物病害主要有两种方式：一种是用抗生素防治种子、果实、苗木、块茎和块根等，防止植物在生长期间或储藏期间发病，可采用浸种、浸根、浸苗和喷洒等方法；另一种应用方式是在作物生长期，通过监测及时喷洒抗生素，以防止病的发展和蔓延。

抗生素农药的应用还不只局限在对植物病害的直接防治上，有的抗生素还能杀死害虫，起间接的防治作用，如杀螨素（大环内酯类）对一些螨类的成虫和卵有杀害活性，对苹果红

蜘蛛特别有效。抗生素对不同植物也表现有选择性，对有些杂草是毁灭性的，如茴香霉素是一种选择性除草剂，在低浓度下（12.5 mg/L）对稗草幼根的生长有选择抑制作用。

（四）农用抗生菌的直接应用

在植物病害的生物防治中，也可直接应用抗生菌的培养物，其生产工艺简便，有些确有防效又无药害、但还未知它们的主要有效成分的抗生菌可及早直接应用，抗生菌在应用环境中还可能较长时间地生长、繁殖，持续起防治作用，对于防治土生病害有独特的优点。例如，用玉米叶子粉培养伏革菌（*Corticium sp.*），混合在根腐病严重的甜菜土壤中，可有效防治终极腐霉（*Pythium ultinum*）引起的甜菜根癌病。如"5406"和"878"制成饼土制剂，对减轻棉花植株枯萎病和炭疽病的发病率有良好的防治效果，接种"5406"后，放线菌在根际旺盛繁殖，成为占优势的种类。

四、真菌农药

真菌约占昆虫病原微生物种类的 60% 以上，真菌防治的昆虫种类最多、范围最广，真菌农药应用最广泛的是白僵菌、绿僵菌母药及其制剂。

（一）真菌农药的优点

真菌农药除具有一般生物农药的环保、无抗性等特点外，还具有如下优点：

（1）种类多、数量大。昆虫病原真菌有 800 余种，植物病原真菌有 1 300 余种，脊椎动物病原真菌有 200 多种。

（2）对流行有利。特异产孢结构，繁殖方法多样，主动扩散。

（3）体壁侵染。对采用常规方式难以起效的刺激式口器害虫、钻蛀性害虫及地下害虫等，能产生较好的作用。

（4）标靶性强。真菌农药标靶性强，对人畜等高等动物无害，同时对瓢虫、草蛉和食蚜虻等害虫天敌有很好的保护作用，能够有效维护生态平衡。

（5）持效性强。真菌农药含有活体真菌及孢子或菌丝体，施入田间后，借助适宜的温度、湿度，可以继续繁殖生长，诱发害虫的流行病，增强杀虫效果，从而实现对农林害虫的可持续控制。

（6）可再生资源。真菌农药主要利用天然可再生资源（如农副产品的谷壳、麸皮、玉米等），原材料的来源广泛、生产成本低廉，不与利用不可再生资源（如石油、煤、天然气等）的化工产品争夺原材料，有利于自然资源保护和循环经济的发展。

（7）具有施肥功能。真菌农药以菌种生产发酵过程中的培养基作为产品的主要载体加工而成，载体富含经发酵而产生的大量氨基酸、多肽酶及微量元素等作物生长所必需的营养成分；施用生物农药附带有改良土壤、改善作物生长条件及提高作物产量的施肥功能。

除了以上优点外，真菌农药还具有杀虫谱广、作用缓慢、受环境影响大等特点。

（二）真菌农药的杀虫原理

真菌农药的杀虫原理主要有两种方式：一是毒素作用，如绿僵菌毒素、白僵菌毒素；二是寄生作用：孢子萌发产生芽管→形成附着孢，分解表皮→形成入侵孢，生成入侵菌丝段→产生菌丝，由表皮侵入血腔→菌丝段在血腔中循环，发芽，使菌丝布满虫体体腔→在死虫体内产生可侵染的孢子。

（三）真菌农药的应用

1. 白僵菌

白僵菌（*Beauveria vuillemin*）属于丝孢纲丛梗孢目丛梗孢科白僵菌属，是一种广谱性的昆虫病原真菌，能寄生700多种有害昆虫，致病性、适应性强，在多种农林害虫的生物防治中取得了明显成效，例如，中国防治玉米螟和松毛虫、巴西防治小蔗螟、欧洲防治西方五月鳃金龟等。由于其能快速、有效地控制虫口，同时不伤害其他天敌昆虫和有益生物，从而可以有效地与其他杀虫因子协同作用并维持物种的多样性，其研究成果具有广泛的应用前景。

国内应用白僵菌成功防治了近40种农林害虫，如松毛虫、玉米螟、蛴螬、茶小绿叶蝉、桃小食心虫等。白僵菌防治最成功的是苗圃、草坪、农田等的蛴螬、玉米螟、松毛虫、茶小绿叶蝉等，仅蛴螬、玉米螟、茶小绿叶蝉三种就构成了巨大的潜在市场。

20世纪70年代初，法国用布氏白僵菌芽生孢子制剂成功地防治森林西方五月鳃金龟，液体发酵产品达到半商品化的程度。已有十几个国家将布氏白僵菌用于田间防治试验，防治对象达十余种，并有一些大面积防治成功的实例，如日本防治桑树、无花果树的黄星天牛，中国用于防治花生、大豆和苗圃的大黑鳃金龟等均获得较好的防效。

2. 绿僵菌

绿僵菌主要用来防治地下害虫，是继白僵菌后又一个新的生物防治方法。广东省林科院从澳大利亚引进对白蚁有很好杀虫作用的绿僵菌菌株，杀虫效果达95%以上。林间大面积试验，桉树苗存活率提高11.5%～31.6%，防治成本比其他药剂降低20%～50%。在广东省增城市、肇庆市、河源市、海南省白沙县、福建省漳州市等地防治桉树苗白蚁900公顷，苗木存活率在90%以上，绝大部分在95%～100%，平均提高苗木存活率20.98%，最高达35%。

3. 虫 霉

虫霉是针对蚜虫和螨类等刺吸式口器害虫很重要的杀虫真菌，能主动侵染蚜虫和螨类，自然流行潜力极高，能在短期内摧毁害虫种群，是理想的生物杀虫剂材料。

病原真菌诱发的多种蚜虫流行病在蚜害的自然控制中具有举足轻重的作用，此类流行病可在几周内杀死所有的蚜虫，因而一直是国际上害虫生物防治领域的研究热点。自然感染蚜虫的病原真菌主要为虫霉目真菌，包括虫疠霉、虫瘟霉、虫霉、新接霉及耳霉等常见属种。影响这些病原真菌在蚜虫种群中流行的因素虽然很多，但作物生长季节田间初始病原的存在与否是当季蚜虫是否遭受流行病控制的重要因素，也是认识蚜虫真菌性流行病侵染循环的关键环节。侵染蚜虫的虫霉有可能以休眠孢子的形式在土壤中越冬或在不利条件下存活，然而田间蚜虫种群的虫霉流行病总是具有突发性，很难以土壤中存在的休眠孢子为初始侵染源给予解释。此外，普朗肯虫霉虽有休眠孢子存在，却主要以蚜尸中特化的菌丝体越冬。新蚜虫疠霉是全球蚜虫流行病的主要病因，迄今却并无休眠孢子被发现。

五、植物源农药

植物源农药属于生物农药范畴内的一个分支，指利用植物所含的稳定有效成分，按一定的方法对受体植物进行施用，使其免遭或减轻病、虫、杂草等有害生物危害的植物源制剂。各种植物源农药通常不是单一的一种化合物，是植物有机体的全部或一部分有机物质，成分复杂多变，但一般都包含生物碱、糖苷、有毒蛋白质、挥发性香精油、单宁、树脂、有机酸、酯、酮、萜等各类物质。富含这些高生理活性物质的植物均有可能被加工成农药制剂，其数量和物质类别丰富，是目前国内外备受重视的第三代农药的药源之一。

（一）植物源农药中的活性成分

天然植物中的杀虫活性物质极其丰富，根据其化学结构，可大体归纳如下：

1. 生物碱类

此类物质对昆虫的毒力最强，对昆虫的作用方式多种多样，如毒杀、忌避、拒食、麻醉和抑制生长发育等。目前人们发现的生物碱已有 6 000 多种，已证明有杀死害虫作用的主要有烟碱、喜树碱、百部碱、藜芦碱、苦参碱、雷公藤碱、小檗碱、木防己碱、苦豆子碱等。

2. 萜 类

此类化合物包括蒎烯、单萜类、倍半萜、二萜类、三萜类，有拒食、内吸、麻醉、忌避、抑制生长发育、破坏害虫信息传递和交配等作用，兼有触杀和胃毒作用，主要有印楝素、川楝素、茶皂素、苦皮藤素、闹羊花素等。

3. 黄酮类

黄酮类化合物多以糖苷或苷元、双糖苷或三糖苷状态存在，具有防治害虫作用的主要有鱼藤酮、毛鱼藤酮等，作用方式为拒食和毒杀作用。

4. 精油类

精油是一类分子量较小的植物次生代谢物质，此类不仅具有毒杀、熏杀、忌避或引诱、拒食、抑制生长发育等作用，还具有昆虫性外激素的引诱作用，多用于防仓库害虫，如菊蒿油、薄荷油、百里香油、肉桂精油、松节油、芸香精油、芫香精油等。

5. 其 他

羧酸酯类植物源农药有除虫菊酯，木脂素类有乙醚酰透骨草素，甾体类有牛膝甾酮、糖苷类等。

（二）植物源农药作用机理

植物源农药中的杀虫活性成分主要是次生代谢物质，其中许多种次生代谢物质对昆虫表现出毒杀、行为干扰和生物发育调节作用。由于次生代谢物质是植物自身防御与昆虫的适应演变协同进化的结果，昆虫对其不易产生抗药性。研究结果表明，植物源农药对害虫的作用独特，作用方式多样化，作用机理比较复杂，归纳起来主要有毒杀作用、拒食和忌避作用、干扰正常的生长发育作用和光活化毒杀作用等。

1. 毒杀作用

植物对昆虫最直接、最有效的作用方式就是毒杀作用。

（1）胃毒毒杀作用

毒理学研究表明，具有胃毒毒杀作用的物质都可以破坏昆虫的中肠组织，使中肠亚细胞结构发生变化，也可阻断昆虫的神经传导，抑制多种解毒酶，发挥神经毒系的作用。胃毒毒杀作用的症状为虫体脱水缩短，拉稀粪便，甚至拉出直肠或囊泡状物，直至死亡。

（2）触杀作用

害虫接触到具有触杀作用的物质，表现出兴奋状，其神经中枢即被麻醉，并且蛋白质凝固堵死虫体的气孔，从而窒息死亡。

（3）熏杀作用

大部分精油都具有熏杀作用，精油可使害虫表皮蜡质层颗粒排列发生变化，破坏中肠组织，抑制中枢神经电位自发放。鉴于熏杀的特殊方式，可用于防治仓储害虫和大棚温室害虫。

（4）内吸毒杀作用

内吸作用是一种特殊的胃毒方式，与喷雾相比对环境污染小，不易杀伤天敌。许多植物源杀虫物质具有典型的内吸毒杀活性。

2. 拒食和忌避作用

具有拒食作用和忌避作用的物质并不直接杀死害虫，而是允许其存在，迫使害虫转移选择目标。任何生物的行为都是在接受体内外信息后由神经系统和肌肉系统综合反应的结果，能够被外来化学物质所调节。具有拒食和忌避作用的物质改变害虫的体内外信息，然后影响其神经，迫使害虫做出拒食和忌避的行为。

3. 干扰正常的生长发育作用

许多植物源农药能够干扰害虫的生长发育，使卵不能正常孵化，幼虫不能正常蜕皮化蛹，蛹不能正常羽化或出现畸形，在害虫的整个生长过程中起到主导调节作用。目前认为该类活性成分是干扰了昆虫正常的内分泌系统，导致生长发育出现异常，对当代或当年的害虫影响不太明显，但可以控制下一代害虫的发生。

4. 光活化毒杀作用

光活化毒杀作用是植物源农药的活性物质借助光敏化剂发挥作用，光敏化剂是光活化毒杀作用的关键。目前被普遍接受的机制是光动力作用和光诱导毒性，即光敏化剂接受一定波长的光子产生自由基或诱发单线态氧攻击生物大分子，如脂蛋白、酶和核酸等，导致害虫的死亡或损伤。

（三）植物源农药的特点

1. 优 点

植物源杀虫剂活性成分复杂，能够作用于昆虫的多个器官系统，有利于克服抗药性。植物源农药在自然界有其自然的降解途径，不污染环境。自然界植物种类繁多，仅目前报道过的 2 400 余种具有控制有害生物活性的高等植物尚未完全开发，故植物源农药有很大的开发潜力。

2. 缺 点

大多数植物源农药发挥药效慢，有害生物大面积爆发时，不能满足迅速救灾的需要。其制剂成分复杂，活性成分易分解，且对光不稳定，需要在有光条件下才能发挥作用。

（四）植物源农药的应用

植物源农药的普遍应用，为我国农产品出口创造了十分有利的条件，增强了国农产品出口的竞争力。美国规定，凡在该国出售的蔬菜、水果，必须标明农药残留物的含量。越来越严厉苛刻的残留限量标准，正成为国际间食品、农产品贸易的"绿色壁垒"，我国传统农产品的出口正遭到严重的挑战，茶叶、蔬菜、水果、烟草等拳头产品由于农药残留超标而减少了出口或不能出口，使我国经济发展遭到了很大影响。就茶叶来说，假设运用植物源农药替代合成化学农药，就可确保茶叶无农药残留污染。目前常施用植物源农药有烟草、鱼藤、松脂合剂、除虫菊、茶子饼、闹羊花、野蒿、蓖麻、桃叶、银杏、车前草、苦参、花椒、大葱、大蒜、辣椒等。

六、动物源农药

动物源农药是由动物资源开发的农药，包括动物毒素（animal toxin）、昆虫激素（insect hormone）、昆虫信息素（pheromone）和天敌等。

动物源农药主要分为两类：一类是直接利用人工繁殖培养的活动物体，如寄生蜂、草蛉、食虫食菌瓢虫及某些专食害草的昆虫，以杀死农作物上的病虫害；另一类是利用动物体的代谢物或其体内所含有的具有特殊功能的生物活性物质，如昆虫所产生的各种内、外激素，调节昆虫的各种生理过程，杀死害虫或使其丧失生殖能力、危害功能等。

（一）动物源农药的特点

动物源农药对自然生态环境安全、无污染，一般具有高效、低毒且不易产生抗性等特点。

1. 环境相容

动物源农药来源于动物，可以分为两部分。第一部分是动物体，包括天敌和动物病原体，它们都有专一性，对非目标生物无害，不会影响人、畜、禽的健康，与环境相容性好，喷洒施用安全方便。第二部分是动物产生的特异性毒素，或是与害虫正常生命活动相关的重要调节物质，通过超量或抑制这些物质而达到干扰有害生物生长发育的目的，如昆虫的内源激素等，这类毒素在自然环境下都容易分解，残留量很低，对人、畜无毒性。但是也有些动物毒素如神经毒素的作用机理与脊椎动物相似，使用不当会有安全隐患。

2. 主动进攻

多数病原动物以及天敌动物都能主动进攻宿主，如线虫包括斯氏线虫和索科线虫都具有侵入阶段，索科线虫具口针寄生前期幼虫、斯氏线虫带鞘的三龄感染期幼虫均具备主动攻击宿主的能力，特别是寄生前期的索科幼虫，可以在水体中或借助水膜游动主动寻找宿主。赤眼蜂这类人工大量繁殖施放出去后，还有很强的飞行能力，主动进攻的意识很强。

3. 不易产生抗性

大多数动物农药使用的剂量很低，组成成分复杂，并且有些还是天然的混配复剂，对害虫有拒食、忌避、抑制生长发育、控制种群等作用，害虫不易产生抗性。许多信息素也是几种化合物的混合物而不是单一的化学纯品，昆虫对信息素没有抗性。昆虫交配干扰信息素的特异性保证了害虫的天敌不会同时受到伤害，为作物综合治理方面提供了有效的手段，同时也降低了作物保护过程中对化学农药的依赖。

4. 可以诱发害虫流行病

一些动物农药品种，如昆虫微孢子虫、昆虫病原线虫以及赤眼蜂等，具有在害虫群体中的水平或经卵垂直传播能力，在野外一定的条件下，具有定殖、扩散和发展流行的能力，不但可以对当年当代的有害生物发挥控制作用，而且对后代或者翌年的有害生物种群起到一定的抑制作用，有明显的后效。

（二）动物源农药的分类

1. 动物毒素

动物毒素是指由动物体产生的对有害生物具有毒杀作用的活性物质，如沙蚕毒素的杀虫剂杀虫双、杀虫单和多噻烷等。

2. 昆虫激素

它是由昆虫的内分泌腺体产生的具有调节昆虫生长发育功能的微量活性物质，如保幼激素、脱皮激素、脑激素等，又称内激素。

3. 昆虫信息素

昆虫信息素是指由昆虫产生的作为种内或种间个体之间传递信息的微量活性物质，又称昆虫外激素。

4. 天敌动物

对有害生物具有捕食和寄生作用的天敌动物进行商品化繁殖后释放，可起到防治作用，如释放赤眼蜂防治卷叶蛾等。

（三）动物源农药的作用机制及应用

1. 昆虫内源激素类生物农药

（1）保幼激素类似物（juvenile hormones analog，JHA）：保幼激素类似物合成量已超过1 000 种，作为农药注册登记并大面积投入应用的有烯虫酯、蒙-512、双氧威等。其作用机制是抑制昆虫卵的孵化，促进发育早期的胚胎死亡，阻碍雌性个体卵的产生。少量使用即可对鳞翅目、半翅目、鞘翅目和直翅目等昆虫产生很大的毒效，引起昆虫不育甚至死亡。此外，还可起到杀卵剂的作用，使孵化率降低或者胚胎发育不正常。

（2）蜕皮激素类似物（moulting hormone analog，MHA）：蜕皮激素（moulting hormone）由昆虫胸腺分泌，对昆虫生长、发育和繁殖有重要的调控作用。室内检测结果表明，蜕皮激素类似物虫酰肼（RH25992）对水稻二化螟具有较高的拒食活性，2 mg/L 以上可使 4 龄二化螟在 2 d 内停止取食，0.2 mg/L 即可显著抑制其生长发育，导致幼虫最终不能化蛹。虫酰肼对不同日龄二化螟均具有较高活性，对初孵蚁螟 40 mg/L 的杀虫效果高达 97.8%，对于 1~7 日龄幼虫，120 mg/L 的防治效果均在 90% 以上。

2. 昆虫信息素（insect pheromone）

昆虫信息素包括聚集信息素、示踪信息素、报警信息素、性信息素等，主要应用在昆虫种群预测预报、干扰交配、大量诱捕 3 个方面。

3. 微孢子虫（microsporidia）

微孢子虫是一类专营细胞内寄生、无线粒体结构的单细胞原生动物，几乎所有动物中都有微孢子虫寄生。微孢子虫杀虫剂使用广泛，其宿主范围广，包括鳞翅目、半翅目、鞘翅目、直翅目、膜翅目和蜉蝣目的多种昆虫，常用的有蝗虫微孢子虫、行军微孢子虫和云杉卷叶蛾微孢子虫等。微孢子虫无论是在实验室条件下还是在田间应用都能引起昆虫的流行病，导致昆虫死亡。

4. 昆虫忌避剂

目前共开发了 296 种昆虫和其他节肢动物产生昆虫忌避剂，但仅限于卫生害虫的防治，如避蚊胺、避蚊醇等。

5. 节肢动物毒素（arthropod toxin）

这一类型毒素是节肢动物（包括昆虫）产生的用于保卫自身、抵御敌人、攻击猎物的天然产物，现已研制开发的有杀螟丹、杀虫双、杀虫单巴丹等一系列商品化杀虫剂。如杀虫单是一种新型强内吸性杀虫剂，能有效防治稻螟虫和菜螟。

第六节　环境污染与植物修复

植物修复（phytoremediation）是指以植物忍耐和超量积累某种或某些化学元素的理论为基础，利用植物及共存微生物体系清除环境中污染物的一门环境污染治理技术。植物修复的类型有植物萃取、植物固定、根际过滤和植物蒸发等。将植物修复技术应用于水环境，即水生植物修复技术（hydrophyte remediation），是以水生植物忍耐和富集某种或某些有机、无机污染物为理论基础，利用水生植物或其与微生物的共生关系，清除水环境中污染物的一种环境生物技术。

一、植物修复在水环境中的应用

（一）对重金属的植物修复

重金属的植物修复是很有前途的绿色生物技术，人们试图利用植物特性对水环境中的污染物进行降解的生物过程，实现重金属在植物中的超富集，达到"种植物，收金属"的效果。目前对有关超富集植物已经有一定的研究基础，通过育种或转基因技术把超富集性状转移到生长速度快、适应环境能力强的植物中，开发"超富集植物倾向"的传统植物，如从遏兰菜属的 Zn、Cd 超富集植物浅蓝遏兰菜克隆到了 Zn(Cd) 转移蛋白 ZNT1、ZNT2、ZNT4、ZNT5、ZTP1、ZNT1LC 基因，Fe 转移蛋白 IRT1G 基因。迄今为止，育种或转基因技术应用于植物修复的研究刚刚起步，还未达到商业化水平。

（二）对无机营养元素 N、P 的植物修复

由于水环境恶化，富营养化问题日趋严重，导致水生植物群落衰退，生物多样性降低，水环境系统遭到破坏。中国科学院水生生物研究所在湖北黄石完成的污水净化和污水资源化双重功能的新型稳定塘设计实验证明，水生植物修复具有明显去除 N、P 的效果。

（三）对有机污染物的植物修复

随着新兴工农业的发展和人民生活水平的不断提高，环境中有机物种类增多，传统的微生物修复已经不能达到预期效果，植物修复具有独特优势，甚至已经达到野外应用的水平。

1. 对残余农药的植物修复

许多国家已经停止使用有机农药，但其对水环境的影响依然存在，天然水体中仍可检测到农药残留，如典型的杀虫剂 DDT 及其代谢物都是持久性污染物。在无菌条件下，水生植物鹦鹉毛、浮萍、伊乐藻 6 d 内可以富集全部水环境中的 DDT，并能将 1% ~ 13% 的 DDT 降解为 DDD 和 DDE。

2. 对多环芳烃的植物修复

多环芳烃是指两个以上苯环以稠环形式相连的化合物，是一类广泛存在于环境中具有致癌、致畸、致突变性的持久性有机污染物。植物修复多环芳烃是一种可行的、低价的原位修复技术。一些发达国家已开始应用该项技术，如人们在法国北部的前炼焦厂污染土壤上种植多种不同的类型植物，36 个月后多环芳烃质量浓度最多减少了 26%，说明混合种植的草本植物适于进行植物修复。

3. 对硝基芳香化合物的植物修复

硝基苯为无色或淡黄色油状液体，具有苦杏仁味，液体本身及其蒸气有毒，具有致突变、致癌性、水环境中的硝基芳香化合物污染主要来自于炸药工业。在美国国防部确定的 1 000 多个炸药污染区域中，95% 以上为 TNT 污染，且 87% 超过允许的地下水污染标准。而 TNT 的植物修复是一项耗能很低或不需能源、对人类和水环境无副作用、不会造成二次污染的治理方法。

二、植物修复的研究方向

植物修复在水环境污染控制与修复中具有重要的作用，应用前景十分显著，应加强植物修复机理的研究，尤其对植物根系微生物共存体系的研究；加强超积累植物的筛选和栽培，寻找更多指示污染物有效性的野生或栽培植物，采用转基因工程技术改造植物，以获得具有强大富集能力的理想超积累植物；加强辅助措施优化植物修复过程，将园艺学、土壤学、植物生理学与分子生物学等结合起来，研究元素在植物修复中的途径；加强多种修复技术联合应用的研究；植物修复应与物理修复、化学修复、微生物修复等其他修复技术相结合。

第七节　生物技术在农产品加工中的应用

一、概　述

生物技术在农产品加工方面的应用可追溯到几千年前，伴随着人类社会由狩猎向农业、畜牧业转变而出现，对人类社会文明的发展有着非常重要的促进作用。公元前 6000 年，古埃及人和古巴比伦人用微生物发酵生产酒精，并开始酿造啤酒。我国也在石器时代后期开始利用谷物酿酒。公元前 4000 年，古埃及人开始用酵母菌发酵生产面包。公元前 221 年（周代后期）我国人民已能掌握传统发酵技术用以制作豆腐、酱油和醋。

农产品加工工业是生物技术应用的重要领域，现代生物技术在农产品加工行业中的应用主要体现在以下 5 方面：

（1）通过基因工程和细胞工程改善食品原料农产品的品质，提高其产量；

（2）利用基因工程、发酵工程生产用于农产品保鲜的"绿色"抗氧化剂、防腐剂等；

（3）通过基因工程、发酵工程、酶工程、蛋白质工程和分子进化工程将农副产品加工成食品，如酒类、有机酸、氨基酸以及发酵食品等，使食品加工工艺高效化，提高食品的附加值，提高农产品的利用率，以及提高食品的保健功能；

（4）利用基因工程、酶工程和发酵工程减少食品的损失，提高食品质量管理的效率，保证食品质量和安全性；

（5）通过发酵工程和酶工程处理废弃物，提高资源的利用率并减少环境污染。

此外，在农产品安全监测、农产品副产物综合利用生产功能性食品和食品添加剂、食品包装等方面，生物技术也得到了广泛的应用。随着转基因技术在农产品领域的突破和应用，农产品加工业快速发生了相应的变化，出现了由转基因农产品加工成的食品，即转基因食品。转基因是指利用分子生物学手段，将某些生物的基因转移到其他生物物种中，使其出现原物种不具有的性状或产物。以转基因生物为原料加工生产的食品为转基因食品。通过这种技术，人类可以获得更符合人们需求的食品，它具有产量高、营养丰富、品质好、抗病力强等优势。根据原料来源，转基因食品可分为植物源、动物源和微生物源转基因食品。其中，植物源食品发展速度最快。

（一）生产加工方面

食品工业利用转基因微生物及其酶制剂是各国科学家竞相研究的重要领域。在转基因技术中，主要是通过对微生物特殊代谢产物的编码基因的鉴定和转移，达到强化食品的营养、并获得特殊的功能特性的目的。如在人类已知的 7000 多种酶类中，能在自然界存在并已商业化生产的仅有 50 多种。更多的酶制剂可通过利用 GM 微生物生产，目前已有多种酶制剂成功地利用基因工程菌进行商业化生产。从小牛胃中提取的用于奶酪生产的凝乳酶现在已利用基因工程技术生产。利用基因工程技术可使许多酶和蛋白质的基因克隆和表达，比较成功的有牛凝乳蛋白酶、α-淀粉酶、乳糖酶、脂酶、β-葡聚糖酶及一些蛋白酶，其中 α-淀粉酶、蛋白酶、葡糖异构酶等已大量生产。此外，目前已用重组技术得到的工程菌生产只含单一成分的纤维素酶、木聚糖酶，并且已进入商业化生产，应用效果大为提高，生产成本相应降低。由多种细菌和霉菌生产的耐高温淀粉酶制剂已广泛用于食品加工，转基因生物正在极大地改变酶制剂的利用价值。又如，转谷氨酰胺酶是一种催化蛋白质中酰胺基转移反应的酶，使蛋白质之间产生共价交联，从而改善蛋白质的性质，在食品加工中，用于食品蛋白质的改性和食品质地的改良，增加弹性、韧性，易于产品成型和定型加工，提高食品的营养价值，创造出新类型的食品。

（二）深加工——食品添加剂

利用微生物生产的食品添加剂主要有维生素、抗氧化剂、防腐剂、增鲜剂、甜味剂和微生物色素等。目前维生素类如维生素 C、维生素 B_2 和维生素 B_{12} 可用发酵法生产，而且维生素 C、维生素 B_2 已能用基因工程菌生产。食用糖醇类甜味剂可用发酵法生产，如阿拉伯糖醇、木糖醇、甘露糖醇和赤藓糖醇等。利用细胞融合技术和基因工程技术，选育出生产用高产菌株，如生产谷氨酸、苏氨酸、苯丙氨酸、色氨酸等的优良菌种，不仅产量高，而且发酵周期大大缩短。利用细胞工程技术和基因工程技术还可以生产具有特殊风味的香味剂和风味剂，如香草素、菠萝风味剂、可可香素等。利用重组微生物可生产来自自然界、提取成本较高的色素，如辣椒素、类胡萝卜素、花色苷素、紫色素等，而且这些色素的色调和稳定性好，生产成本较低。据报道，用转基因大肠杆菌生产玉米黄素的最高产量可达到 289 $\mu g/g$。目前，通过基因工程技术生产高效乳链球菌素已经成功，正在进行研究和开发的还有风味物质和芳香物质等，预计不久后投入产业化的品种将大量增加。

（三）包装和检测方面的应用

现代生物技术在食品包装上的应用主要是创造一种有利于食品保质的环境，如葡萄糖氧化酶能除 O_2，延长食品的保鲜期，保持食品色、香、味的稳定性，应用于茶叶、冰淇淋、奶粉、罐头等产品的除氧包装；溶菌酶能消除有害微生物的繁殖，而让某些有益菌得以繁殖，被广泛应用于清酒、乳制品、水产品、香肠、奶油、生面条等食品中，以延长保鲜期。利用生物技术制造有特殊功能的包装材料，如包装纸、包装膜中加入生物酶，使其具有抗氧化、杀菌、延长使用寿命等功能。利用生物技术改变食物储藏方式和储藏期，如利用基因工程技术生产耐储番茄等，延长货架期。利用生物技术还可生产生物可降解的食品包装材料，建立食品的质量检测方法，处理食品工业废水等，如用固定化酶技术制备酶电极、酶试纸，可以快速简便地检测食品中的化学成分；利用基因工程的 DNA 指纹技术可以鉴定食品原料和终端产品是否掺假，检测谷物、坚果、牛奶中是否含有微量毒素；利用 PCR 技术可迅速检测是否为转基因食品，利用生物转化、厌氧发酵等方法处理食品工业废水，使 BOD、COD（生化需氧量和化学需氧量）大大降低，减少对新鲜水的消耗，有利于降低生产成本和保护生态环境。

二、基因工程在农产品加工中的应用

（一）改造食品微生物

基因工程技术采用类似工程设计的方法，按照人类的特殊需要，将具有遗传性的目的基因在离体条件下进行剪切、组合、拼接，再将人工重组的基因通过载体导入受体细胞，进行无性繁殖，并使目的基因在受体细胞中快速表达，生产出人类所需要的产品或组建新的生物类型。

1. 改良微生物菌种

最早成功应用的基因工程菌（采用基因工程改造的微生物）是面包酵母菌（*Saccharomyces cerevisiae*）。人们把具有优良特性的酶基因转移至该食品微生物中，使该酵母含有的麦芽糖透性酶（maltose permease）及麦芽糖酶（maltase）含量大大提高，面包加工中产生 CO_2 气体量提高，用这种菌制造出来的面包膨发性能良好、松软可口。

人们采用基因工程技术，将大麦中 α-淀粉酶基因转入啤酒酵母中并实现高速表达，这种酵母便可直接利用淀粉进行发酵，无须利用麦芽生产 α-淀粉酶的过程，可缩短生产流程，简化工序，推动啤酒生产的技术革新。在干啤酒生产中，把糖化酶基因直接导入啤酒酵母中，可减少外加糖化酶或异淀粉酶来提高麦汁可发酵性糖的比例这一过程，减少生产工序，同时减低了生产成本，实现直接发酵生产干啤酒和淡色啤酒。目前，已成功地选育出分解 β-葡聚糖和分解糊精的啤酒酵母菌株、嗜杀啤酒酵母菌株、提高生香物质含量的啤酒酵母菌株。

食品生产中所应用的食品添加剂或加工助剂，如氨基酸、有机酸、维生素、增稠剂、乳化剂、表面活性剂、食用色素、食用香精及调味料等，也可以采用基因工程发酵生产而得到，基因工程对微生物菌种改良前景广阔。

2. 改良乳酸菌遗传特性

通过基因工程得到的乳酸菌发酵剂具有优良的发酵性能，产双乙酰能力、蛋白水解能力、胞外多糖的稳定形成能力、抗杂菌和病原菌的能力较强。

（1）抗药基因

从食品安全性角度来说，一般应选择没有或含有尽可能少的可转移耐药因子的乳酸菌，作为发酵食品和活菌制剂的菌株，当然也可去除生产中已应用菌株中含有的耐药质粒，从而保证食品用乳酸菌和活菌制剂中菌株的安全性。

（2）风味物质基因

乳酸菌发酵产物中与风味有关的物质主要有乳酸、乙醛、丁二酮、3-羟基-2-丁酮、丙酮和丁酮等，可通过基因工程选育风味物质产量高的乳酸菌菌株。此外，乳酸菌产生的黏性物质（黏多糖）对产品的风味和硬度也起着重要的作用。筛选产生黏多糖物质多的乳酸菌菌株或将产黏多糖基因克隆到生产用乳酸菌菌株中，也具有良好的应用前景。

（3）产酶基因

乳酸菌不仅具有一般微生物所产生的酶系，而且还可以产生一些特殊的酶系，如产生有机酸的酶系、合成多糖的酶系、降低胆固醇的酶系、控制内毒素的酶系、分解脂肪的酶系、合成各种维生素的酶系和分解胆酸的酶系等，从而赋予乳酸菌特殊的生理功能。通过基因工程克隆这些酶系，然后导入生产干酪、酸奶等发酵乳制品用的乳酸菌菌株中，会促进和加速这些产品的成熟。另外，把胆固醇氧化酶基因转入乳酸杆菌中，可降低乳中胆固醇含量。

（4）耐氧相关基因

乳酸菌大多属于厌氧菌，给实验和生产带来诸多不便。从遗传学和生化角度看，厌氧菌或兼性厌氧菌几乎没有超氧化物歧化酶（SOD）基因和过氧化氢酶（POD）基因或其活性很小。通过生物工程改变超氧化物歧化酶的调控基因，则有可能提高其耐氧活性；将外源 SOD 基因和 POD 基因转入厌氧菌中，也可以提高厌氧菌和兼性厌氧菌对氧的抵抗能力。

（5）产细菌素基因

乳酸菌代谢不仅可以产生有机酸等产物，还可以产生多种细菌素。然而，并不是所有的乳酸菌都产生细菌素，若通过生物工程技术将细菌素的结构基因克隆到生产用菌株中，不仅可以使不产细菌素的菌株获得产细菌的能力，而且为人工合成大量的细菌素提供了可能。

3. 酶制剂的生产

凝乳酶（chymosin）是第一个应用基因工程技术把小牛胃中凝乳酶基因转移至细菌或真核微生物中生产的酶，利用基因工程生产凝乳酶是解决凝乳酶供不应求的理想途径。

（二）改善动物食品原料的品质

1. 改良动物食品性状

（1）肉品品质的改良

目前，生长速度快、抗病力强、肉质好的转基因兔、猪、鸡、鱼已经问世，基因工程生产的动物生长激素对加速动物的生长、改善饲养动物的效率、改变畜产动物和鱼类的营养品质等方面具有广阔的应用前景。为了提高猪的瘦肉含量或降低猪脂肪含量，可采用基因重组的猪生长激素注射入猪体内，便可使猪瘦肉型化，有利于改善肉的品质。在肉的嫩化方面，可利用生物工程技术对动物体内的肌肉生长发育基因进行调控，通过活体调控钙激活酶系统和调控脂肪在畜体内沉积顺序，可改善肉质，获得嫩度好的肉。

（2）乳品品质改良

乳品品质改良包括几方面。一是提高牛乳产量。有人将基因工程技术生产的牛生长激素注射到母牛体内，由此可提高母牛产奶量。二是改善牛乳成分。1985年，美国奶业协会进行了一项调查研究，结果表明全世界约70%的人口患有乳糖不耐症，而通过转基因技术可以减少乳中的乳糖含量。牛乳和人乳之间有很多不同的功能成分。人乳中乳清蛋白含量比酪蛋白高，并且乳铁蛋白和溶菌酶含量高，但是人乳中缺乏 β-乳球蛋白。为了使牛乳母乳化，满足婴幼儿营养需求，可通过转基因技术抑制牛乳腺细胞中乳球蛋白的生成，同时在牛乳中增加人乳中所含的一些蛋白。三是表达用于治疗药物的蛋白。四是提高加工中的牛乳热稳定性。

2. 改造植物性食品原料

基因工程改造过的马铃薯可以提高固形物含量；经基因工程改造后的大豆、芥花籽，其植物油组成中不饱和脂肪酸的比例较高，可提高食用油的品质；谷物蛋白质中的氨基酸比例也可以采用基因工程方法改变，弥补赖氨酸等氨基酸含量较少的缺陷，使其具有完全蛋白质的来源，提高营养价值。

（1）植物蛋白质品质改良

植物蛋白质品质改良包括以下两方面：一是提高作物中蛋白质的含量。大部分作物的蛋白质含量低，氨基酸构成不合理，利用基因工程技术提高农作物中蛋白质的含量和质量，已取得一定突破。二是改良氨基酸组成。基因工程技术在改善农作物种子蛋白中氨基酸组成方面发挥着重要作用，如小麦、玉米等谷物种子缺乏赖氨酸，豆类作物种子缺乏蛋氨酸，将富含赖氨酸和蛋氨酸的种子分离，与这些氨基酸合成相关的基因，并转入相应的作物中去，可以得到相应高含量氨基酸的蛋白质。

（2）植物淀粉改良

植物淀粉改良包括以下3方面：一是提高淀粉含量；二是对淀粉的组成进行改良；三是提高淀粉中的糖分含量。

（3）植物油脂改良

现有的植物油脂很难适应食品加工和营养两方面的需求，因此，有必要利用基因工程技术对植物脂质加以改造。例如，美国杜邦公司通过反义抑制和共同抑制油酸酯脱氢酶，成功开发出高油酸含量的大豆油，这种新型大豆油中含有80%以上的油酸，而普通大豆油只含有24%的油酸。此外，这种新型的大豆油拥有良好的氧化稳定性，非常适合用作煎炸油和烹调油。美国Calgene公司用同样的转基因技术开发出高硬脂酸含量的大豆油和芥花油，这些转基因的新型油可取代氢化油，用于制造人造奶油、液体起酥油和可可脂替代品，并且不含氢化油含有的反式脂肪酸产物。

（4）提高食品中的维生素含量

人类必须通过食物摄取维生素，通过转基因技术可提高食品中的维生素含量，如先正达种子公司培育的第二代转基因水稻的维生素A、β-胡萝卜素含量比传统水稻提高了20多倍，达37 mg/g鲜大米。

（5）改善园艺产品的采后品质

利用基因工程技术延缓果蔬成熟与衰老，控制果实软化，提高抗病虫和抗冷害能力等方面均有广阔的应用前景。

（三）改进食品生产工艺

利用基因工程改进食品生产工艺，如利用 DNA 重组技术改进果糖和乙醇生产方法，改良啤酒大麦的加工工艺，改良小麦种子储藏蛋白的烘烤特性，提高马铃薯的加工性能。

（四）改良食品的风味

利用基因工程改良食品的风味包括甜蛋白的生产、改良酱油风味、改良啤酒风味等。

（五）生产食品添加剂及功能性食品

利用基因工程生产食品添加剂及功能性食品包括生产氨基酸、生产黄原胶、POD 的基因工程、生产保健食品的有效成分等。

三、细胞工程在农产品加工中的应用

（一）概　述

细胞工程包括细胞培养、细胞融合及细胞代谢物的生产等。细胞融合技术是一种改良微生物发酵菌种的有效方法，主要用于改良微生物菌种特性，提高目的产物的产量，使菌种获得新的性状，合成新产物等。与基因工程技术结合，对遗传物质进一步修饰提供了多样的可能性。例如，日本味之素公司应用细胞融合技术使产生氨基酸的短杆菌杂交，获得比原产量高 3 倍的赖氨酸生产菌和苏氨酸生产新菌株。酿酒酵母和糖化酵母的种间杂交，分离后子代中个别菌株具有糖化和发酵的双重能力。日本国税厅酿造试验运用该技术获得了优良的高性能谢利酵母，酿制西班牙谢利白葡萄酒获得了成功。

目前，微生物细胞融合的对象已扩展到酵母、霉菌、细菌、放线菌等多种微生物的种间以至属间，不断培育出用于各种领域的新菌种。

（二）植物细胞工程在农产品加工中的应用

1. 利用植物细胞工程生产香料

利用植物细胞大规模培养技术已能生产许多种香料物质。例如，在洋葱细胞培养中，从蒜碱酶抑制剂羟基胺中提取出香料物质的前体——烷基半胱氨酸磺胺化合物。在玫瑰的细胞培养中发现增加成熟的不分裂细胞能产生除五倍子酸、表儿茶、儿茶酸之外的更多酚类物质。

2. 利用植物细胞培养技术生产食品添加剂

进入 20 世纪 70 年代以来，人们才在天然食品添加剂生产方面有了重大突破。色素——

甜菜苷：红色素甜菜苷是一种糖苷，由甜菜苷配基和葡萄糖组成，可用于食物着色，使用含有 3% 蔗糖、1 mg/L 的 2,4-D 的 MS 培养基，细胞在 28 ℃、1 500 lx 日光灯下摇床培养，通过纤维素柱色谱分析，由 1 g 干细胞制得 30 mg 粗制色素，鉴定其物理、化学性质，与甜菜苷一样。甜味剂——甜菊苷：甜菊叶中含有的一种类皂角苷，是一种天然甜味剂，甜度大，约是蔗糖的 300 倍。该植物用种子繁殖非常困难，无性繁殖还存在品质退化问题。

通过薄层色谱证明，在甜菊叶愈伤组织和悬浮培养物的提取液中含有甜菊苷。鲜味剂——5-核苷酸和有关的酶：在长春花培养的细胞中能积累磷酸二酯酶，此酶能催化细胞中 RNA 分解成 5-核苷酸，这类核苷酸是一种味道极好的调味品。防腐剂——没食子酸乙酯：在多种植物培养物中发现抗微生物活性是由于细胞形成大量的没食子酸乙酯所致。

3. 利用植物细胞培养技术生产天然食品

除食品添加剂外，用植物细胞培养技术还可生产天然食品，如从咖啡培养细胞中可收集可可碱和咖啡因；用放线菌素 D、黑曲霉多糖或钒酸钠处理豇豆、红豆、蛋型植物的培养细胞，可诱导、产生出 5 种黄豆苷；从海藻的愈伤组织培养物中可生产琼脂等。

4. 利用植物细胞培养技术生产植物药

现在已有 60 多种药用植物可通过组织细胞培养技术生产其内含的药物，有 30 多种药用植物细胞培养物积累的药物含量等于或超过其亲本植株的含量，后者包括人参皂苷、迷迭香酸、醌和治疗某些心脏病的辅酶 Q_{10} 等。利用植物组织培养除了能够产生原植物已有的天然药物外，还能够进行生物转化和产生原植物所没有的药物。

5. 利用植物细胞培养生产抗氧化剂

利用细胞培养生产人体所需的抗氧化剂越来越受到重视。例如，向日葵绿色愈伤组织在含 0.5 mg/L 的 6-BA 和 NAA 的 MS 培养基上可产生 15 μg/g 的 α-生育酚；当加入前体物质尿黑酸，α-生育酚的产量可提高 30%；添加 5 μmol/L 的茉莉酸处理 72 h 可使 α-生育酚产量提高 49%。

四、蛋白质工程在农产品加工中的应用

（一）改变酶的最适 pH 条件

改变食品酶的最适 pH 条件使酶适应食品加工环境，在工艺控制上显然是十分重要的，葡萄糖异构酶就是一个很好的例子。以淀粉为原料，经 α-淀粉酶和糖化酶的作用生成葡萄糖，然后利用葡萄糖异构酶将葡萄糖转变成高果糖浆，就可以生产出新型的食品添加剂——高果糖浆。由于糖化酶反应的 pH 为酸性条件，但葡萄糖异构酶的最适 pH 为碱性条件，所以尽管某些细菌来源的葡萄糖异构酶在 80 ℃ 时稳定，但在碱性条件下，80 ℃ 将导致高果糖浆"焦化"并产生有害物质。因此，反应只能在 60 ℃ 下进行。如果能将酶的最适 pH 改为酸性，则不仅可使反应在高温下进行，也可避免反复调节 pH 过程中所产生的盐离子，从而省去离子交换工序，其经济效益显而易见。目前，一些科学家已采用盒式突变技术将酶分子中酸

性氨基酸集中的区域置换为碱性氨基酸,对于改变葡萄糖异构酶的 pH 适应性有积极的促进作用。

(二)修饰 Nisin 的生物防腐效应

Nisin 是一种乳酸乳球菌在代谢过程中合成和分泌的有较强抑菌作用的小分子肽,是目前研究最多、应用较广、由乳酸菌产生的唯一能应用于商业化生产的细菌素。1969 年,世界粮农组织和世界卫生组织同意将 Nisin 作为一种生物型防腐剂应用于食品工业,以便提高食品货架期。1992 年,我国卫生部食品监督部门将 Nisin 列入国标 GB2760—86 中的增补品,用于罐藏食品、植物蛋白食品、乳制品和肉制品的保藏。迄今为止,Nisin 已在全世界约 60 个国家和地区被用作食品保护剂,并获得了广泛应用。

利用蛋白质工程技术可以了解 Nisin 残体中氨基酸的特殊作用。例如,在自然状态下,Nisin 分子有两种形式:Nisin A 和 Nisin Z。Nisin A 与 Nisin Z 的差异仅在于氨基酸顺序上第 27 位氨基酸的种类不同,Nisin A 是组氨酸,而 Nisin Z 是天门冬氨酸。除了与 Nisin A 一样有相似的生物活性外,在同样浓度下,Nisin Z 的溶解度和抗菌能力都比 Nisin A 强,特别是 Nisin Z 在介质中有更好的扩散性。人为地改变 Nisin A 氨基酸的序列将提高我们对 Nisin 生物合成中特定氨基酸作用的了解,并通过蛋白质工程对 Nisin 的特性加以改造(如增强稳定性、增加溶解度和扩大抑菌谱等),扩大 Nisin 的应用范围。

五、酶工程在农产品加工中的应用

早在古代我国劳动人民就开始将产酶的微生物运用于食品的制作中。在现代食品工业中,酶的应用已渗透到各个领域。随着固定化酶、修饰酶、基因工程酶等技术的突破性进展,酶工程在食品工业中的应用将更加广泛与深入。

(一)改进啤酒工艺,提高啤酒质量

传统的啤酒生产主要依靠麦芽中的 α-, β-淀粉酶的水解作用生成麦芽糖,进而发酵过滤等,又称全麦啤酒。但传统的生产过程缓慢,效率低,难以适应现代化生产的要求。现在正逐步向外加酶制剂的方向发展,多种酶的添加成为现代啤酒技术进步的一个标志。

1. 固定化生物催化剂酿造啤酒新工艺

利用固定化酶和固定化细胞技术酿造酒是近年来国外啤酒工业的新工艺,把固定化酶与固定化细胞技术结合起来,可研制一种新型的生物催化剂——微生物细胞与酶结合型的固定化生物催化剂,用于啤酒酿造。固定化的方法主要有以下两种:一种是以藻朊酸为交联剂,通过与酶共价结合,再把微生物细胞包埋进去;另一种是将干燥的微生物酵母细胞悬浮在酶液中,使两者充分混合,脱水后加戊二醛和鞣酸(单宁)使两者结合起来。

2. 固定化酶用于啤酒澄清

啤酒中含有多肽和多酚物质，在长期放置过程中，会发生聚合反应，使啤酒变浑浊。在啤酒中添加木瓜蛋白酶等蛋白酶，可水解其中的蛋白质和多肽，防止出现浑浊。但如果水解作用过度，会影响啤酒泡沫的保持性。研究用固定化木瓜蛋白酶来处理啤酒，既可克服蛋白酶的这一缺陷，又可防止啤酒变浑浊。

Witt 等用戊二醛交联把木瓜蛋白酶固定化，可连续水解啤酒中的多肽。在 0 ℃ 下施加一定的二氧化碳压力，将经预过滤的啤酒通过木瓜蛋白酶的反应柱，得到的啤酒可在长期储存中保持稳定。Finley 等报道，木瓜蛋白酶固定在几丁质上，在大罐内冷藏或过滤后装瓶时处理啤酒，通过调节流速和反应时间，可以精确控制蛋白质的分解程度。固定化酶可以多次反复使用，成本低廉。经处理后的啤酒在风味上与传统啤酒无明显的差异。

3. 添加蛋白酶和葡萄糖氧化酶，提高啤酒稳定性

啤酒是一种营养丰富的胶体溶液，啤酒的稳定性通常可分为生物稳定性和非生物稳定性。非生物稳定性是啤酒生产全过程中的综合技术问题，这是当前亟待深入探讨的课题。添加酶制剂是较为有效而安全的措施。

（1）添加蛋白酶，提高啤酒稳定性

目前主要采用添加菠萝蛋白酶和木瓜蛋白酶，加入方式多数是在成熟啤酒过滤之前，与酒液混合进过滤机，或者直接加入清酒罐中。但在生产过程中蛋白酶的添加量必须严格控制，否则会对啤酒的持泡性产生不良影响。固定化木瓜蛋白酶技术的应用，可简化处理过程。用聚丙腈戊二醛交联制得的固定化木瓜蛋白酶，每克表现活力达 150 U 以上，效率高，使用安全。这种方法生产的啤酒具有良好的稳定性，对泡沫的影响不大。浊度强化实验表明，保存期可达 180 d 以上。

（2）添加葡萄糖氧化酶，提高啤酒稳定性和保质期

氧化作用是促使啤酒浑浊的重要因素，啤酒中多酚类物质的氧化不仅加速了浑浊物质的形成，而且使啤酒色泽加深，影响啤酒风味。

葡萄糖氧化酶能催化葡萄糖生成葡萄糖酸，同时消耗了氧，起到脱氧作用。葡萄糖氧化酶的存在可以去除啤酒中的溶氧和成品酒中的瓶颈氧，是阻止啤酒氧化变质、防止老化、保持啤酒原有风味、延长保质期的一项有效措施。葡萄糖氧化酶是一种天然食品添加剂，无毒副作用，该酶在 pH 3.5 ~ 6.5、温度 20 ~ 70 ℃ 范围内均可稳定发挥作用，作用后不产生沉淀与浑浊现象，可在啤酒行业大力推广。

4. β-葡聚糖酶用于提高啤酒的持泡性

啤酒原料大麦中含有一种称为 β-葡聚糖的黏性多糖，适量的 β-葡聚糖是构成啤酒酒体和泡沫的重要成分，但过量却会产生不利影响。在发酵阶段，过量的 β-葡聚糖可与蛋白质结合，使啤酒酵母产生沉降，影响发酵的正常进行。如果成品啤酒中 β-葡聚糖含量超标，容易形成雾浊或凝胶沉淀，严重影响产品质量。

原料大麦本身不含 β-葡聚糖酶，在发芽过程中会产生一定量的 β-葡聚糖酶，并对 β-葡聚糖进行降解，在生产中常因发芽欠佳而导致 β-葡聚糖超标。添加 β-葡聚糖酶来降低 β-葡聚糖含量，可保障糖化和发酵的正常进行，提高啤酒的持泡性和稳定性。

5. 降低啤酒中双乙酰含量

双乙酰即丁二酮，其含量多少是影响啤酒风味的重要因素，是品评啤酒是否成熟的主要依据，在一定程度上决定着啤酒的质量。双乙酰由 α-乙酰乳酸经非酶氧化脱羧形成，是啤酒酵母在发酵过程中形成的代谢副产物。在啤酒生产中，双乙酰的形成与消除直接影响啤酒成熟和发酵周期。一般成品啤酒中双乙酰含量不得超过 0.1 mg/L，否则会使啤酒带有不愉快的馊味。

α-乙酰乳酸脱羧酶可使 α-乙酰乳酸转化为 3-羟基丙酮，改变了 α-乙酰乳酸的转化途径，从而有效地降低了啤酒中双乙酰的含量，加快啤酒的成熟。

6. 改进工艺，生产干啤酒

与普通啤酒相比，干啤酒具有发酵度高、残糖低、热量低、干爽及饮后无余味等特点，已成为目前国际市场上的新潮饮品。

生产干啤酒要求提高发酵度和降低残糖。提高发酵度主要通过提高麦汁可发酵糖的含量或选育高发酵度的菌种，提高麦汁可发酵糖的含量可以直接添加蔗糖、糖浆等可发酵糖，也可以添加酶制剂强化淀粉糖化。前者较简单，不需要另增加设备，但成本高，效率低，操作麻烦；后者使用方便，成本低，效率高，经济合算。通过添加 α-淀粉酶、异淀粉酶、糖化酶、普鲁兰酶等酶制剂，可以提高发酵度，酿造干啤酒。

（二）改进果酒、果汁饮料生产工艺

柑橘酶可用于分解柑橘类果肉和果汁中的柚皮苷，脱除苦味；橙皮苷酶可使橙皮苷分解，能有效地防止柑橘类罐头制品出现白色浑浊；果胶酶可用于果汁和果酒的澄清；纤维素酶可将传统加工中果皮渣等废弃物综合利用，促进果汁的提取与澄清，提高可溶性固形物含量。目前已成功地将柑橘皮渣酶解制取全果饮料，其中的粗纤维经纤维素酶的酶解后，转化为可溶性糖和低聚糖，构成全果饮料中的膳食纤维，具有一定的医疗保健价值。

（三）食品保鲜

食品保鲜是食品加工、运输和保存过程中的一个重要课题，常见的保鲜技术主要有添加防腐剂或保鲜剂、冷冻、加热、干燥、密封、腌制、烟熏等。随着人们对食品的要求不断提高和科学技术的不断发展，一种崭新的食品保鲜技术——酶法保鲜正在崛起。由于酶具有专一性强、催化效率高、作用条件温和等特点，可广泛地应用于各种食品的保鲜。

酶法保鲜的原理是利用酶的催化作用，防止或消除外界因素对食品的不良影响，在较长时间内保持食品原有的品质和风味。目前应用较多的是葡萄糖氧化酶和溶菌酶的酶法保鲜。

葡萄糖氧化酶是一种氧化还原酶，它可催化葡萄糖与氧反应，生成葡萄糖酸和双氧水，有效地防止食品成分的氧化，起到食品保鲜的作用。比如，葡萄糖氧化酶加入花生、奶粉、饼干、冰淇淋、油炸食品等富含油脂的食品中，可有效地防止这些食品的氧化酸败。葡萄糖氧化酶可直接加入啤酒及果汁、果酒、水果罐头中，不仅起到防止食品氧化变质的作用，还可有效防止灌装容器的氧化腐蚀。含有葡萄糖氧化酶的吸氧保鲜袋也已在生产中得到广泛应用。葡萄糖氧化酶可以在有氧条件下，将蛋类制品中的少量葡萄糖除去，从而有效地防止蛋制品的褐变，提高产品的质量。

溶菌酶对人体无害，可有效防止细菌对食品的污染，用途广泛。用一定浓度的溶菌酶溶液进行喷洒，即可对水产品起到防腐保鲜效果，既可节省冷冻保鲜的高昂设备投资，又可防止盐腌、干制引起产品风味的改变，简单实用，易于推广。在干酪、鲜奶或奶粉中加入一定量的溶菌酶，可防止微生物污染，保证产品质量，延长储藏时间。在香肠、奶油、生面条等其他食品中，加入溶菌酶也可起到良好的保鲜作用。溶菌酶可替代水杨酸，防止清酒等低浓度酒中火落菌的生长，起到良好的防腐效果。

（四）酶用于乳品加工

1. 干酪生产

每年全世界生产干酪所消耗的牛奶达 1 亿多吨，占牛奶总产量的 1/4。干酪生产的第一步是将牛奶用乳酸菌发酵制成酸奶，然后加凝乳酶水解 κ-酪蛋白，在酸性条件下，钙离子使酪蛋白凝固，再经切块、加热、压榨、熟化而成。

2. 分解乳糖

牛奶中含有 4.5% 的乳糖，乳糖是一种缺乏甜味且溶解度很低的双糖，难于消化。有些人饮奶后常发生腹泻、腹痛等症状。由于乳糖难溶于水，常在炼乳、冰淇淋中呈砂状结晶析出，影响食品风味。将牛奶用乳糖酶处理，使奶中乳糖水解为半乳糖和葡萄糖即可解决上述问题。

3. 黄油增香

乳制品特有的香味主要是加工时所产生的挥发性物质（如脂肪酸、醇、酮、醛、酯、胺类等）所致，乳品加工时添加适量的脂肪酶可增加干酪和黄油的香味。将增香黄油用于奶糖、糕点等食品的生产，可节约黄油用量，提高风味。

4. 婴儿奶粉

人奶与牛奶的区别之一在于溶菌酶含量的不同，在奶粉中添加卵清溶菌酶可防止婴儿肠道感染。

（五）酶用于肉类和鱼类加工

1. 改善组织、嫩化肉类

酶技术可以促使肉类嫩化。牛肉及其他质地较差的肉（如老动物肉），结缔组织和肌纤维中的胶原蛋白质及弹性蛋白质含量高且结构复杂。胶原蛋白质是纤维蛋白，同副键连接成为具有很强机械强度的交联键，这种交联键可分成耐热的和不耐热的两种。幼年动物的胶原蛋白中，不耐热交联键多，一经加热即破裂，肉质鲜嫩；而老年动物的肉因耐热键多，烹煮时软化较难，因而肉质显得粗糙，难以烹调，口感也差。采用蛋白酶可以将肌肉结缔组织中的胶原蛋白分解，从而使肉质嫩化。作为嫩化剂的蛋白酶可以分为两类：最常用的一类是植物蛋白酶，如木瓜蛋白酶、菠萝蛋白酶、无花果蛋白酶等；另一类是微生物蛋白酶，如米曲霉蛋白酶。

2. 转化废弃蛋白

将废弃的蛋白如杂鱼、动物血、碎肉等用蛋白酶水解，抽提其中的蛋白质以供食用或用作饲料，是增加人类蛋白质资源的一项有效措施，其中以杂鱼及鱼厂废弃物的利用最为瞩目。海洋中许多鱼类因其色泽、外观或味道欠佳等原因，不能食用，而这类水产的量却高达海洋水产的 80% 左右。采用这项生物技术新成果，使其中绝大部分蛋白质溶解，经浓缩干燥可制成含氮量高、富含各种水溶性维生素的产品，其营养不低于奶粉，可掺入面包、面条等中食用，或用作饲料，其经济效益十分显著。

3. 其他方面的应用

用酸性蛋白酶在 pH 呈中性条件下处理解冻鱼类可以脱腥，如利用碱性蛋白酶水解动物血液脱色，用来制造无色血粉，作为廉价而安全的补充蛋白质资源，该技术已用于工业化生产。

（六）酶用于焙烤食品加工

面粉中添加 α-淀粉酶可调节麦芽糖的生成量，使二氧化碳的产生和面团气体保持阻力相平衡。添加蛋白酶可促进面筋软化，增加延伸性，减少揉面时间和动力，改善发酵效果。用蛋白酶强化的面粉制作面包，可使面包松软、体积增大，抗老化，风味佳。用 β-淀粉酶强化面粉可防止糕点老化。糕点馅心常以淀粉为填料，添加 β-淀粉酶可以改善馅心风味。糕点制作使用转化酶可使蔗糖水解为转化糖，防止糖晶析出。面包制作中适当添加脂肪酶可增进面包的香味，这是因为脂肪酶可使乳脂中微量的醇酸或酮酸的甘油酯分解，从而生成 δ-内酯或甲酮等香味物质。

（七）利用固定化酶生产高果糖浆

食糖是日常生产必需品，也是食品、医药等工业的原料。世界食糖年消耗量以 4% 的速率增加，而产量每年只增加 2%~3%，供不应求。因此，目前各国都竞相生产高果糖浆（甜度为蔗糖的 173.5%）。在美国、日本等发达国家，2/3 的食糖已用高果糖浆代替。高果糖浆以淀粉为原料，经 α-淀粉酶和葡萄糖淀粉酶催化水解，得到 D-葡萄糖，再通过固定化 D-葡萄糖异构酶和固定化含酶菌体，完成由 D-葡萄糖至 D-果糖的转化，然后通过精制、浓缩等手段，即可得到不同种类的高果糖浆。固定化酶和固定化细胞在国民经济各领域应用广泛，代表着食品工业的发展方向，有广阔的市场前景和强大的生命力。

（八）酶用于甜味剂的生产

传统的甜味剂以淀粉糖为主，而淀粉糖均以淀粉为原料进行生产，其甜度增加有限，从根本上解决食糖短缺问题应致力于生产甜度高而又不以淀粉为原料的甜味剂，如国外大量生产的阿斯巴甜就是一种高甜度的甜味剂。阿斯巴甜（天门冬酰丙氨酸甲酯）是二肽甜味剂，其甜度是蔗糖的 200 倍。过去是以 L-苯丙氨酸为原料用化学法合成，现在日本采用酶工程合成新工艺，可用价格较低的 D, L-苯丙氨酸为原料，且产品都是 α 型体（β 型体有苦味），使生产成本下降 30%。此外，用酶工程制得的甜味剂还有毛雷丁和索马丁，它们是由植物中提取的两种甜味蛋白，其甜度是蔗糖的 10 万倍，甜味在人的口中可以保持数小时，而且具备了用基因操作方法进行生产的可能性，是酶工程的一个重要研究项目。

六、生物技术在农产品安全检测中的应用

农产品安全性要求农产品中不应含有可能损害或威胁人体的物质或因素，它关系到人类健康和社会稳定。随着世界经济全球化、贸易自由化和农产品国际贸易的迅速发展，农产品安全已成为事关人民健康的重大战略问题。及时、安全、准确地检测出农产品中的病原微生物是农产品安全检测的重要内容。随着农产品分析物质的不断微量和痕量化，农产品基质日趋复杂，仅使用传统分析技术已难以解决所有的问题。分子生物学技术不仅可以简化前处理过程，而且操作简便、检测成本低、安全可靠，能进行特异性处理分析，在农产品分析中占据越来越高的比例。目前在农产品检测中常用的技术包括：酶联免疫分析技术（ELISA）、基因芯片技术、分子印迹技术、聚合酶链式反应（PCR）技术、试纸条快速检测技术、流动注射免疫分析技术、生物传感器技术（biosensor）等。分子生物学技术解决了传统农产品前处理所不能解决的问题，特别是在农产品中有毒有害物质的检测中发挥了重要的作用。

（一）酶联免疫分析技术

酶联免疫分析技术是 20 世纪 70 年代初由荷兰学者 Weeman 和 Schurrs 与瑞典学者 Engvall 和 Perlman 几乎同时提出的。最初 ELISA 主要用于病毒和细菌的检测，20 世纪 70 年代后期开始广泛应用于抗原、抗体的测定，范围涉及一些药物、激素、毒素等半抗原分子的定性和定量检测，是在放射免疫性鉴定（RIA）理论的基础上发展起来的一种非放射性标记免疫分析技术。利用酶标记物同抗原-抗体复合物的免疫反应与酶的催化放大作用相结合，既保持了酶催化反应的敏感性，又保持了抗原抗体反应的特异性，极大地提高了灵敏度，克服了 RIA 操作过程中放射性同位素对人体的伤害。酶联免疫分析法在农产品安全检测中最为常用。农、兽药残留免疫分析方法的建立包括待测物选择、半抗原合成、人工抗原合成、抗体制备、测定方法建立、样本前处理方法和方法评价等步骤。ELISA 具有样品前处理简单，纯化步骤少，大量样本分析时间短，适合于做成试剂盒现场筛选等优点，使其可试验快速现场监测，是现阶段农产品安全检测领域应用较多的一项检测技术。目前酶联免疫检测的农、兽药残留种类主要包括：有机磷农药、拟除虫菊酯类农药、有机氯类农药、氨基甲酸酯类农药、兽药类等。

与其他分析方法相比，酶法分析最大的特点和优点是特异性强，对样品不需要进行复杂的预处理。此外，由于酶的催化效率高，酶反应大多比较迅速，故酶法分析速度快。并且酶法分析正朝着方便、快速等方向发展，如将酶制成酶电极直接测定，省去试剂配制和标准曲线的制作等步骤。目前已实际应用在分析中的酶电极有 L-氨基酸氧化酶电极、过氧化物酶电极和脲酶电极等。酶法分析已应用在食品中葡萄糖定量分析、无机金属离子测定、维生素测定、农药残留检测、嘌呤和核苷酸检测及毒素检测等领域。

（二）基因芯片技术

基因芯片技术是基于芯片上的探针与样品中的靶基因片段之间发生的特异性核酸杂交，采用原位合成或显微打印手段，将数以万计的核酸探针固化于支持物表面，与标记的样品进行杂交，通过检测杂交信号来实现对样品的快速检测。基因芯片的基本原理与核酸杂交相似，但它将大量按检测要求设计好的探针固化，仅通过一次杂交便可检测出多种靶基因的相关信息，具有高通量、多参数同步分析、快速全自动分析、高精确度、高精密度和高灵敏度等特点，是目前鉴别有害微生物最有效的手段之一。近年来，许多学者利用基因芯片对常见致病菌进行了分析检测。

生物芯片技术具有可实现样品分析过程的连续化、集成化、微型化和信息化等特点，目前已应用于食品卫生检验、食品毒理学研究、分子水平上阐述食品营养机理和转基因食品的检测等多个领域。基于生物芯片在用于基因表达分析及蛋白质检测方面具有无可比拟的优越性，结合了多门学科中的高新技术，其优越性将会日趋明显，有望成为未来食品安全检测分析中的生力军。

（三）分子印迹检测技术

分子印迹技术利用化学手段合成一种高分子聚合物——分子印迹聚合物（molecularly imprinted polymer，MIP），MIP能够特异性吸附作为印迹分子的待测物，在免疫分析中可以取代生物抗体，被科学家誉为"人工抗体"。它具有一定的预定性、识别性和实用性等特点，在农产品安全检测中的潜力已引起了人们的关注。由于农、兽药在农产品基质中的痕量残留性以及基质的复杂性，需要对待测的农、兽药物质进行分离、净化和富集。MIP的固相萃取（MISPE）技术已被广泛应用于药物、生物、农产品、环境样品分析，作为监测药物、生物大分子、烟碱、除草剂、农药等的预富集处理。分子印迹检测技术根据直接竞争免疫分析方法，采用荧光标记示踪物，灵敏度虽不及生物抗体免疫分析得到的结果，但分析时间缩短，而且该仿生抗体具有上百次的可再生使用次数。

使用MIP作为生物传感器的识别元件是另一具有发展前景的应用。较之抗体、受体或酶，MIP制成的传感膜有明显的优越性，如适用范围广、能够长期稳定、耐高温和耐腐蚀。

（四）生物传感器

由于生物传感器具有结构简单、体积小、响应速度快、样品用量少、可反复使用、灵敏度高、特异性好、不需要对被测组分进行分离和测定时不需另加试剂等特点，使用方便，有利于现场快速检测。故用生物传感器作为检测装置主要应用于糖类、氨基酸类、有机酸类和维生素等食品成分分析，在食品添加剂（如亚硫酸盐、亚硝酸盐、甜味素和过氧化氢）的分析、食品中细菌和病原菌的检测、食品鲜度的检测、食品滋气味及成熟度的检测等领域中也有应用。在未来知识经济发展中，生物传感器技术是介于信息技术和生物技术之间的新增长点，正逐渐变为在线检测的主要手段，在食品分析中有着广泛的应用前景。

（五）PCR技术

聚合酶链式反应技术诞生于1985年，由美国Cetus公司和加州大学联合创建。PCR技术利用变性与复性原理，在体外使用DNA聚合酶，在引物的引导和脱氧核糖核苷酸（dNTP）的参与下将模板在数小时内进行百万倍扩增。该技术可选择性地放大特定的DNA序列，因此在农产品致病性微生物检测方面发挥着越来越重要的作用。实时定量PCR技术是近年发展起来的新型技术，该技术通过直接测定PCR过程中荧光信号的变化，利用电脑分析软件对PCR过程中产生的扩增产物进行动态监测和自动定量，从而成功地实现了PCR从定性到定量的飞跃。而且，使用实时定量PCR技术不需要进行凝胶电泳，避免了交叉污染，使反应具有更强的特异性和更高的自动化程度。随着分子生物学技术的不断发展，多重PCR、标记PCR和不对称PCR等多种不同的PCR方法都被应用于农产品检测中，它们的应用使PCR技术拥有了更高的灵敏度和更短的周期。

近年来，实时定量PCR技术在食品检测中的应用研究越来越广泛。在食物加工过程中外源DNA污染的定量、病原微生物的检测、掺假量的检测、转基因食品的检测方面都具有重要的应用。例如，2003年，Sandberg等用检测谷物基因来控制那些缺乏麦麸的婴儿食物；曹际娟等检测了肉骨粉中牛羊源成分；2006年，Muleg等检测葡萄中曲霉菌的污染程度；潘良文等对转基因油菜中*Barnase*基因成功地进行了测定。Alery等也证实了该技术是估计食品中普通小麦量的理想技术。

（六）试纸条快速检测技术（膜载体免疫分析快速检测技术）

试纸条与试剂盒相比具有更加易于携带、检测更加迅速等优势。在实际检测过程中，特别是现场快速检测，并不一定需要对每个样品都获得定量数据而只需要定性地判别出某个样品是否含有某种农、兽药，含量是否超过规定标准。因此只需要几分钟或十几分钟就可以获得结果的快速检测试纸条是最为合适的检测工具。试纸条技术与试剂盒相类似，其特点是以微孔膜作为固相载体。标记物可用酶或各种有色微粒子，如彩色乳胶、胶体金、胶体硒等，以红色的胶体金最为常用。固相膜的特点在于其类似滤纸的多孔性，液体可穿过固相膜流出，也可通过毛细管层析作用在膜上向前移行。常用的固相载体膜有硝酸纤维素膜、尼龙膜等。

试纸条检测技术主要包括酶标记免疫检测技术（immunoenzyme labeling technique）和胶体金标记免疫检测技术（immunogold labeling technique）。酶标记免疫检测技术是以酶为示踪标记物，而胶体金标记免疫检测技术是以胶体金作为示踪标记物，应用于抗原抗体反应的一种新型免疫标记技术。酶标记检测技术包括flow-through和dip-stick两种形式，胶体金标记检测技术包括flow-through和lateral-flow两种形式。

（七）免疫分析技术

1. 流动注射免疫分析技术

流动注射免疫分析法是将速度快、自动化程度高、重现性好的流动注射分析与特异性强、灵敏度高的免疫分析集为一体。这种分析方法具有分析时间短、需要样品量少和操作简便等特点。利用流动注射免疫分析技术对样品进行分析，测定耗时不到1 min。流动注射免疫分析技术分为均相流动注射免疫分析技术和非均相流动注射免疫分析技术。流动注射免疫分析主要包括流动注射脂质体免疫分析技术、流动注射荧光检测、流动注射化学发光检测、流动注射分光光度检测和流动注射电化学检测。流动注射免疫分析技术是一种灵敏性高、专一性高、准确性好、快速、节约成本的方法，样品也不需要预处理和富集。

免疫分析技术具有高特异性、高灵敏性、操作简便、安全、无污染、干扰小和再现性好等特点，现已广泛应用于食品中微生物（如沙门氏菌）的检测、抗生素和激素的检测、真菌毒素检测、除草剂和杀虫剂等农药残留检测、营养素（如蛋白质）的检测等，市场上已有部分商品化的试剂盒供应。目前几乎所有的常用兽药都建立了免疫检测方法，大部分已成功地运用在动物性食品中兽药残留的检测。

随着分析技术自身的优势和方法的不断完善，尤其是制备更加特异的单克隆抗体或功能更加完备的重组单链抗体，以及免疫传感器技术和芯片技术的日臻完善，免疫分析技术在食品安全快速检测领域将发挥越来越重要的作用。

2. 胶体金免疫层析技术

胶体金免疫层析技术（immuno-chromatographicassay，ICA）在医学上应用较多，在食品检测领域的应用在近几年才发展起来。该方法操作简单、检测时间短、便于现场操作，可以为现场执法带来科学依据。目前，国内的研究主要集中在食品安全领域，此类检测通常需要进行定性分析或简单的半定量分析。

（1）在食品中有害微生物检测中的应用

胶体金免疫层析技术可用于食品中有害微生物的检测，如食品中常见的致病菌大肠杆菌、金黄色葡萄球菌、沙门氏菌、布氏杆菌、霍乱弧菌等。2006年，王静等利用双抗体夹心法检测 *E. coli* O157，最低检出浓度为 1×10^5 CFU/mL，仅耗时 15 min。邵晨东等于 2005 年用该技术检测沙门氏菌 O9 抗原，最小检出量为 4×10^5 CFU/条。

（2）在检测食品中药物残留及有害物中的作用

食品中药物残留的残留物多为小分子物质，属于半抗原，制备抗体时需要将其与大分子蛋白（如人血清白蛋白、卵清白蛋白等）进行偶联，制备人工抗原，进行检测。2006年，张明等采用 SMZ-HSA（磺胺甲噁唑-人血清白蛋白）免疫新西兰白兔制得抗体，用胶体金技术对磺胺类药物 SMZ 残留进行检测，表明该方法对 SMZ 标准溶液的灵敏度达到 50 ng/mL，整个检测反应在 5～10 min 内完成。赵晓联等于 2005 年采用竞争免疫层析技术检测食品中的黄曲霉毒素 B1，制得检测试纸条，其最低检测限为 215 ng/mL。此外，李余动等对检测氯霉素残留的研究、陈小旋对猪肉中盐酸克伦特罗残留的检测研究均采用了胶体金免疫层析技术，得到了能够快速方便检测的试纸条。

（3）在检测食品中违禁药物的应用

任辉采用竞争免疫层析法检测食品中的吗啡，最小检测质量为 45 μg；方邢有和高志贤同样采用竞争性免疫层析技术检测食品中的罂粟碱，得到的试纸条检出限为 0.2 μg/mL，正确检出率约为 97%。

目前，国内这一领域的研究仍处于实验室阶段，尚无国产的成型产品。尽快研制出多品种、高质量的免疫层析产品，不仅可避免国内资金的大量外流，并且对改善食品质量与安全，提高我国国民健康水平，将起到不容忽视的作用。

（八）其他分析技术

（1）免疫亲和（immunoaffinity）层析是利用生物分子间专一的亲和力而进行分离的一种层析技术，其原理是利用偶联亲和配基的亲和吸附介质为固定相亲和吸附的目标产物，使目标产物得到分离纯化的液相层析法。亲和层析已经广泛应用于生物分子的分离和纯化，如结合蛋白、酶、抑制剂、抗原、抗体、激素、激素受体、糖蛋白、核酸及多糖类等，也可以用于分离细胞、细胞器、病毒等。

（2）毛细管电泳免疫分析技术是将毛细管电泳技术（CE）与免疫分析技术（IA）相结合的一种新型的免疫分析技术。毛细管电泳免疫分析分为竞争性毛细管电泳免疫分析和非竞争性毛细管电泳免疫分析，其检测器主要有激光诱导荧光和紫外检测器。其中激光诱导荧光检测器因具有较高的检测灵敏度，通过对抗体或抗原进行荧光标记而被广泛使用。

（3）核酸探针技术又名核酸分子杂交技术、两种不同来源的核酸链，如果具有互补的碱基序列，就能够特异性地结合而成为互补杂交链。在已知的 DNA 或 RNA 片段上加上可识别的标记（如同位素标记或生物素标记等），使之成为探针，就可用以检测未知样品中是否具有与其相同的序列，并进一步判断其与已知序列的同源程度。核酸探针技术具有敏感性高、特异性强等特点，近年来在食品微生物检测分析中的应用研究十分活跃，已广泛应用于进出口动植物及其产品的检测和食品中常见的致病菌及产毒素菌（如大肠杆菌、沙门氏菌、志贺氏菌、李斯特氏菌和金黄色葡萄球菌等）的检测。

此外，在农产品安全检测中应用的生物技术方法还有荧光免疫分析技术、放射免疫分析技术、磁免疫分析技术、蛋白质芯片等。

七、生物技术在农副产品包装中的应用

（一）应用于绿色包装

绿色包装对生态环境不造成污染，对人体健康不造成危害，是能循环和再生利用、促进可持续发展的包装物。生物技术在绿色包装中的应用主要分为可食性和可降解包装两个方面。日本开发出一种可溶于热水的食品包装材料，既具有可食性，又具有生物分解性。这种食品包装材料是以多糖类物质为主要原料，辅以添加剂，加工出 30 ~ 70 μm 厚的薄膜或直径 1 ~ 8 mm 的胶囊。该薄膜的抗拉强度为 250 ~ 350 kg/cm^2，与一般聚乙烯薄膜的抗拉强度相当。彭海萍等利用转谷氨酰胺酶修饰小麦面筋蛋白，制备食用包装膜，发现转谷氨酰胺酶聚合作用可增加蛋白质的热稳定性，酶的添加量控制在 0.2% ~ 0.3%，其机械性能和阻隔性能都可达到包装要求，适宜作为食品的内包装纸。一家英国公司用再生纤维制成一种代替泡沫塑料的包装材料。这种纸卷有许多小裂口，在储运时占据的空间较小；当纸卷拉开后，就成为立体蜂窝状，体积增加 20%，能起到缓冲衬垫物的作用，适合填充和保护包装商品用。该纸卷可以回收重复使用，废弃后能生物降解，不会对环境造成污染。

聚 β-羟基脂肪酸（PHAs）是一类微生物合成的大分子聚合物，结构简单，是可生物降解材料研究的热点，其中聚 β-羟基丁酸（PHB）是 PHAs 中最典型的一种。目前 PHB 的生产成本依然太高，用细菌发酵生产 PHB 的成本至少是化学合成聚乙烯的 5 倍，严重限制了 PHB

在商业上的应用。因此，可在植物体内引入 PHB 生物合成途径，以转基因植物为表达载体，利用 CO_2 及光能合成 PHB。

此外，淀粉、纤维素等用于可食性包装膜的研究，聚交酯、聚乳酪、聚丙烯基等用于可降解包装袋的研究也取得了重要的突破，新型包装材料在湿度、厚度、强度等方面都有了较大的改善。

（二）应用于保鲜与防腐

采用各种不同的方式将生物酶、抗生素等应用于食品包装中，制成片剂、涂层、吸氧袋等，可用于茶叶、冰淇淋、奶油、罐头等产品的除氧包装，用于水产、果蔬、香肠、生面条等的保鲜和防腐，能有效延长保藏期。Ramona 等将 *Enterococcus casseliflavus* IM 416K-1 中产生的抗生素 Enterocin 416K-1 导入一种有机物和无机物杂合膜中，用于鲜活食品保鲜，能有效地抑制大部分食品中的单核增生李斯特菌，但对奶酪的效果不太好。绿颜色食品中大都含有大量的叶绿素，在光照下会发生氧化反应，导致食品腐烂。德国科学家将塑料薄膜用叶绿素以特殊方法进行染色，经过这种处理后的薄膜用来包装食品就可有效"截获"致使食品腐烂的光线，从而大大延长了食品保鲜期。该方法简便易行，且成本低廉。巴西最近成功开发出一种新的含有抗微生物的防腐食品包装塑料薄膜，可以在一定期限内逐渐向食品内释放防腐剂。研究人员利用面包和香肠做实验均取得了令人满意的结果，用新型包装膜包装的面包保存 15 d 后仍没有滋生任何微生物。肖怀秋等将溶菌酶用于清酒的防腐，发现 15 mg/kg 溶菌酶与 250 mg/kg 水杨酸的防腐效果相等，水杨酸对胃肠有刺激作用，溶菌酶则没有，是一种良好的防腐剂。美国 FDA 已批准一种紫外线阻隔剂在美国食品包装上的应用，该产品还获得了欧盟的应用认证。这种紫外线阻隔剂能保护包装内的物品免遭紫外线破坏，延长物品保藏期，防止包装内物品的颜色、气味、味道及营养价值变化。

（三）应用于包装食品品质改良

利用化学、微生物和动力学的方法，通过指示剂的颜色变化记录包装食品在生命周期内质量的改变，是反映食品储藏质量的信息型智能包装技术。如包装破损信息指示技术，以氧敏感性染料为指示剂，用于气调包装食品（MAP）的质量控制。该指示剂中添加吸氧成分，可延长食品的货架寿命，并能防止指示剂与 MAP 中残留的 O_2 发生反应。智能包装技术的关键意义在于能直接反映有关食品质量、包装预留空间气体的变化，使消费者容易识别。国外有报道，将生物酶、纳米技术应用于包装材料的制造中，如将胆固醇还原酶和乳糖分解酵素联合用于食品包装中，改善食品在保藏期的品质，受到亚健康人群欢迎。近年来，美国食品专家推出了一种经粉碎的草药制成的新型环保型食品包装材料，用这种新型包装膜包装食品可以起到保鲜作用，改善香蕉和苹果等水果的风味。各种包装工艺对食品的蛋白质成分会产生不同程度的改变，影响着包装食品的质量和风味。在开发新食品时需要对某些特定蛋白质进行检测，采用生物芯片技术进行测定，既方便又准确。利用基因工程可延长食物的储藏期，改变传统的储运方式。如通过转基因技术生产延熟番茄，可使番茄一直保持在绿熟期，在外源喷施乙烯后才能成熟，这类番茄完全可以在常温下保藏、储运，降低保藏成本，延长货架寿命。

（四）应用于包装食品毒理检测

在监视食品中的微生物方面，通过保鲜指示剂与食品中微生物新陈代谢产物的反应，可直接指示食品中的微生物含量和类别。如保鲜指示剂中的肌红蛋白指示剂，是将肌红蛋白指示剂贴在内装新鲜禽肉的包装浅盘的封盖材料内表面，其颜色变化与禽肉质量相关联。加拿大科学家开发出一种能反映有害菌数量的食品包装袋，这种食品包装用标准的聚乙烯材料制成，其内表面放置了特定的抗体，在抗体层上涂有一层凝胶，凝胶中含有同种抗体和用特制化学混合物制成的染料，凝胶上是一层有很多小孔的塑料包装纸，直接与食品接触。当有害菌感染食品开始繁殖后，它们会穿过最内层包装纸上的小孔，进入凝胶层。这时凝胶层中的抗体被激活并与有害菌结合，产生显色反应，使有害菌着色。这种新型包装袋能检测罗氏杆菌、沙门氏菌、弯曲杆菌和大肠杆菌 O157 等 4 种有害菌。许多包装材料不同程度上存在一定的毒性，食品在运输和存储期间，包装材料与食品之间存在成分相互扩散，某些有毒成分进入食品中。某些传统的检测致病物和污染物的方法，操作费时且繁杂，不能及时反映生产过程或销售过程中的污染情况。国内外已经成功研制出一些可快速检测真菌毒素、藻类毒素、展青霉素、重金属等有毒物的方法。将生物信息技术应用于包装食品的毒理检测中，寻求快速、灵敏、精确的检测方法，有着广泛的发展空间。

八、生物技术在农产品副产物综合利用中的应用

（一）在粮油副产物中的应用

粮油加工副产物含有丰富的膳食纤维、低聚糖、活性肽、多元糖醇、功能性油脂、抗氧化剂等功能性成分，因此对粮油加工副产物的综合利用可获得较高的经济效益和社会效益。利用发酵工程、酶工程技术和生物物质分离技术可以制备多种具有功能活性的成分，并应用于食品和医药中。

1. 酶法制备膳食纤维

膳食纤维在谷物原料中广泛存在，谷物和豆类的皮壳一般都含有丰富的纤维素物质，谷物的麸皮是优质活性膳食纤维的重要来源之一。谷物通过碾磨加工成粉时，麸皮和胚芽从胚乳上被分离，利用分离出的麸皮可以制备膳食纤维，而生物酶法是制备膳食纤维的高效方法之一。麸皮膳食纤维主要应用于生产高纤维食品，如面包、饼干、糕点、比萨饼等，还可利用膳食纤维具有的吸水、吸油、保水等性质，将其添加到面条、豆浆、豆腐和肉制品中，可以保鲜和防止水的渗透。

2. 生产低聚糖

目前低聚糖开发以大豆为主，同时谷物麸皮也是低聚糖的良好来源。大豆低聚糖是以生产浓缩或分离大豆蛋白时的副产物大豆乳清为原料生产的，产品形式有糖浆、颗粒和粉末状等 3 种。以大米加工的中、小碎米为原料，开发出啤酒专用糖浆，生产过程中的副产品——米蛋白经加工后是优质蛋白源，淀粉糖的生产延伸了大米加工的产业链、价值链。应用食品

生物技术是提高大米（特别是早米）转化率和大米附加值的主要技术手段。

3. 制备生物活性肽

利用粮油加工副产物制备生物活性肽，主要包括谷胱甘肽和降压肽。小麦胚芽是小麦加工重要的副产物之一，其中谷胱甘肽含量较高，从小麦胚芽中分离富集谷胱甘肽成为研究热点。谷胱甘肽的生产方法主要有溶剂萃取法、发酵法、酶法和化学合成法等4种。从小麦胚芽中分离富集谷胱甘肽主要采用萃取法，通过添加适当的溶剂或结合淀粉、蛋白酶等处理，再分离精制而成。利用玉米蛋白粉，通过酶解能制备具有多种生理功能的玉米活性肽，如谷氨酰胺肽、高F值低聚肽、降血压肽、玉米蛋白肽和疏水性肽等。

4. 木糖醇的发酵法生产

木糖醇作为蔗糖的替代物可以生产功能性糖果，能够有效预防龋齿的发生，还可以作为甜味剂添加到糖尿病人的食品中。粮食植物纤维废料如玉米芯、稻壳以及其他禾秆、种子皮壳均可作为制备木糖醇的原料。生产木糖醇的方法主要是水解富含木聚糖的半纤维素，然后分离、纯化制得木糖，再催化加氢还原制得木糖醇。目前木糖醇的发酵法生产技术成本相对较低，原料也多采用谷物半纤维素的水解产物。

（二）在水产副产物综合利用中的应用

对于水产加工副产物综合利用的研究主要集中在水解蛋白、胶原、明胶、内脏酶制剂、矿物元素提取、皮革、软骨素及生物活性肽等方面。近年来，利用生物化学和酶化学技术从水产加工副产物中研制出一大批综合利用产品，如水解鱼蛋白、蛋白胨、甲壳素、水产调味品、鱼油制品、水解珍珠液、紫菜琼胶、河豚毒素、海藻化工品、海洋生物保健品和海洋药物等。

1. 酶技术制取鱼蛋白酶解液

利用中性蛋白酶、碱性蛋白酶对脱脂后的鱼副产品中的蛋白质进行水解提取，是该领域研究的热点之一。不同来源的鱼副产品，使用不同的酶制剂和不同的水解条件，所得鱼蛋白水解液的组分存在差异。所采用的酶制剂主要有：中性蛋白酶、木瓜蛋白酶、复合风味酶、枯草杆菌中性蛋白酶、碱性蛋白酶和复合蛋白酶等。

2. 酶法制备鱼风味食品

采用油炸、整形、调味等处理可制作成风味鱼鳍、鱼排等小吃食品。采用蛋白酶水解方法提取鱼头蛋白营养液，也可以采用发酵的方式制作鱼头酱油等调味品；将鱼头、鱼骨等副产品粉碎、研磨，经超微粉碎后，可制备鱼骨粉产品。

3. 对虾加工副产物的综合利用

中国是全球最大的对虾生产国，对虾产量约占世界养殖总产量的37%，出口产品主要是以去头对虾和虾仁为主。虾类加工过程中产生的副产物包括虾头和虾壳，占虾体的30%～40%。对虾加工副产物的综合利用途径主要有：利用酶解、过滤和降压分馏技术生产虾油、虾调味品和虾味素；利用化学处理和超临界提取制备虾青素和甲壳素，如可以利用碱性蛋白酶对虾头进行深度水解，制取虾头蛋白的水解液。

4. 生物酶技术在贝类加工副产物中的应用

我国也是世界贝类生产大国和出口大国，养殖产量占世界养殖总产量的 60% 以上，出口量占世界出口总量的 40% 以上。贝类加工中产生的副产物包括贝壳、中肠腺软体部和裙边肉等，占总质量的 25% 以上。裙边肉或中肠腺软体部富含氨基酸和牛磺酸，利用生物酶技术、喷雾技术和美拉德反应增香技术生产氨基酸、牛磺酸和调味品；贝壳通过物理和化学方法处理可制取活性钙、土壤改良剂和废水除磷材料。

（三）在果蔬加工副产物综合利用中的应用

我国果蔬加工副产物通常情况是直接抛弃或者只做简单处理，果蔬加工副产物的利用还比较单一，主要集中在果蔬渣的利用，生物技术的应用主要是生产酶制剂、青储饲料、发酵饲料和发酵酒精等。

1. 提取菠萝蛋白酶

菠萝除一部分鲜果供应市场外，大部分用来加工糖水菠萝罐头，少量加工成果蜡。由于产品单一，生产过程中削弃的余料占原料质量的 60% 以上。上述废弃物的榨出汁中，含糖分约 10%、维生素 C 12 ~ 14 mg/100 g、柠檬酸 0.5% 以及丰富的菠萝蛋白酶等。菠萝蛋白酶是一种宝贵的生化制剂，从菠萝外皮汁中提取酶的方法有单宁沉淀法、高岭土吸附法和盐析法。

2. 水果渣发酵饲料

苹果渣经过深加工可生产出良好的苹果渣饲料，在提高养殖业经济效益的同时可减轻环境污染，具有很大的发展潜力。新鲜苹果渣进入青贮池，酵母菌繁殖生长并将果渣中的糖类物质通过发酵转化为酒精。以新鲜苹果渣为基质，利用有益微生物发酵，生产出的苹果渣发酵饲料蛋白具有酵母培养物和微生态制剂的特点。菠萝皮中含有大量纤维素且还是良好的碳源，可以为微生物发酵所利用。研究开发利用这种非常规饲料，可以缓解养殖业中饲料资源不足的问题。

3. 蔬菜渣饲料

蔬菜渣是果蔬加工业的副产物，蔬菜渣富含纤维、含水量高、蛋白含量低，如豆角渣、番茄渣等。我国传统的畜禽养殖中就有饲喂蔬菜渣的习惯，尤其是养猪，蔬菜渣可以提高仔猪的日增重，加快瘤胃发育，减少发病率。如采用番茄渣为发酵培养底物，选用酵母菌进行发酵，可生产单细胞蛋白饲料。在大力发展集约化养殖和节粮型饲养的今天，营养学家开始研究蔬菜渣的营养价值和应用效果，研究其增强畜禽健康的确切机理。

（四）在食用菌菌糠再利用中的应用

食用菌废料又称为菌糠、菌渣、下脚料、废菌筒，是栽培食用菌后的培养料，含有丰富的蛋白质、纤维素和氨基酸等其他营养成分，在农业生产上具有较高的利用价值。

1. 菌糠废料用作食用菌再发酵配料

草腐型、木腐型食用菌菌糠中木质素、纤维素利用率不同，种植过草腐型食用菌的菌糠可再用于种植木腐型食用菌；同样，种植过木腐型食用菌的菌糠也可再利用种植草腐型食用菌。培养料经前茬菌物分解后，存在较多的简单化合物，能被菌丝直接吸收利用，使菌丝快速生长；另外，菌渣的持水性和物理性质较好，更加有利于菌丝的生长和穿透。

2. 菌糠有机肥的应用

菌糠经过菌丝体在纤维素酶的协同作用下，将农作物秸秆中的纤维素、半纤维素、木质素等分解成葡萄糖等小分子化合物，起到降解作用。菌糠中富含有机物和多种矿质元素，其中 N、P、K 养分含量高于稻草和鲜粪，与其他农作物废弃物相比是良好的堆肥原料。在菌糠堆肥中接种高温纤维菌，对菌糠腐熟工艺条件进行研究，发现接种高温纤维菌后经过 45 d 堆制，其总养分、有机质含量、pH 和外观形状等技术指标均达到有机肥料的标准。

3. 菌糠动物饲料的应用

菌糠营养价值丰富，纤维素、半纤维素和木质素等均很大程度降解，粗蛋白、粗脂肪含量有了较大提高，特别是一般饲料缺乏的必需氨基酸以及铁、钙、锌、镁等微量元素含量也相当丰富，饲料价值很高。把菌糠粉碎后，可以作为配料直接饲喂牲畜。以醋糟和棉籽壳为基质的菌糠废料，分别加入多种饲料酵母进行固体发酵，发现不同基质的菌糠发酵饲料的粗蛋白质含量均高于 20%，可作为禽畜功能型饲料予以开发利用。

4. 制备生物活性物质及酶类

菌糠中含有大量食用菌菌丝体，可采用煎煮法、渗滤法和水提取法提取激素类物质或农药，如可从平菇下脚料中提取激素和抗生素成分，制成增产素和抗生素。食用菌发酵过程中产生多种酶类，采用生化方法将蘑菇渣磨碎，提取粗纤维素酶，每千克干蘑菇渣可提取粗纤维素酶 11.06 g，通过物理和化学的方法，可从菌渣堆肥抽提液中回收纤维素降解酶。

（五）在畜产品副产物综合利用中的应用

我国是一个畜牧业大国，畜禽生产总量居世界前列，相应的畜产品副产物大量增加，如何有效地利用这些副产物已成为当今的热门话题。副产物的深加工只有跟上畜禽养殖业的发展步伐，真正各尽其用，才能提高产业的经济效益，节约成本，减少资源浪费，维持产业的稳定发展。

1. 骨的加工利用

骨的加工利用主要包括生产骨粉、骨胶及明胶等。骨粉是人类补充矿物质尤其是钙的极佳原料，骨粉的加工，以往都是直接把畜禽骨砸碎，研磨成生的骨粉，或先蒸煮，粉碎、研磨成熟骨粉。利用生物工程技术，有效解决了钙的溶解性及生物利用率问题，增强了其食用的生理功能。粉碎后的畜禽骨骼经加工浓缩成胶冻状即为骨胶，优质的骨胶称为明胶。医药上用明胶来制丸剂、胶囊，食品工业用明胶来制肉冻、酱类及软糖等，明胶还可用作微生物的培养基及照相用明胶。

2. 血的加工利用

禽血具有一定的抗癌作用，西方国家重视对禽血的加工利用，我国也相继开发出了一些血液产品，如 SOD。猪血是良好的 SOD 来源，猪源 SOD 氨基酸与人源相同率达到 82.4%，SOD 具有清除体内过多氧自由基的特性，在防辐射、防衰老、抗肿瘤等方面表现出惊人的效果。猪血蛋白肽具有良好的营养特性，能提供人体极易吸收的多肽化合物，而且具有极佳的生理功能，是一种非常有前途的功能性食品原料，应利用生物技术对以猪血为蛋白源制备出的寡肽进行分离、纯化和精制，并对其功能和生理活性进行系统化的研究。

3. 脏器的利用

脏器的主要成分为蛋白质、脂肪、水分及无机盐，此外还有各种酶类，主要加工成营养价值极高的美味食品。许多脏器和腺体组织含有多种复杂的生化成分，可以深度加工制成药剂，故以牲畜的脏器和腺体制药称为"生化制药"。生化药物有的可以补充人体代谢中某些必需成分，调理生理功能，对疾病具有特殊疗效。

4. 皮、毛的开发利用

畜产品的皮毛是提取胱氨酸、谷氨酸的好原料。动物皮中胶原蛋白的含量可达 90% 以上，是世界上资源量最大的可再生动物性生物质资源。

第八节 生物信息学及其在农业中的应用

生物信息学（bioinformatics）是在生命科学的研究中，以计算机为工具对生物信息进行储存、检索和分析的科学。它是当今生命科学和自然科学的重大前沿领域之一，同时也是 21 世纪自然科学的核心领域之一。其研究重点主要体现在基因组学（genomics）和蛋白质组学（proteomics）两方面，具体来说就是从核酸和蛋白质序列出发，分析序列中表达的结构、功能的生物信息。

一、生物信息学概述

生物信息学是在大分子方面的概念型的生物学，并且使用了信息学的技术，这包括了从应用数学、计算机科学以及统计学等学科衍生而来各种方法，并以此在大尺度上来理解和组织与生物大分子相关的信息，是一门利用计算机技术研究生物系统规律的学科。

生物信息学作为一门新的学科领域，是把基因组 DNA 序列信息分析作为源头，在获得蛋白质编码区的信息后进行蛋白质空间结构模拟和预测，然后依据特定蛋白质的功能进行必要的药物设计。基因组信息学、蛋白质空间结构模拟以及药物设计构成了生物信息学的 3 个重要组成部分。从生物信息学研究的具体内容上看，应包括以下 3 个主要部分：① 新算法和统计学方法研究；② 各类数据的分析和解释；③ 研制有效利用和管理数据的新工具。

生物信息学是分子生物学与信息技术（尤其是因特网技术）的结合体。生物信息学的研究材料和结果就是各种各样的生物学数据，其研究工具是计算机，研究方法包括对生物学数据的搜索（收集和筛选）、处理（编辑、整理、管理和显示）及利用（计算、模拟）。

20 世纪 90 年代以来，伴随着各种基因组测序计划的展开、分子结构测定技术的突破和 Internet 的普及，数以百计的生物学数据库如雨后春笋般迅速出现和成长，对生物信息学工作者提出了严峻的挑战：数以亿计的 ACGT 序列中包含着什么信息？基因组中的这些信息怎样控制有机体的发育？基因组本身又是怎样进化的？

生物信息学的另一个挑战是从蛋白质的氨基酸序列预测蛋白质结构。这个难题已困扰理论生物学家达半个多世纪，如今找到问题答案的要求正变得日益迫切。诺贝尔奖获得者 W. Gilbert 在 1991 年曾经指出："传统生物学解决问题的方式是实验的。现在，基于全部基因都将知晓，并以电子可操作的方式驻留在数据库中，新的生物学研究模式的出发点应是理论的。一个科学家将从理论推测出发，然后再回到实验中去，追踪或验证这些理论假设。"

生物信息学的主要研究方向：基因组学→蛋白质组学→系统生物学→比较基因组学，1989 年在美国举办生物化学系统论与生物数学的计算机模型国际会议，生物信息学发展到了计算生物学、计算系统生物学的时代。

随着包括人类基因组计划在内的生物基因组测序工程的里程碑式进展，由此产生的包括生物体生老病死的生物数据以前所未有的速度递增，已达到每 14 个月翻一番的速度。然而这些仅仅是原始生物信息的获取，是生物信息学产业发展的初级阶段，这一阶段的生物信息学企业大都以出售生物数据库为生。以人类基因组测序而闻名的塞莱拉公司即是这一阶段的成功代表。

生物信息学产业的高级阶段体现在，人类从此进入以生物信息学为中心的后基因组时代。结合生物信息学的新药创新工程即是这一阶段的典型应用。

二、生物信息学经历的阶段

生物信息学发展的阶段大致可以分为如下 3 个阶段：

1. 前基因组时代（20 世纪 90 年代前）

这一阶段主要是各种序列比较算法的建立、生物学数据库的建立、检索工具的开发以及 DNA 和蛋白质序列分析等。

2. 基因组时代（20 世纪 90 年代后至 2001 年）

这一阶段主要是大规模的基因组测序、基因识别和发现、网络数据库系统的建立和交互界面工具的开发等。

3. 后基因组时代（2001 年至今）

随着人类基因组测序工作的完成、各种模式生物基因组测序的完成，生物科学的发展已经进入后基因组时代，基因组学研究的重心由基因组的结构向基因的功能转移。这种转移的一个重要标志是产生了功能基因组学，而基因组学的前期工作相应地被称为结构基因组学。

三、生物信息学的发展简介

生物信息学是建立在分子生物学基础上的。研究生物细胞与生物大分子的结构与功能很早就已经开始，1866 年孟德尔在实验基础提出了假设：遗传因子是以生物成分存在的。1871 年 Miescher 从死的白细胞核中分离出脱氧核糖核酸（DNA），在 Avery 和 McCarty 于 1944 年证明了 DNA 是生命器官的遗传物质以前，人们认为染色体蛋白质携带基因，而 DNA 是一个次要的角色。1944 年 Chargaff 发现了著名的 Chargaff 规律，即 DNA 中鸟嘌呤的量与胞嘧啶的量总是相等，腺嘌呤与胸腺嘧啶的量相等。与此同时，Wilkins 与 Franklin 用 X 射线衍射技术测定了 DNA 纤维的结构。1953 年 James Watson 和 Francis Crick 在 *Nature* 杂志上发表文章，推测出 DNA 的三维结构（双螺旋）：DNA 以磷酸糖链形成双股螺旋，脱氧核糖上的碱基按 Chargaff 规律构成双股磷酸糖链之间的碱基对。这个模型表明 DNA 具有自身互补的结构，根据碱基对原则，DNA 中储存的遗传信息可以精确地进行复制。他们的理论奠定了分子生物学的基础。DNA 双螺旋模型已经预示了 DNA 复制的规则，Kornberg 于 1956 年从大肠杆菌（*E. coli*）中分离出 DNA 聚合酶 I（DNA polymerase I），能使 4 种 dNTP 连接成 DNA。DNA 的复制需要一个 DNA 作为模板。Meselson 与 Stahl 于 1958 年用实验方法证明了 DNA 复制是一种半保留复制。Crick 于 1954 年提出了遗传信息传递的规律，DNA 是合成 RNA 的模板，RNA 又是合成蛋白质的模板，称为中心法则（central dogma），该法则对以后分子生物学和生物信息学的发展都起到了极其重要的指导作用。经过 Nirenberg 和 Matthai 的研究，编码 20 氨基酸的遗传密码被破译。限制性内切酶的发现和重组 DNA 的克隆（clone）奠定了基因工程的技术基础。

正是由于分子生物学的研究对生命科学的发展有巨大的推动作用，生物信息学的出现也就成为一种必然。2001 年 2 月，人类基因组工程测序的完成，使生物信息学走向了一个高潮，我们正从一个积累数据向解释数据的时代转变，数据量的巨大积累往往蕴含着潜在突破性发现的可能，"生物信息学"正是在这一前提下产生的交叉学科。粗略地说，该领域的核心内容是研究如何通过对 DNA 序列的统计计算分析，更加深入地理解 DNA 序列、结构、演化及其与生物功能之间的关系，其研究课题涉及分子生物学、分子演化及结构生物学、统计学及计算机科学等许多领域。

生物信息学是内涵非常丰富的学科，其核心是基因组信息学，包括基因组信息的获取、处理、存储、分配和解释。基因组信息学的关键是"读懂"基因组的核苷酸顺序，即全部基因在染色体上的确切位置以及各 DNA 片段的功能；同时在发现了新基因信息之后进行蛋白质空间结构模拟和预测，然后依据特定蛋白质的功能进行药物设计。

了解基因表达的调控机理也是生物信息学的重要内容，根据生物分子在基因调控中的作用，描述人类疾病的诊断、治疗内在规律。它的研究目标是揭示"基因组信息结构的复杂性及遗传语言的根本规律"，解释生命的遗传语言。

生物信息学已成为整个生命科学发展的重要组成部分、生命科学研究的前沿。

四、生物信息学的研究方向

生物信息学在短短 20 多年时间里，已经形成了多个研究方向，以下简要介绍一些主要的研究重点。

（一）序列比对

序列比对（sequence alignment）是比较两个或两个以上符号序列的相似性或不相似性，包含了从相互重叠的序列片断中重构 DNA 的完整序列。在各种实验条件下从探测数据（probe data）中决定物理和基因图存储，遍历和比较数据库中的 DNA 序列，比较两个或多个序列的相似性，在数据库中搜索相关序列和子序列，找出蛋白质和 DNA 序列中的信息成分。序列比对考虑了 DNA 序列的生物学特性，如序列局部发生的插入、删除（前两种简称为 indel）和替代，序列的目标函数获得序列之间突变集最小距离加权和最大相似性，对齐的方法包括全局对齐、局部对齐、代沟惩罚等。两个序列比对常采用动态规划算法，这种算法在序列长度较小时适用，然而对于海量基因序列（如人的 DNA 序列高达 10^9 bp），这一方法就不太适用了，甚至采用算法复杂性为线性也难以奏效。因此，启发式方法的引入势在必行，著名的 BLAST 和 FASTA 算法及相应的改进方法均是从此前提出发的。

（二）蛋白质比对

基本问题是比较两个或两个以上蛋白质分子空间结构的相似性或不相似性。蛋白质的结构与功能是密切相关的，具有相似功能的蛋白质结构一般相似。蛋白质是由氨基酸组成的长链，长度从 50 到 1 000～3 000 AA（amino acids）。蛋白质具有多种功能，如酶、物质的存储和运输、信号传递、抗体等。氨基酸的序列决定了蛋白质的三维结构。一般认为，蛋白质有 4 级不同的结构。研究蛋白质结构和预测的理由是：医药上可以理解生物的功能，寻找对接药物（docking drugs）的目标，在农业上获得更好的农作物的基因工程，在工业上利用酶的合成。直接对蛋白质结构进行比对的原因是蛋白质的三维结构比其一级结构在进化中更稳定地保留下来，同时也包含了较 AA 序列更多的信息。蛋白质三维结构研究的前提假设是内在的氨基酸序列与三维结构一一对应（不一定全真），物理上用最小能量来解释，从观察和总结已知结构的蛋白质结构规律出发来预测未知蛋白质的结构。同源建模（homology modeling）和指认（threading）方法属于这一范畴。同源建模用于寻找具有高度相似性的蛋白质结构（超过 30% 氨基酸相同），指认则用于比较进化族中不同的蛋白质结构。然而，蛋白质结构预测的研究现状还远远不能满足实际需要。

（三）基因识别分析

基因识别是给定基因组序列后，正确识别基因的范围和在基因组序列中的精确位置。非编码区由内含子组成，一般在形成蛋白质后被丢弃，但实验表明，如果去除非编码区，则不能完成基因的复制。显然，DNA 序列作为一种遗传语言，既包含在编码区，又隐含在非编码序列中。分析非编码区 DNA 序列没有一般性的指导方法。在人类基因组中，并非所有的序列均被编码，即使某种蛋白质的模板，已完成编码部分仅占人类基因总序列的 3%～5%。显然，手工搜索如此大的基因序列是难以想象的。侦测密码区的方法包括测量密码区密码子的频率、一阶和二阶马尔可夫链、ORF（open reading frames）、启动子识别、HMM（hidden Markov model）和 GENSCAN、Splice Alignment 等。

（四）分子进化

分子进化是利用不同物种中同一基因序列的异同来研究生物的进化，构建进化树。既可以用 DNA 序列也可以用其编码的氨基酸序列来做，甚至可通过相关蛋白质的结构比对来研究分子进化，其前提假设是相似种族在基因上具有相似性。通过比较可以在基因组层面上发现哪些是不同种族共同的，哪些是不同的。早期研究方法常采用外在的因素，如大小、肤色、肢体的数量等作为进化的依据。较多模式生物基因组测序任务的完成，人们可从整个基因组的角度来研究分子进化。在匹配不同种族的基因时，一般需处理三种情况：Orthologous——不同种族，相同功能的基因；Paralogous——相同种族，不同功能的基因；Xenologs——有机体间采用其他方式传递的基因，如被病毒注入的基因。这一领域常采用的方法是构造进化树，通过基于特征（即 DNA 序列或蛋白质中氨基酸碱基的特定位置）和基于距离（对齐的分数）的方法以及一些传统的聚类方法（如 UPGMA）来实现。

（五）序列重叠群（contigs）装配

根据现行的测序技术，每次反应只能测出 500 或更多一些碱基对的序列，如人类基因的测量就采用了短枪（shortgun）方法，这就要求把大量的较短的序列全体构成重叠群（contigs）；逐步把它们拼接起来形成序列更长的重叠群，直至得到完整序列的过程，称为重叠群装配。从算法层次来看，序列的重叠群是一个 NP-完全问题。

（六）遗传密码

通常对遗传密码的研究认为，密码子与氨基酸之间的关系是生物进化历史上一次偶然的事件造成的，并被固定在现代生物的共同祖先里，一直延续至今。不同于这种"冻结"理论，有人曾分别提出选择优化、化学和历史等三种学说来解释遗传密码。随着各种生物基因组测序任务的完成，为研究遗传密码的起源和检验上述理论的真伪提供了新的素材。

（七）药物设计

人类基因工程的目的之一是了解人体内约 10 万种蛋白质的结构与功能、相互作用以及与各种人类疾病之间的关系，寻求各种治疗和预防方法，包括药物治疗。基于生物大分子结构及小分子结构的药物设计是生物信息学中极为重要的研究领域。为了抑制某些酶或蛋白质的活性，在已知其蛋白质 3 级结构的基础上，可以利用分子对齐算法，在计算机上设计抑制剂分子，作为候选药物。这一领域的研究目的是发现新的基因药物，有着巨大的经济效益。

（八）生物系统

随着大规模实验技术的发展和数据累积，从全局和系统水平研究和分析生物学系统，揭示其发展规律已经成为后基因组时代的另外一个研究热点，即"系统生物学"。目前来看，其研究内容包括生物系统的模拟、系统稳定性分析、系统鲁棒性分析等方面。以 SBML 为代表的建模语言在迅速发展之中，布尔网络、微分方程、随机过程、离散动态事件系统等方法在系统分析中已经得到应用。很多模型的建立借鉴了电路和其他物理系统建模的方法，很多研究试图从信息流、熵和能量流等宏观分析思想来解决系统的复杂性问题。当然，建立生物系统的理论模型还需要很长时间的努力，实验观测数据虽然在海量增加，但是生物系统的模型辨识所需要的数据远远超过了数据的产出能力。例如，对于时间序列的芯片数据，采样点的数量还不足以使用传统的时间序列建模方法。巨大的实验代价是系统建模的主要困难，系统描述和建模方法也需要开创性的发展。

（九）技术方法

生物信息学不仅仅是生物学知识的简单整理和数学、物理学、信息科学等学科知识的简单应用。海量数据和复杂的背景导致机器学习、统计数据分析和系统描述等方法需要在生物信息学所面临的背景之中迅速发展。巨大的计算量、复杂的噪声模式、海量的时变数据给传统的统计分析带来了巨大的困难，需要如非参数统计、聚类分析等更加灵活的数据分析技术。高维数据的分析需要偏最小二乘（partial least squares，PLS）等特征空间的压缩技术。在计算机算法的开发中，需要充分考虑算法的时间和空间复杂度，使用并行计算、网格计算等技术来拓展算法的可实现性。

（十）生物图像及其他领域

没有血缘关系的人，为什么会有长得那么像的呢？外貌是由像点组成的，像点越重合的两人长得越像，那两个没有血缘关系的人像点为什么会重合？有什么生物学基础？基因是不是相似？此方面还有待生物信息学专家去寻找答案。

其他领域的研究如基因表达谱分析、代谢网络分析、基因芯片设计和蛋白质组学数据分析等，也逐渐成为生物信息学新兴的重要研究领域。在学科方面，由生物信息学衍生的学科包括结构基因组学，功能基因组学、比较基因组学、蛋白质学、药物基因组学、中药基因组学、肿瘤基因组学、分子流行病学和环境基因组学等。不难看出，基因工程已经进入后基因组时代。同时，我们也有应对与生物信息学密切相关的分析方法，如机器学习和数学分析中可能存在的误导有一个清楚的认识。

五、生物信息学数据库的建立和检索

（一）数据库的建立

生物信息学数据库目前覆盖了生命科学的各个领域，如核酸序列库，蛋白质序列库，蛋白质、酶、核酸、多糖的结构库，基因组数据库，生化反应库，文献数据库和其他杂类 500 多个。

最主要的生物信息数据库是指 DNA 和蛋白质序列数据库及核酸和蛋白质三维结构数据库，如以下数据库：

（1）美国国立卫生研究院全国生物技术中心（National Center for Biotechnology Information-NCBI）（http://www.ncbi.nlm.nih.gov）。

（2）德国海德堡市的欧洲分子生物学实验室 1980 年创建的 EMBL，1994 年 9 月随着欧洲生物信息学研究所（European Bioinformatics Institute，EBI）（http：//www.ebi.ac.uk）在英国剑桥建成，EMBL 数据库由海德堡迁移至剑桥；另一个是瑞士日内瓦大学生化系 A. Bairoch 开发的 SWISS-PROT（http：//www.expasy.ch/sprot/sprot-top.html），现在 EBI/EMBL 也参与 SWISS-PROT 的开发，并随 EMBL 数据库一起发行。

（3）日本京都大学化学研究所生物信息学中心（http：//www.genome.ad.jp/）。

（4）美国华盛顿的乔治城大学全国生物医学研究基金会（NBRF）（http：//www-nbrf.georgetown.edu/）、德国马普生物化学研究所的 Martinsried 蛋白质序列研究所（MIPS）和日本东京理科大学的日本国际蛋白质信息数据库（JIPID）三家实验室共同合作开发的国际蛋白质信息资源（ATLAS/PIR-International）（http：//www-nbrf.georgetown.edu/pir/）。

（5）蛋白质三维结构数据库（Brookhaven Protein Data Bank，PDB）（http：//www.pdb.bnl.gov），北京大学生物信息学服务器（http：//www.ipc.pku.edu.cn/npdb/index.html）上已经建成镜像。

（6）Protein Data Bank，由美国纽约的 Brookhaven 国家实验室创建于 1971 年，是最主要的收集生物大分子（蛋白质、核酸和糖）三维结构的数据库，是通过 X 射线单晶衍射、核磁共振、电子衍射等实验手段确定的蛋白质、多糖、核酸、病毒等生物大分子的三维结构数据库。该数据库可以通过 PDB 代码、名称、作者、空间群，分辨率、来源、入库时间等项进行检索。用户不仅可以得到生物大分子的各种注释、坐标、三维图形、VAML 等，而且能从一系列指针连接到与 PDB 有关的数据库，包括 SCOP、CATH、Medline、ENZYME、SWISS-3DIMAGE 等。通过 FTP 下载 PDB 数据，所有的 PDB 文件均有压缩和非压缩版以适应用户传输需要。PDB 的电子公布版 BBS 和电子邮件兴趣小组（mailing list）为用户提供了交流经验和发布新闻的空间。在 PDB 的服务器上还提供与结构生物学相关的多种免费软件，如 Rasmol、Mage、PDB Browser，3DB Brower 等。

（7）蛋白质三维结构分类库（Structural Classification of Proteins，SCOP）（http：//scop.mrc-imb.cam.ac.uk/scop）。在北京大学生物信息学服务器（http：//www. ipc.pku.edu.cn/npdb/index.html）上已经建成镜像。SCOP 是英国医学研究委员会（MRC）剑桥分子生物学实验室开发的，是所有已知结构的蛋白质依据三维折叠模式和进化关系划分的结构分类库。目前在蛋白质的研究中，三维结构的描述和分类非常活跃，SCOP 是各类蛋白质数据库非常热的网点，其接受访问的频率明显超过 PDB。SCOP 可按结构分类树进行搜索，把蛋白质在结构上分成 5 个层次：Class、Fold、Superfamily、Family 及 Protein，其中 Class 包括 α，β，$\alpha+\beta$ 等 10 大类。还可以按关键词搜索。以上两种搜索方式除得到蛋白质的结构分类外，还能得到 SWISS-3D IMAGE、RasMolScript、Chimeview、NCBI Entrez Sequence Entries、PDB、Nucleic Acid Databases、Protein Motion Database 等相关信息。

（8）SWISS-3D IMAGE（Database of annotated 3D images）（http：//expasy.hcuge.ch/pub/graphics/）是注释的蛋白质三维图像数据库，能够清楚表现蛋白质的空间特性、活性位点、作用机制、与其他分子的结合模式。

（9）SWISS-PROT （Protein Sequence Database）（http：//www.expasy.ch/sprot/sprot-top.html）蛋白质序列库是现在最为常用、注释最全、包含独立项最多的数据库，它包括其他蛋白质序列库中经过验证的全部序列，其注释及蛋白质的功能、结构域和活性位点、二级结构、四级结构、翻译后修饰、与其他蛋白质的相似性、相关的疾病、处理的冲突等。

（10）PIR（Protein Identification Resource）（http：//www.nbrf.georgetow.edu/pir/）是著名的蛋白质序列库，其中的子库 NRL-3D 是已测定结构的蛋白质序列库。

（11）ENZYME（Enzyme Data Bank）（http：//www.expasy.ch/sprot/enzyme.html）是酶学数据库，包括 EC 号、建议的命名、活性、别名、与之相关的疾病、辅助因子及 SWISS-PROT 和 PROSITE 的指针。

（12）FSSP（Database of Families of Structurally Similiar Proteins）（http：//www.sander.embl-heidelberg.de/dali/fssp/）是具有相似结构蛋白质家族的数据库，通过三维结构对比，得到用一维同源序列对比无法获得的结构相似性，库中列出了相似 PDB 结构三维结构对比参数，并给出了序列同源性、二级结构、变化矩阵等结构叠合信息。

（13）SRS（http：//www.ebi.ac.uk/srs/srsc），即序列检索系统（Sequence Retrieval System），是 EBI/EMBL 在 WWW 服务器上开发的功能十分强大的序列数据库检索系统，能够检索 45 个核酸和蛋白质序列数据库及其他生物信息学数据库，而且这些数据库已经链接在一起，一个数据库的记录很可能与其他数据库有交互参考的关系。

（二）生物学数据的检索

生物学数据的检索应用最多的有两种软件、BLAST 和 FASTA。

1. BLAST 相似性检索

BLAST（Basic Local Alignment Search Tool）是用于序列相似性检索的一个重要数据库，是区分基因和基因特征的工具，该软件能在数秒内完成整个 DNA 数据库的序列检索。BLAST 记录的相关度有明确的统计学解释，以便更容易地将相关记录与随机的数据库记录区分开。

目前在 Internet 网上有许多在线的 BLAST 查找程序，专门用于查找各大数据库中与用户提交的序列类似的序列。BLAST 分成 5 个不同的程序，分别为 BLASTP（提交蛋白质序列，在蛋白质序列数据库中查序列）、BLASTN（提交核酸序列，在核酸序列数据库中查找同源序列）、BLASTX（提交核酸序列，在蛋白质序列数据库中查找同源序列）、TBLASTN（提交蛋白质序列，在核酸序列数据库中查找同源序列）、TBLASTX（提交核酸序列，在核酸序列数据库中查找同源序列）。通常通过在线方式或 E-mail 方式提交查询序列，得到查询结果。如果需要在本地使用，可以下载 BLAST 程序与相应数据库。

2. FASTA 序列搜索程序

FASTA 是第一个广泛使用的数据库相似性搜索程序，FASTA 程序取代了矩阵的局部比对，以获得最佳的搜索结果。众所周知，实施最佳搜索会非常耗费时间。为了提高速度，FASTA 程序使用已知的字串检索出可能的匹配。在速度和搜索结果之间的权衡依赖于 ktup 参数。FASTA 程序是第一个被生物学研究人员广泛使用的数据库相似性搜索程序，它是一种关于序列比对的启发式算法，用于序列数据库搜索。FASTA 家族中第一个实用程序是 FASTAP，该程序用于搜索蛋白质序列数据库，寻找相似序列。FASTAP 的基本算法是顺序将数据库中的每一个序列与查询序列比较，返回与查询序列非常相似的数据库序列，并附加序列的比对及其他相关信息。

六、生物信息学在农业中的应用

1. 充分利用与挖掘数据库资源

通过基因组学分析和功能基因分析，发现和克隆新的功能基因，培养转基因作物品种，改良作物的质量与数量性状，甚至创造新的物种，丰富种质资源，提高育种效率，与常规育种结合，加快良种繁育和改良的进程。利用生物信息学的工具软件从大量的农业生物信息数据库中提取有用的信息，确定各种信息数据的内在关联，分析重要基因的功能等。如水稻单核苷酸多态性（single nucleotide polymorphism，SNP）的鉴定，通过香米与非香米的比较，搜索公共数据库中高度同源的克隆和表达序列标签 ESTs（expressed sequence tags），根据多重比对的结果设计引物扩增，扩增片段经再测序后，发现一个能用于香米品种筛选的 C/T 型 SNP（RSP04），定位在距 *fgr* 基因 2 cm 处。我国科学家对 ESTs 数据库微卫星进行筛选，利用 EST 数据库 dbEST 成功预测了与水稻抗性相关的新基因，并推测出编码蛋白质为跨膜蛋白。

2. 生物信息学有利于实现数字农业

数字农业是在地学空间和信息技术支撑下的集约化和信息化农业技术，是大数据云平台在农业领域应用的具体体现，是农业信息化的核心所在。目前，对浩如烟海的巨量农业与地理数据采用简单的软件分析已无法达到预期效果，需要各种采用复杂算法的挖掘工具软件。这些工具软件通常采用的算法有决策树遗传算法、支持向量机（support vector machine，SVM）算法，隐马尔可夫模型（hidden Markov model，HMM）、人工神经元网络（artificial neural network，ANN）等，如人们成功地采用人工神经元网络技术开发出了病虫害预测模型。

思 考 题

1. 转基因育种包括哪些基本过程？与杂交育种比较，有何优越性？
2. 如何利用基因工程创造不育系和保持系？
3. 如何利用基因工程培育耐储藏番茄？
4. 植物离体培养中再生植株有哪些途径？
5. 简述利用基因工程改善光合碳代谢的四条途径。
6. 试谈谈目前 Bt 毒蛋白应用中存在的问题及解决的策略。
7. 中国设施农业发展的机遇如何？目前阻碍设施农业发展的瓶颈是什么？
8. 生物农药对农业的可持续发展有什么作用？生物农药与化学农药相比有什么特点？
9. 在植物抗虫基因工程中常用的抗虫基因包括哪几大类？简述它们的杀虫机理。
10. 重金属污染土壤的植物修复原理是什么？怎样避免二次污染？
11. 生物信息学可应用于农业中的哪些方面？

参考文献

[1] 安奉凯，潘红青，贾晓川，等. 分子印迹技术在食品安全检测分析中的应用[J]. 食品

研究与开发，2009，30（3）：154-157.

[2]　曹际娟，卢行安，曹远银，等. 实时荧光 PCR 技术检测肉骨粉中牛羊源性成分的方法 [J]. 生物技术通讯，2003，23（8）：87-91.

[3]　陈继冰. 生物传感器在食品安全检测中的应用与研究进展[J]. 食品研究与开发，2009，30（1）：180-183.

[4]　陈小旋. 盐酸克伦特罗单克隆抗体制备及其免疫层析试纸条的研制[D]. 福州：福建农林大学，2005：147-161.

[5]　陈昱，潘迎捷，赵勇，等. 基因芯片技术检测 3 种食源性致病微生物方法的建立[J]. 微生物学通报，2009，36（2）：285-291.

[6]　初峰，曾少葵. 利用海鳗鱼头制备高钙羹状食品的工艺探讨[J]. 食品工业科技，2004（3）：94-95.

[7]　段涛，罗伟明. 生物技术在食品包装中的应用研究进展[J]. 食品科技，2009（6）：42-44.

[8]　杜玉萍，陈清，俞守义，等. 胶体金免疫层析法检测金黄色葡萄球菌的初步研究[J]. 热带医学杂志，2006，6（6）：650-652.

[9]　方邢有，高志贤. 胶体金免疫层析法检测罂粟碱的研究[J]. 分析试验室，2005，24（12）：1-4.

[10]　付万冬，杨会成，李碧清，等. 我国水产品加工综合利用的研究现状与发展趋势[J]. 现代渔业信息，2009，24（12）：3-5.

[11]　高志贤，周焕英. 食品安全现场快速检测技术研究进展[J]. 上海食品药品监管情报研究，2008（2）：42-46.

[12]　高愿军，熊卫东. 食品包装[M]. 北京：化学工业出版社，2005.

[13]　江小雪，张昭，武霓，等. 酶联免疫分析技术在杀菌剂残留检测中的应用[J]. 浙江农业科学，2009（3）：562-566.

[14]　金水丰，党亚丽，李博. 分子生物学技术在农产品安全检测中的应用[J]. 价值工程，2011（4）：186-187.

[15]　韩惠雯，黄菲菲. 免疫亲和柱-高效液相色谱法测定肾脏中的赭曲霉毒素 A[J]. 中国食品卫生杂志，2009，21（3）：250-252.

[16]　胡莉娟. 提取菠萝蛋白酶工艺的研究[J]. 陕西林业科技，2009（3）：20-21，25.

[17]　黄群等. 畜禽血液血红蛋白的开发利用[J]. 肉类工业，2003（10）：19-20.

[18]　黄小燕，梁珠娴，李繁，等. 盐酸克伦特罗快速检测试纸条的应用探讨[J]. 云南大学学报：自然科学版，2008，30（S1）：446-449.

[19]　何芬，马承伟. 中国设施农业发展现状与对策分析[J]. 中国农学通报，2007，23（3）：462-465.

[20]　金绍祥. 流动注射分析法与多种仪器分析联用的进展[J]. 理化检验：化学分册，2009，45（2）：238-241.

[21]　金英姿. 玉米蛋白生物活性肽的开发[J]. 新疆大学学报：自然科学版，2004，23（2）：40-42.

[22]　邱德文. 我国生物农药现状分析与发展趋势[J]. 植物保护，2007，33（5）：27-32.

[23]　雷永良，王晓光，叶碧峰，等. 实时荧光定量技术在食品污染物监测中的应用[J]. 中

国卫生检验杂志，2009，19（4）：828-830，857.

[24] 良程. 中国食用菌产业现状与发展[J]. 中国农学通报，2009，25（5）：205-208.

[25] 黎裕，王建康，邱丽娟，等. 中国作物分子育种现状与发展前景[J]. 作物学报，2010，36（9）：1425-1430.

[26] 李志香，蔡元丽. 菌糠发酵饲料的研究[J]. 中国畜牧兽医，2003，30（5）：8-9.

[27] 刘忠义，李忠海. 油炸鳙鱼头加工及其保藏性的研究[J]. 食品工业科技，2009，30（11）：191-193.

[28] 李昌文，欧阳韶晖. 小麦麸皮的综合利用[J]. 粮油加工与食品机械，2003（7）：55-56.

[29] 李书国，董振军，李雪梅，等. 面粉加工副产物综合深加工技术的研究[J]. 粮食科技与经济，2005（6）：42-44.

[30] 林时作，肖剑. 家禽副产品的开发利用[J]. 浙江畜牧兽医，2004（4）：43.

[31] 李顺鹏，沈标，樊庆笙. 从食用菌菇渣中提取粗纤维素酶的研究[J]. 南京农业大学学报，1991，14（3）：120-121.

[32] 李余动，张少恩，吴志刚，等. 胶体金免疫层析法快速检测氯霉素残留[J]. 中国食品卫生杂志，2005，17（5）：416-419.

[33] 刘辉，杨利平，张滨. PCR及其改进技术在食品检测中的应用[J]. 食品与机械，2008，24（4）：166-169.

[34] 尤敏霞. 酶联免疫吸附法在食品检验中的应用[J]. 河南预防医学杂志，2009，20（3）：237-238，240.

[35] 潘良文，田凤华，张舒亚. 转基因抗草丁膦油菜籽中Barnase基因的实时荧光定量PCR检测[J]. 中国油料作物学报，2006，28（2）：194-198.

[36] 彭海萍. 利用酶法修饰小麦面筋蛋白制备食用包装膜研究[J]. 粮食与油脂，2003（6）：3-5.

[37] 任辉. 免疫胶体金层析法快速检测食品中吗啡[J]. 中国公共卫生，2004，20（4）：488.

[38] 邵景东，陈飞，肖国平. O9群沙门氏菌胶体金检测试剂盒的研制[J]. 检验检疫科学，2005，15（3）：30-32.

[39] 沈建福. 粮油食品工艺学[M]. 北京：中国轻工业出版社，2002.

[40] 宋岱松. 多重PCR技术在食品安全检测中的应用[J]. 山东畜牧兽医，2009（5）：57-58.

[41] 宋鹏，陈五岭. 苹果渣发酵生产生物蛋白饲料工艺的研究[J]. 粮食与饲料工业，2011（2）：49-50.

[42] 孙建华，袁玲，张翼. 利用食用菌菌渣生产有机肥料的研究. 中国土壤与肥料，2008（1）：52-54.

[43] 汪洪涛，陈成. 生物技术在食品分析中的应用进展[J]. 江苏调味副食品，2010，27（1）：20-22.

[44] 王静，陈维娜，胡孔新，等. 大肠杆菌O157胶体金免疫层析快速筛查方法的建立[J]. 卫生研究，2006，35（4）：439-441.

[45] 王国利. 扇贝裙的综合利用[J]. 中国调味品，1994（1）：2-5.

[46] 王亚平，乔明晓. 现代生物技术在食品和农业领域的应用[J]. 食品工业，2010（4）：30-33.

[47]　王中民，李君文，王新为. 胶体金免疫层析法快速检测沙门氏菌[J]. 微生物学免疫学进展，2004，32（4）：36-38.

[48]　吴佳芳，沈忠耀. 转基因植物生产生物可降解塑料的研究进展[J]. 自然杂志，1999，22（2）：84-87.

[49]　吴立芳，马美湖. 我国畜禽骨骼综合利用的研究进展[J]. 现代食品科技，2005（1）：138-142.

[50]　谢修志. 生物技术在食品检测方面的应用[J]. 生物技术通报，2010（1）：68-69.

[51]　谢亚萍，张宗舟，蔺海明. 混菌发酵苹果渣生产饲料蛋白的研究[J]. 饲料博览，2011（2）：1-4.

[52]　徐坤华，张燕平，戴志远，等. 碱性蛋白酶水解中华管鞭虾虾头的工艺优化[J]. 食品与发酵工业，2010（10）：64-69.

[53]　徐小艳，田兴国. 分子印迹技术在食品安全检测中的应用[J]. 广东农业科学，2008（11）：108-110.

[54]　杨腾高. 畜禽骨的综合加工技术[J]. 新疆农垦科技，1989（4）：44-45.

[55]　杨喻晓，张璪文，丁美会，等. 基因芯片技术在食品安全检测中的应用[J]. 粮油食品科技，2009，17（1）：68-70.

[56]　应希堂，李振甲，马世俊. 我国放射免疫分析技术面临的现状和对策[J]. 国际检验医学杂志，2006，27（2）：192.

[57]　张长贵，董加宝，王祯旭. 畜禽副产物的开发利用[J]. 肉类研究，2006（3）：41-43.

[58]　张冬冬，肖长来，梁秀娟，等. 植物修复技术在水环境污染控制中的应用[J]. 水资源保护，2010，26（1）：9-12.

[59]　张桂香，王元秀，矫强，等. 盐法提取菠萝蛋白酶的研究[J]. 食品工业科技，2004，25（6）：103-104.

[60]　张明，吴国娟，陆彦，等. 免疫胶体金法检测磺胺甲噁唑残留的研究[J]. 中国兽药杂志，2006，40（4）：17-19.

[61]　张树林，何德，朱高浦，等. 生物信息学在农业上的应用[J]. 安徽农业科学，2007，35（22）：6995-6997.

[62]　张宗舟，赵慧. 苹果渣固体高密度培养菌体蛋白研究[J]. 中国酿造，2011（3）：105-107.

[63]　赵凯，王晓华. 生物技术在农业中的应用[J]. 生物技术通讯，2003，14（4）：342-345.

[64]　赵晓联，龚燕，孙秀兰，等. 金标免疫层析法检测黄曲霉毒素 B1 的方法[J]. 粮油食品科技，2005，13（6）：49-51.

[65]　赵芸君，桑段疾，贾海涛，等. 番茄渣发酵生产蛋白饲料菌种筛选研究[J]. 草食家畜，2011（1）：54-56.

[66]　曾峰，赵坤，韩伟伟，等. 食品生物技术在农产品副产物综合利用中的应用[J]. 食品科学，2011（S1）：29-32.

[67]　郑丽，汪秋宽. 扇贝加工废弃物的酶解技术研究[J]. 水产科学，2006，25（8）：397-400.

[68]　正勇. 着力创新、加快江西食品生物技术产业发展[J]. 江西食品工业，2006（1）：10-12.

[69]　周晓红，李晖，杨杏芬. 食品中诺如病毒 RT-PCR 检测技术研究进展[J]. 国外医学卫生学分册，2009，36（4）：234-238.

[70] 周远扬，雷百战，潘艺. 酶技术在水产加工下脚料利用方面的应用[J]. 广东农业科学，2008（7）：107-108.

[71] 朱俊友，李玉锋. 蛋白质芯片在食品安全检测中的应用[J]. 食品工业科技，2009，30（4）：352-354.

[72] NERIN C，TOVAR L，DJENANE D，et al. Studies on the stabilization of beef meat by a new active packaging containing natural antioxidants[J]. Journal of Agricultural and Food Chemistry，2006，54：7840-7846.

[73] MAURIELLO G，De LUCA E，La STORIA A，et al. Antimicrobioactivity of a nisin-activated plastic film for food packaging[J]. Letters in Applied Microbiology，2005，41（6）：464-469.

[74] SANDBERG M，LUNDBERG L，FERM M，et al. Real time PCR for the detection and discrimination of cereal contamination in gluten free foods[J]. European Food Research and Technology，2003，217（4）：344-349.

[75] BELLAGAMBA F，COMINCINI S，FERRETTI L，et al. Application of quantitative rea-time PCR in the detection of prion-protein gene species specific DNA sequences in animal meals and feed stuffs[J]. Journal of Food Protection，2006，69（4）：891-896.

[76] TERZI V，MALNATI M，BARBANERA M，et al. Development of analytical systems based on real time PCR for *Triticum* species specific detection and quantitation of bread wheat contamination in semolina and pasta[J]. Journal of Cereal Science，2003，38（1）：87-94.

[77] SHYU R H，SHYU H F，LIU H W，et al. Colloidal gold based immuno-chromatographic assay ford detection of ricin[J]. Toxicon，2002，40（3）：255-258.

[78] TAKEDA T，YAMAGATA K，YOUHIDA Y，et al. Evaluation of immuno-chromatography based rapid detection kit for fecal *Escherichia coli* O157[J]. Kansenskogaku Zasshi，1998，72（8）：834-839.

[79] YOSHIMASU M A，ZAWISTOWSKI J. Application of rapid dot blot immunoassay for detection of *Salmonella enterica* serovar enteritidis in eggs，poultry and other foods[J]. Applied and Environmental Microbiology，2001，67（1）：459-461.

[80] ABE C，HIRANO K，TOMIYAMA T. Simple and rapid identification of the *Mycobacterrium tuberculosis* complex by immunochromatographic assay using ant-iMPB64 monoclonal antibodies[J]. Journal of Clinical Microbiology，1999，37（11）：3693-3697.

[81] IIENA G，VIVANTIV，QUAGLIA G B. Amino acid composition of wheat milling by-products after bioconversion by edible fungi mycelia[J]. Nahrung-food，1997，41（5）：285-288.

第二部分

实验一 外源基因在大肠杆菌中的诱导表达检测

一、实验目的

（1）了解和掌握 SDS-PAGE 检测蛋白的基本原理和操作。

（2）了解蛋白质印迹的方法和操作要点。

二、实验原理

让含 pGEX-6P-mreB 表达质粒的表达菌株 E. coli BL21（DE3）plysS 在含 lac 操纵子的诱导物 IPTG（异丙基-β-D-硫代半乳糖苷）的 LB 培养基中培养，阻遏蛋白不能与操纵基因结合，则外源基因大量转录并高效表达。而这种表达蛋白可经 SDS-PAGE 进行检测，或做蛋白质印迹，用抗体识别表达蛋白。因为十二烷基硫酸钠（SDS）是一种阴离子去污剂，在溶液中能与蛋白质分子的疏水部分定量结合，把大多数蛋白质拆成亚单位，并带上阴离子。这些阴离子掩盖了蛋白质分子本身所带的电荷差异，所以 SDS-PAGE 消除了电荷效应，故蛋白质电泳迁移率完全取决于其相对分子质量，迁移率与相对分子质量的对数呈线性关系，在电场下，按相对分子质量大小在板状胶上排列。再把凝胶电泳已分离的分子区带转移并固定到一种特殊的载体上，使之形成稳定的、经得起各种处理及容易检出，即容易和各自的特异性配体结合的固定化生物大分子。印迹在载体上的特异抗原的检出依赖于抗体抗原的亲和反应，即将酶、荧光素或同位素标记的特异蛋白分别偶联在此特异抗体的二抗上，再分别用底物直接显色、测荧光、放射自显影等方法检测我们感兴趣的抗原，验证转移是否成功。

三、实验器材

恒温摇床、离心机、超净工作台、分光光度计、垂直板电泳槽及配套的玻璃板、封胶条、梳子、电泳仪、半干式转移电泳槽，恒温振摇器。

四、实验材料

含 pGEX-6P-mreB 表达质粒的表达菌株 E. coli BL21（DE3）plysS，上样缓冲液[含 Tris-HCl（pH 6.8）、4% SDS、0.02% 溴酚蓝、20% 甘油，临用前每 900 μL 加入 100 μL 巯基乙醇]，30% 丙烯酰胺储液[丙烯酰胺、甲叉双丙烯酰胺之比 = 29∶1（W/W）]，分离胶缓冲液[1.5 mol/L Tris-HCl（pH 8.8）]，浓缩胶缓冲液[1 mol/L Tris-HCl（pH 6.8）]，10% SDS，10%

过硫酸铵，电泳缓冲液（3.03 g Tris-base、14.4 g 甘氨酸、1 g SDS，加蒸馏水至 1 L），固定液（40% 乙醇+10% 乙酸），电转缓冲液（48 mmol/L Tris-HCl、39 mmol/L 甘氨酸、0.031% SDS、20% 甲醇），TBS 缓冲液（pH 7.5，0.02 mol/L Tris-HCl、0.5 mol/L NaCl），TTBS 缓冲液[pH 7.5，在 TBS 基础上再加入 0.05%（V/V）Tween-20]，封闭液[含 5%（W/V）脱脂奶的 TTBS 缓冲液]，PVDF 膜，DAB 染色试剂盒，山羊抗小鼠 IgG-HRP，抗 MreB-GST 多克隆鼠抗。

五、操作步骤

1. SDS-PAGE 检测表达蛋白

（1）将含 pGEX-6P-mreB 表达质粒的表达菌株 $E.coli$ BL21（DE3）plysS 离心，收集菌体，用 PBS 悬浮菌体；超声破碎细胞，12 000 r/min 离心分离上清液和沉淀；上清液和沉淀与 2× 上样缓冲液 1∶1 混匀，并在 100 °C 水浴中煮 10 min，取出待用。

（2）上清液和沉淀分别跑 SDS-PAGE，观察目的蛋白处于哪个组分。

（3）配置 12% 分离胶。

把玻璃板放入制胶架上，架好胶板，将已配置好的 12% 分离胶混匀后立即加入两玻璃板之间，再加一层异丙醇，等胶自然凝聚后倾斜倒出异丙醇，并用蒸馏水洗 3 次，倒干净蒸馏水。

（4）配置 4% 的浓缩胶

将配置好的 4% 浓缩胶混匀后立即加到分离胶上，在两玻璃板夹缝中水平插入梳子，聚合后，把玻璃板放入电泳槽中，装好电泳缓冲液后小心拔出梳子。

（5）上样、电泳

将样品和标准蛋白分别加到样品孔中开始电泳，先恒压 80 V，样品进入分离胶后恒压 120 V，直至溴酚蓝走至前沿为止。

（6）固定染色

电泳完毕，将胶板从电泳槽中取出，小心从玻璃板上取下凝胶，将凝胶在固定液中固定 30 min，用蒸馏水洗 3 次，每次 10 min。再将凝胶在染色液中染色 2 h。

2. 蛋白质印迹

（1）电泳结束后，取出凝胶，做好标记，浸泡于电转缓冲液中。

（2）剪取与凝胶等大的 PVDF 膜，在甲醇中浸泡 10 s，再转至电转缓冲液中。取 6 张与海绵等大的滤纸和转移装置中的海绵浸泡于电转缓冲液中备用。

（3）将 3 张滤纸整齐置于海绵上，再依次放上凝胶、PVDF 膜、滤纸（3 张），注意赶尽气泡，边界对齐，然后将海绵、筛孔板固定，插入电转移槽中，并加入电转移缓冲液，保证凝胶在阴极方向，PVDF 膜在阳极方向，100 V 电转 1.5 h。

（4）取下胶和膜，倒扣于滤纸上，用铅笔在膜上描出胶上点样孔位置，揭去胶，取下膜。

3. 电转移

（1）封闭：将膜从电转槽中取出，TBS 稍加漂洗，浸没于封闭液中，37 °C 缓慢摇荡 2 h。

（2）结合一抗：一抗用含 4% 脱脂奶粉的 TTBS 按适当比例稀释。倾去封闭液，加入一抗，室温（25 ℃）轻摇 1 h。

（3）洗涤：一抗孵育结束后，用 TTBS 洗膜 3 次，每次 5～10 min。

（4）结合二抗：二抗按 1∶8000 的比例用含 4% 脱脂奶粉的 TTBS 稀释，室温轻摇 1 h。

（5）洗涤：同步骤（3）。

（6）用 DAB 显色液显色，到显色清晰时，用蒸馏水终止反应。

4. 实验结果记录

拍照记录融合蛋白表达纯化的 SDS-PAGE 图谱，进行分析。

思　考　题

1. 为什么配好分离胶后要加一层异丙醇？
2. 做电转移时，一抗中为什么要加脱脂奶粉？

实验二　产碱性蛋白酶菌株的初步筛选及酶活性测定

一、实验目的

（1）学习从自然界中筛选分离产碱性蛋白酶菌株。
（2）学习碱性蛋白酶酶活性测定的方法。
（3）学习菌种的初步鉴定。

二、实验原理

蛋白酶是一种重要的酶制剂，在轻工、食品、医药工业中用途非常广泛，是最重要的应用型酶类之一。虽然人们对蛋白酶的研究和利用已有多年的历史，但仍存在蛋白酶制剂品种单一、价格昂贵等问题，因此，产酶优良菌株的筛选和选育仍是重要的课题。

本实验从土壤入手，筛选产碱性蛋白酶的高产菌株。首先，从土壤中分离微生物菌株。其次，在酪蛋白培养基平板上，产碱性蛋白酶菌落形成透明水解圈。不同种类的微生物产生的碱性蛋白酶活力各不相同，对酪蛋白的水解能力各不相同，所形成的水解圈与菌落大小比值因而不同，所以根据比值可初步断定其产碱性蛋白酶的能力。最后，通过酶活性测定，从中筛选出产碱性蛋白酶最好的菌株，为下一步诱变以进一步提高酶活力奠定基础。

三、实验器材

电子天平、pH 计、高压蒸汽灭菌锅、超净工作台、电热恒温培养箱、电热恒温鼓风干燥箱、空气浴振荡器、电子恒温水浴锅、双重纯水蒸馏器、721 型分光光度计、冷冻超速离心机、生物显微镜等。

四、实验材料

1. 培养基

（1）牛肉膏蛋白胨培养基：牛肉膏 0.3%、蛋白胨 1%、NaCl 0.5%、琼脂粉 1.5%，pH 9.0。
（2）酪蛋白筛选培养基：干酪素 0.5%、牛肉膏 0.3%、蛋白胨 1%、NaCl 0.5%、琼脂粉 1.5%，pH 9.0。
（3）斜面保存培养基：葡萄糖 0.5%、干酪素 0.1%、K_2HPO_4 0.1%、$MgSO_4$ 0.02%、蛋白胨 0.5%、酵母浸出粉 0.2%、琼脂粉 1.5%，pH 9.0。

（4）种子培养基：葡萄糖 0.5%、蛋白胨 1%、酵母浸出粉 0.5%、NaCl 0.5%，pH 9.0。

（5）发酵培养基：葡萄糖 0.5%、蛋白胨 1%、酵母浸出粉 5%、K_2HPO_4 0.1%、$MnSO_4$ 0.4%，pH 9.0。

2. 主要试剂

（1）1% 酪蛋白溶液：称取酪蛋白 1 g，置于研钵中，先用少量蒸馏水湿润后，慢慢加入 4 mL 0.2 mol/L NaOH，充分研磨，用蒸馏水洗入 100 mL 容量瓶中，放入水浴中煮沸 15 min，酪蛋白溶解后冷却，定容至 100 mL，保存于冰箱内。

（2）pH10 硼砂-氢氧化钠缓冲溶液：分别配制，临用前混合。甲液（0.05 mol/L 硼砂溶液）：取硼砂（$Na_2B_4O_7·10H_2O$）19 g，用蒸馏水溶解并定容至 1 000 mL。乙液：0.2 mol/L NaOH 溶液。吸取甲液 50 mL，再加入乙液 21 mL，用蒸馏水定容至 200 mL。

（3）标准酪氨酸溶液：精确称取酪氨酸 50 mg，加入 1 mL 1 mol/L 盐酸溶解后用蒸馏水定容至 50 mL，即得 1 mg/mL 酪氨酸标准溶液。

（4）其他：0.4 mol/L 三氯乙酸、草酸铵结晶紫、卢氏碘液、95% 乙醇、番红染液、干酪素、Folin 酚均为国产化学纯或分析纯。

五、操作步骤

（一）菌种筛选

1. 土壤样品的采集

选取采集地点地表植被根系周围的土壤，首先去除地表浮土，然后挖取 2~5 cm 深的土壤样品。每个样品约取 500 g 土壤，装入塑料袋内，备用。

2. 菌株的分离

制取各土壤稀释液：将采集的土样各称取 10 g，分别放入装有 90 mL 无菌水的三角瓶中，震荡 20 min 后静置 5 min，得到 10^{-1} 稀释液；然后取 1.0 mL 放入装有 9.0 mL 无菌水的大试管内，以此类推，得到 10^{-2}、10^{-3}、10^{-4} 和 10^{-5} 不同稀释倍数的稀释液。分别取 10^{-3}、10^{-4} 和 10^{-5} 稀释浓度的样品 0.2 mL，涂布于牛肉膏蛋白胨平板培养基上，置于 37 ℃ 培养箱中培养 24 h。选择生长良好、形态明显的单菌落，用无菌牙签挑种到酪蛋白筛选培养基上，置于 37 ℃ 培养箱中培养 48 h，挑取出能产生明显水解圈的单菌落。

3. 透明水解圈测定

将菌种接种到 20 mL 种子培养基中，37 ℃、160 r/min 培养 24 h，用移液枪吸 10 μL 培养液于直径 12 mm 滤纸片上；然后将其转入酪蛋白筛选培养基平板后放入 37 ℃ 的培养箱中培养 48 h，取出后倒入 10% 三氯乙酸将平板中未水解的酪蛋白变性；测量单菌落透明水解圈直径（H）与菌落直径（C），选出比值（H/C）最大的菌株；将初筛的菌株进行下一步摇瓶复筛。

（二）蛋白酶活力测定

用 Folin 酚法测定发酵液上清液中碱性蛋白酶的活力。根据 A_{680} 值的大小，初步确定这些菌株产生的碱性蛋白酶的活力，选取产酶活力最高的菌株。

1. 制取粗酶液

将初筛菌种接种至 20 mL 液体种子培养基中，37 ℃、160 r/min 培养 24 h。所得液体种子按 5% 的接种量接种至 50 mL 发酵培养基中，37 ℃、160 r/min 培养 48 h。发酵液于 3 000 r/min 离心 15 min，取上清液。

2. 制备酪氨酸标准曲线

（1）取 7 支试管并编号，按表 2.2.1 配制不同含量的酪氨酸溶液。

表 2.2.1　配制不同含量的酪氨酸溶液参考用量

试管编号	酪氨酸含量/μg	1 mg/mL 酪氨酸标准溶液用量/mL	蒸馏水用量/mL
0	0	0.00	2.00
1	50	0.05	1.95
2	100	0.10	1.90
3	150	0.15	1.85
4	200	0.20	1.80
5	250	0.25	1.75
6	300	0.30	1.70

（2）在上述 7 支试管中分别加入 1% 酪蛋白溶液 1 mL，于 40 ℃ 水浴中保温 20 min，取出后，加入 0.4 mol/L 三氯乙酸 3 mL，充分摇匀后于 3 000 r/min 离心 15 min。

（3）分别吸取滤液 1 mL，放入另 7 支试管中，加入 0.4 mol/L 碳酸钠溶液 5 mL，Folin 酚试剂 1 mL，充分摇匀，于 40 ℃ 水浴中保温 20 min，然后于每管中各加入 3 mL 蒸馏水，充分摇匀。

（4）用 721 型分光光度计，以 0 号管作为对照，测定 680 nm 处的光吸收。

（5）以光密度为纵坐标、酪氨酸含量（μg）为横坐标，绘制标准曲线。

3. 样品测定

取 6 支干燥的试管，按表 2.2.2 编号，并严格按照表中顺序加入试剂。摇匀后各管于 3 000 r/min 离心 15 min，吸取 1 mL 上清液，加入 0.4 mol/L 碳酸钠溶液 5 mL 和 Folin 酚试剂 1 mL，充分摇匀，置于 40 ℃ 水浴保温 20 min 后，加入 3 mL 蒸馏水摇匀。用 721 型分光光度计在波长 680 nm 处以对照管为对照，测定两管的光吸收。

碱性蛋白酶活力单位：1 mL 碱性蛋白酶液在 pH 10、40 ℃ 条件下，每分钟水解酪蛋白能产生 1 μg 酪氨酸，设定为一个酶活力单位。

表 2.2.2　碱性蛋白酶活力测定

试剂加入量	试管编号					
	1	1（C）	2	2（C）	3	3（C）
pH 10 缓冲溶液/mL	1	1	1	1	1	1
1∶2 000 碱性蛋白酶/mL	1	1	1	1	1	1
0.4 mol/L 三氯醋酸溶液/mL	0	3	0	3	0	3
1% 酪蛋白溶液/mL	1	1	1	1	1	1
40 °C 水浴保温时间/min	20	20	20	20	20	20
0.4 mol/L 三氯乙酸溶液/mL	3	0	3	0	3	0

碱性蛋白酶活力的计算：

$$每毫升碱性蛋白酶液的活力 = m/t \times f$$

式中，m 为样品所测定的光吸收值，经查标准曲线求得的酪氨酸量，μg；t 为酶促反应的时间，min；f 为酶的稀释倍数。

（三）菌种的初步鉴定

采用细菌形态染色观察及生理生化反应对菌株进行鉴定。

（四）实验结果记录与计算

1. 透明水解圈测定

将分离到的菌株分别接种到筛选培养基上，置于 37 °C 培养 48 h，观察菌落水解圈情况。将结果记录在表 2.2.3 中（H 为菌落透明圈直径，C 为菌落直径）。

表 2.2.3　测定结果

菌株编号	H/mm	C/mm	H/C
1			
2			
3			

2. 菌株酶活力的测定

（1）记录酪氨酸标准溶液的 A_{680} 值，结果填入表 2.2.4，根据结果绘制出酪氨酸溶液的标准曲线。

表 2.2.4 酪氨酸标准曲线的测绘

试管编号	A_{680}
0	
1	
2	
3	
4	
5	
6	

（2）填表 2.2.5 计算菌株酶活力。

表 2.2.5 菌株酶活力计算结果

菌株编号	A_{680}	酶活力
1		
2		
3		

3. 菌株鉴定

（1）记录菌落特征。

（2）菌株经革兰氏染色，记录镜检结果。

思 考 题

1. 如何设置条件，可以快速筛选出产蛋白酶的芽孢杆菌？

2. 常规酶活力测定程序为：酶液适当稀释，最适条件下进行酶促反应，测定反应量，根据酶活力单位定义计算酶活力。上述过程中，哪个阶段的操作误差给实验结果造成的影响最大？如何防止？

3. Folin 酚法测定蛋白酶活力有何优缺点？

实验三 红薯中过氧化物酶的分离纯化与鉴定

一、实验目的

（1）学习过氧化物酶的纯化与活力测定方法。
（2）学习 SDS 电泳的方法。
（3）学习蛋白质纯度鉴定的方法。

二、实验原理

过氧化物酶（POD）广泛存在于动植物中，是生物学性质比较稳定的糖蛋白，也是酶联免疫和酶法测定的工具酶。目前已实现商品化生产的 POD 为辣根过氧化物酶（HRP），但由于辣根的生产成本高，制约了 POD 的生产。近年来人们发现大豆、红薯等作物中的 POD 含量很高。因此，本实验以红薯为原料，分离纯化 POD。

红薯匀浆后经过水抽提得到粗酶液，经 30% ~ 60% 硫酸铵沉淀，然后透析除盐，经 1 ~ 1.8 倍丙酮沉淀进行粗分级，透析后经 Sephadex G-100 凝胶过滤，收集、合并活性峰附近的溶液，然后采用 High-Q 离子交换层析得到较纯的酶。用 SDS-PAGE 检测是否为单条带。

三、实验器材

自动组织匀浆机、天平、大容量低速冷冻离心机、高速冷冻离心机、自动部分收集器、电泳仪、垂直板电泳槽、冰箱、紫外分光光度计、培养皿。

四、实验材料

红薯，硫酸铵，Sephadex G-100，High-Q 阴离子交换树脂，丙酮，50 mmol/L（pH 7.8）磷酸缓冲液，50 mmol/L（pH 7.2）Tris-HCl 缓冲液，50 mmol/L（pH 8.6）Tris-HCl 缓冲液，透析袋，0.2% 愈创木酚溶液，0.2% 过氧化氢溶液，30% Acr-Bis 凝胶储备液，10% SDS 溶液，10% 过硫酸铵溶液，四甲基乙二胺 （TEMED），5 × 电泳缓冲液（1 000 mL 蒸馏水中分别加入 15.1 g Tris、94 g 甘氨酸和 5 g SDS），2 × 蛋白载样缓冲液（含 10 mmol/L pH 6.8 Tris、200 mmol/L DTT、4% SDS、0.2% 溴酚蓝和 20% 甘油），聚乙二醇，考马斯亮蓝 R-250 染色液，考马斯亮蓝 G-250，牛血清蛋白。

五、操作步骤

（一）POD 的粗提纯

1. 水浸提

称取新鲜红薯 5 kg，切成小块，加入少量自来水，在组织匀浆机中打碎匀浆，按料液比 1∶1 加入自来水，搅匀后置于 0～4 ℃冰箱中浸提 24 h。

2. 离心提取粗酶液

浸提液在 0～4 ℃ 3 000×g 离心 20 min，弃去沉淀，收集上清液并用量筒测量上清液体积。上清液即为 POD 的粗酶液。

用考马斯亮蓝法测定粗酶液中的蛋白质含量，愈创木酚法测定 POD 活性：3 mL 反应体系中含 0.90 mL 0.2% H_2O_2、0.05 mL 0.2% 愈创木酚、2 mL 50 mmol/L（pH 7.8）磷酸缓冲液，用 0.01～0.05 mL 待测酶液启动反应。以 ΔA_{470}/每分钟增加 0.01 为 1 U。

（二）POD 的粗分级分离

1. 30%～60% 硫酸铵沉淀 POD

测量粗酶液体积，查硫酸铵饱和度表，计算加入饱和度 30% 的硫酸铵量。用研钵研磨硫酸铵后，缓缓加入粗酶中，同时慢慢搅拌溶液，使硫酸铵能够均匀溶解。置于室温下静置 24 h 后，0～4 ℃ 3 000×g 离心 20 min，弃去沉淀，在上清液中加入硫酸铵至饱和度 60%。置于室温下静置 24 h，同样方法离心得到沉淀，用少许蒸馏水溶解沉淀，转入透析袋中，在流动的自来水中透析 48 h，然后在蒸馏水中透析 24 h。

2. 1～1.8 倍丙酮沉淀 POD

测量透析后酶溶液的体积，缓缓加入 1 倍体积的预冷丙酮，0～4 ℃ 5 000×g 离心 20 min，弃去沉淀。上清液中再加入原体积 0.8 体积倍的预冷丙酮，同样方法离心收集沉淀。将沉淀溶于少量蒸馏水中，置于培养皿中自然风干。

（三）POD 的细分级分离与鉴定

1. Sephadex G-100 凝胶过滤

使用 300 mL 床体积的层析柱，洗脱液为 50 mmol/L（pH 7.8）磷酸缓冲液，流速 1 mL/min。称取 10 mg 风干的丙酮沉淀的提取物，溶于 10 mL 50 mmol/L（pH 7.8）磷酸缓冲液中上样，每管收集 6 mL，收集 100 管，分别测定每管的酶活性和 A_{280}。绘制洗脱曲线，合并酶活性峰附近的几管，为 Sephadex G-100 凝胶过滤后的酶液。

2. High-Q 离子交换层析

用 50 mmol/L（pH 7.2）Tris-HCl、50 mmol/L（pH 7.2）HCl[含 1 mol/L $(NH_4)_2SO_4$]和 50 mmol/L（pH 7.2）Tris-HCl 的缓冲液以 1 mL/min 的流速冲洗阴离子交换柱 High-Q

（1 cm×4 cm），冲洗时间分别为 3 min、5 min 和 5 min，然后用 20 mL 50 mmol/L（pH 8.6）Tris-HCl 缓冲液平衡交换柱，流速 1 mL/min。用少量蒸馏水溶解粗酶晶体，以 0.5 mL/min 的流速上样，采用 50 mmol/L（pH 8.6）Tris-HCl 缓冲液以 1 mL/min 的流速洗脱，收集、合并活性峰处的酶液。

3. SDS-PAGE 检测酶的纯度

取 10 mL 经 High-Q 纯化后的酶液装入透析袋内，用聚乙二醇反透析至原体积的 1/5 ～ 1/10 后，上样 20 μL。采用 4% 浓缩胶、10% 分离胶的不连续电泳系统，电极缓冲液中含 1% SDS，考马斯亮蓝 R-250 染色。

（四）实验结果记录与计算

1. POD 活力计算

$$POD活力 = \frac{A_{470}(1\ min变化值) - A_{470}(初始值)}{0.01 \times 酶取样测定体积} \times 酶提取液总体积（U）$$

2. 洗脱曲线绘制

按表 2.3.1、表 2.3.2 记录实验数据，在 Excel 中绘制洗脱曲线。

表 2.3.1　G-100 洗脱数据记录

洗脱液体积/mL	6	12	…	…	…	…	…	…
A_{280}								
A_{470}/min 变化值								

表 2.3.2　High-Q 离子交换层析数据记录

洗脱液体积/mL	6	12	…	…	…	…	…	…
A_{280}								
A_{470}/min 变化值								

3. 纯化表

计算并填写纯化表（表 2.3.3）：

表 2.3.3　POD 纯化表

纯化步骤	总体积/mL	总活力/U	总蛋白质/mg	比活力/（U/mg）	回收率/%	纯化倍数
粗酶						
30%～60% 硫酸铵沉淀						
1～1.8 倍丙酮沉淀						
Sephadex G-100 凝胶过滤						
High-Q 离子交换层析						

思 考 题

1. 为什么用硫酸铵沉淀后不能立刻离心?
2. 用丙酮沉淀 POD 时为什么需要先对丙酮进行预冷?
3. 为什么纯化的每个步骤都要计算酶的总活力与比活力?

实验四 小鼠肝细胞的原代培养

一、实验目的

（1）通过对小鼠肝细胞的培养，掌握原代细胞培养的一般方法和步骤及培养过程中的无菌操作技术。

（2）熟悉原代培养细胞的观察方法。

二、实验原理

直接从生物体内获取组织细胞进行的首次培养称为原代细胞培养。原代培养是建立各种细胞系的第一步，是从事培养工作的人员应熟悉和掌握的最基本的技术。根据培养方法不同分为组织块培养法和单层细胞培养法。

三、实验器材

CO_2 培养箱（调整至 37 ℃）、吸管、移液管、手术器械、血球计数板、离心机、水浴箱（37 ℃）、纱布、小剪子、小镊子、大镊子、大烧杯、平皿、研磨玻片、滤网、离心管（15 mL、50 mL）、6孔培养板、吸管、移液管、手套、微量加样器。

四、实验材料

（1）材料：小鼠。

（2）试剂：DMEM 培养基（含 10% 小牛血清）、无血清 DMEM 培养基、0.25% 胰蛋白酶、PBS、碘酒，酒精。

五、操作步骤

（1）将小鼠断颈处死，置于 75% 酒精中浸泡 2~3 s，取肝脏，置于盛有 PBS 的平皿中。

（2）剔除脂肪、结缔组织、血液等杂物，转移到另一个盛有 PBS 液的平皿中。

（3）用手术剪将脏器剪成小块（大小约 1 mm² ），玻片研磨，转到离心管离心（1 000 r/min、5 min）。

（4）视组织或细胞量加入 5~6 倍（3~5 mL）胰酶，37 ℃ 中消化 20 min，每隔 5 min

振荡一次，或用吸管吹打一次，使细胞分离。

（5）加入 3~5 mL 含血清的培养液，以中止胰酶消化作用。

（6）用 100 目孔径滤网过滤，除去未消化的大组织块。

（7）再次离心 5 min，弃去上清液。

（8）加入无血清培养液 5 mL，冲散细胞，再离心一次，弃去上清液。

（9）加入含血清的培养液 1~2 mL（视细胞量），血球计数板计数。

（10）将细胞调整到 5×10^5/mL 左右，转移至 6 孔培养板中，37 ℃ 下培养。

记录实验过程和细胞生长情况。

六、注意事项

（1）自取材开始，保持所有组织细胞处于无菌条件。细胞计数可在有菌环境中进行。

（2）在超净台中，组织细胞、培养液等不能暴露过久，以免溶液蒸发。

（3）凡在超净台外操作的步骤，各器皿需用盖子或橡皮塞盖住，以防止细菌落入。

（4）操作前要洗手，进入超净工作台后要用 75% 酒精或 0.2% 新洁尔灭擦拭手。试剂瓶口也要擦拭。

（5）点燃酒精灯，操作在火焰附近进行，耐热物品要经常在火焰上烧灼。金属器械烧灼时间不能太长，以免退火，且冷却后才能夹取组织。吸取过营养液的用具不能再烧灼，以免烧焦形成碳膜。

（6）操作动作要准确敏捷，但又不能太快，以防空气流动，增加污染机会。

（7）不能用手触及消毒器皿的工作部分，工作台面上的用品摆放要布局合理。

（8）瓶子开口后要尽量保持 45° 斜位。

（9）吸溶液的吸管等不能混用。

实验五　基于 DPS 的方差分析

一、实验目的

培养学生利用 DPS 进行数据处理的能力，熟练掌握利用 DPS 进行方差分析，对方差分析结果进行分析。

二、实验原理

生物统计学上方差分析的相关原理。

三、实验器材

硬件：计算机（安装 Windows XP 或以上）；软件：DPS 7.05。

四、操作步骤

（一）数据编辑、整理格式

1. 单因素方差分析数据编辑格式

按处理顺序，一行一个处理，行内依次输入该处理的各个区组（重复）的观察或测定值。对于第 i 个处理有 m_i 个重复的资料（对于完全随机设计来说，m_i 不一定相等），其数据排列顺序如图 2.5.1 所示。

处理	重　　复				
A	x_{11}	x_{12}	x_{13}	...	x_{1m}
B	x_{21}	x_{22}	x_{23}	...	x_{2m}
C	...	...	...	...	...
D	x_{a1}	x_{a2}	x_{a3}	...	x_{am}

图 2.5.1　单因素方差分析数据编辑格式

将输入的待分析资料定义成数据块，数据块定义时可将各处理的名称定义进去。

2. 双向分组试验方差分析数据编辑格式

将数据按因素 A、B 处理顺序在编辑器中输入。先输入 A 因素的各处理，再输 B 因素的处理，然后依次输入各处理中的重复。若 A 因素有 a 个处理，B 因素有 b 个处理，各个处理重复 n 次，其资料输入顺序和格式如图 2.5.2 所示。

A 因素	B 因素	重复（观察值）				
1	1	x_{111}	x_{112}	x_{113}	$x_{11\cdot}$	x_{11n}
	2	x_{121}	x_{122}	x_{123}	$x_{12\cdot}$	x_{12n}
	...	$x_{1\cdot 1}$	$x_{1\cdot 2}$	$x_{1\cdot 3}$	$x_{1\cdot\cdot}$	$x_{1\cdot n}$
	b	x_{1b1}	x_{1b2}	x_{1b3}	$x_{1b\cdot}$	x_{1bn}
2	1	x_{211}	x_{212}	x_{213}	...	x_{21n}
	2	x_{221}	x_{222}	x_{223}	...	x_{22n}
	...	...	...	...	...	...
	b	x_{2b1}	x_{2b2}	x_{2b3}	...	x_{2bn}
...	1	...	...	...	...	...
	2	...	...	...	...	...
	...	...	...	...	...	...
	b	...	...	...	...	...
a	1	x_{a11}	x_{a12}	x_{a13}	...	x_{a1n}
	2	x_{a21}	x_{a22}	x_{a23}	...	x_{a2n}
	...	...	...	...	...	...
	b	x_{ab1}	x_{ab2}	x_{ab3}	...	x_{abn}

图 2.5.2　双因素方差分析数据编辑格式

对于系统（巢式）设计和裂区设计，也以类似形式编辑、排列试验结果数据。在巢式设计中，以 A 因素作为处理组，B 因素作为亚组对待；在裂区试验中，以 A 因素作为主区，B 因素作为裂区对待。

3. 多因素试验方差分析数据编辑格式

观察数据按因素处理（因子）A，B，…，K 以及区组（如果有重复的话）的顺序输入，即输入 A 因素的各处理水平后再输 B 因素的各一个处理水平，…，如果有重复的话，在一个处理中依次输入各处理中的重复观测值。若有 2 个因子，其中 A 因子有 K 个处理，B 因子有 L 个处理，各个处理重复 N 次，其资料输入顺序为图 2.5.2 中双因素试验的扩展。

（二）应用示例

1. 单因素实验方差分析

（1）数据与问题

一家管理咨询公司为不同的客户进行人力资源管理讲座。每次讲座的内容基本上是一样的，但讲座的听课者有时是高级管理者，有时是中级管理者，有时是低级管理者。该咨询公司认为，不同层次的管理者对讲座的满意度是不同的。对听完讲座后随机抽取的不同层次管理者的满意度评分如表 2.5.1 所示（评分标准从 1 ~ 10，10 代表非常满意）。

表 2.5.1　单因素实验方差分析数据记录

高级管理者	7	7	8	7	9		
中级管理者	8	9	8	10	9	10	8
低级管理者	5	6	5	7	4	8	

取显著性水平 $\alpha = 0.05$，检验管理者的水平不同是否会导致评分的显著性差异。

（2）实验步骤

将数据拷贝到 DPS 表格中，选定数据及处理列后，点击"菜单"，选择"实验统计→完全随机设计→单因素实验统计分析"（根据实验的具体条件，还可选择"随机区组设计"中的"单因素实验统计分析"，其区别请参考统计学教材），见图 2.5.3。

图 2.5.3　选择分析方法

弹出如图 2.5.4 所示窗口：

一般情况下不需要对数据进行转换，"多重比较方法"里常用的有 LSD 法、SNK 法和 Duncan 新复极差法，可根据需要自行选择，用得最多的是 Duncan 新复极差法，选定数据时如已将处理列的名称选定，则在"各个处理名称"中选择"第一列"，然后点击"确定"，显示结果如图 2.5.5 所示。

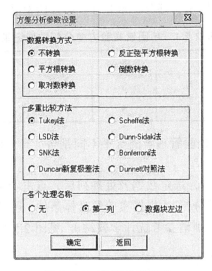

图 2.5.4 设置分析参数

处理	样本数	均值	标准差	标准误	95%置信区间		
高级管理者		5	7.6000	0.8944	0.4000	6.4894	8.7106
中级管理者		7	8.8571	0.8997	0.3401	8.0250	9.6893
低级管理者		6	5.8333	1.4720	0.6009	4.2886	7.3781

方差分析表

变异来源	平方和	自由度	均方	F 值	p值
处理间	29.6095	2	14.8048	11.7560	0.0008
处理内	18.8905	15	1.2594		
总变异	48.5000	17			

Tukey法多重比较(下三角为均值差,上三角为显著水平)

No.	均值	2	1	3
2	8.8571		0.1692	0.0013
1	7.6000	1.2571		0.0321
3	5.8333	3.0238	1.7667	

字母标记表示结果

处理	均值	5%显著水平	1%极显著水平
中级管理者	8.8571	a	A
高级管理者	7.6000	a	AB
低级管理者	5.8333	b	B

图 2.5.5 分析结果显示

（3）实验结果分析

由以上结果可知 $F = 11.7560$，$p = 0.0008 < 0.01$，表明不同级别的管理者间对满意度评分有极显著差异。

2. 二因素试验方差分析

（1）数据与问题

为了从 3 种不同原料和 3 种不同发酵温度中选出最适宜的条件,设计了一个二因素试验,并得到如表 2.5.2 所示结果，对该资料进行方差分析。

表 2.5.2　二因素试验方差分析数据记录

因　　素		重复（观察值）			
原料 A_1	温度 B_1	41	49	23	25
	温度 B_2	11	13	25	24
	温度 B_3	6	22	26	18
原料 A_2	温度 B_1	47	59	50	40
	温度 B_2	43	38	33	36
	温度 B_3	8	22	18	14
原料 A_3	温度 B_1	43	35	53	50
	温度 B_2	55	38	47	44
	温度 B_3	30	33	26	19

（2）实验步骤

将数据拷贝到 DPS 表格中，选定数据及因素列后，点击"菜单"，选择"实验统计→完全随机设计→二因素有重复实验统计分析"，见图 2.5.6。

图 2.5.6　选择分析方法

弹出如图 2.5.7 所示窗口：

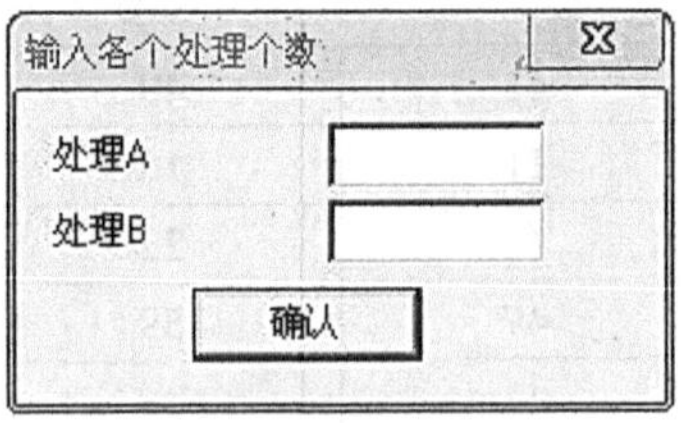

图 2.5.7　参数输入

在窗口中分别输入 2 个因素的水平数 "3" "3"（进入英文状态下输入），点击 "确定"，弹出数据转换窗口后直接点 "OK"，然后进入 "多重比较方法" 的选项，选定后点 "确定"，显示结果如图 2.5.8 所示。

方差分析表(固定模型)

变异来源	平方和	自由度	均　方	F 值	p值
A因素间	1554.1667	2	777.0833	12.6660	0.0001
B因素间	3150.5000	2	1575.2500	25.6760	0.0001
A×B	808.8333	4	202.2083	3.2960	0.0253
误　差	1656.5000	27	61.3519		
总变异	7170.0000	35			

A因素间多重比较

Duncan多重比较(下三角为均值差,上三角为显著水平)

No.	均值	3	2	1
3	39.4167		0.1018	0.0001
2	34.0000	5.4167		0.0030
1	23.5833	15.8333	10.4167	

字母标记表示结果

处理	均值	5%显著水平	1%极显著水平
A3	39.4167	a	A
A2	34.0000	a	A
A1	23.5833	b	B

B因素间多重比较

Duncan多重比较(下三角为均值差,上三角为显著水平)

No.	均值	1	2	3
1	42.9167		0.0090	0.0000
2	33.9167	9.0000		0.0002
3	20.1667	22.7500	13.7500	

字母标记表示结果

处理	均值	5%显著水平	1%极显著水平
B1	42.9167	a	A
B2	33.9167	b	B
B3	20.1667	c	C

图 2.5.8　分析结果显示

练 习 题

在药物处理大豆种子试验中，使用了大、中、小 3 种类型的种子，分别用 5 种浓度、2 种处理时间进行处理，播种后 45 d 对每种各取 2 个样本，每个样本取 10 株测定其干重[*]，求其平均数，结果如表 2.5.3 所示，试进行方差分析。

表 2.5.3 二因素试验方差分析数据记录

处理时间 A	种子类型 C	浓度 B				
		B_1（0×10^{-6}）	B_2（10×10^{-6}）	B_3（20×10^{-6}）	B_4（30×10^{-6}）	B_5（40×10^{-6}）
A_1（12 h）	C_1（小粒）	7.0	12.8	22.0	21.3	24.4
		6.5	11.4	21.8	20.3	23.2
	C_2（中粒）	13.5	13.2	20.4	19.0	24.6
		13.8	14.2	21.4	19.6	23.8
	C_3（大粒）	10.7	12.4	22.6	21.3	24.5
		10.3	13.2	21.8	22.4	24.2
A_2（24 h）	C_1（小粒）	3.6	10.7	4.7	12.4	13.6
		1.5	8.8	3.4	10.5	13.7
	C_2（中粒）	4.7	9.8	2.7	12.4	14.0
		4.9	10.5	4.2	13.2	14.2
	C_3（大粒）	8.7	9.6	3.4	13.0	14.8
		3.5	9.7	4.2	12.7	12.6

注： * 应为质量。但农林等行业至今仍沿用，为使学生了解、熟悉生产实际，本书予以保留。
    ——编者注

附　录

附录 A　离心机转速与相对离心力的换算

离心机转速（r/min）与相对离心力（g）可根据图 A.1 进行简单换算。

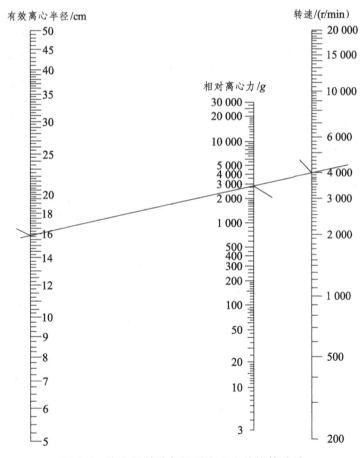

图 A.1　离心机转速与相对离心力的换算关系

　　图中，第一列为有效离心半径，cm，是指由离心机的轴心到水平位置时管底的距离，cm；第二列为相对离心力 g；第三列为转速，r/min。相对离心力与转速的换算公式为

$$相对离心力（g）= 1.119 \times 10^{-5} \times 有效离心半径（cm）\times 转速（r/min）$$

附录 B　几种常用的常数

表 B.1　蒸汽压力与温度的关系

压力表读数			温度/℃		
MPa	bf/in^2	kg/cm^2	纯水蒸气	含 50% 空气	不排除空气
0	0	0	100		
0.03	5.0	0.35	109	94	72
0.05	6.0	0.50	110	98	75
0.06	8.0	0.59	112.6	100	81
0.07	10.0	0.70	115.2	105	90
0.09	12.0	0.88	117.6	107	93
0.10	15.0	1.05	121.5	112	100
0.14	20.0	1.41	126.5	118	109
0.17	25.0	1.76	131.0	124	115
0.21	30.0	2.11	134.6	128	121

表 B.2　培养基容积与加压灭菌所需时间（min）

培养基容积/mL	容器	
	三角烧瓶	玻璃瓶
10	15	20
100	20	25
500	25	30
1 000	30	40

注：指在 121 ℃下灭菌所需要的时间，如果灭菌前是凝固的培养基，则还应增加 5～10 min 融化时间。

附录 C　几种实验常用溶液的配制

（1）清洁液的配制（表 C.1）。

表 C.1　清洁液的配制

配方成分	弱液	次强液	强液
重铬酸钾质量/g	50	100	60
清水体积/mL	1 000	1 000	200
浓硫酸体积/mL	90	160	800
硫酸浓度（V/V）	8%	14%	80%

使用注意事项：

① 选用耐酸塑料桶或不锈钢桶配制为宜。

② 先将重铬酸钾溶于水（用玻璃棒搅拌助溶，有时不能完全溶解）。然后缓缓加入浓硫

酸，切忌过急，否则将放热而发生危险（绝不可将重铬酸钾倒入浓硫酸中）。

③ 清洁液配好时呈棕红色，待变绿色时表明失效。

④ 由于清洁液的腐蚀性极强，配制与应用时必须小心，并做好防护。

（2）矽酸钠洗液的配制。

储存液（×100）：取矽酸钠 80 g 加偏磷酸钠 9 g，加热溶解于 1 000 mL 水中。

使用时用水稀释 100 倍，将器皿放入煮沸 20 min，冷却后冲洗，再用 2% 盐酸浸泡 2 h，自来水冲洗。

矽酸钠洗液较清洁液安全，但价格较贵。

（3）实验室常用酸碱溶液的配制（表 C.2）。

表 C.2　实验室常用酸碱溶液的配制

溶质	相对分子质量	浓度/(mol/L)	质量分数/%	比重	配制 1 mol/L 溶液加入量/(mL/L)
冰醋酸	60.05	17.4	99.5	1.05	57.5
醋酸	60.05	6.27	36	1.045	159.5
盐酸	36.5	11.6	36	1.18	86.2
硝酸	63.02	15.99	71	1.40	62.5
磷酸	63.02	18.1	85	1.54	55.2
硫酸	80.0	18.0	96	1.84	55.6
氢氧化钾（饱和）	56.1	13.5	50	1.52	74.1
氢氧化钠（饱和）	40.0	19.1	50	1.53	52.4

（4）0.1 mol/L 磷酸缓冲液的配制（C.3）。

表 C.3　100 mL 0.1 mol/L 磷酸缓冲液的配制

pH	用量/mL		pH	用量/mL	
	0.1 mol/L 磷酸氢二钠	0.1 mol/L 磷酸二氢钠		0.1 mol/L 磷酸氢二钠	0.1 mol/L 磷酸二氢钠
5.8			7.0		
5.9	10.0	90.0	7.1	67.0	33.0
6.0	12.3	87.7	7.2	72.0	28.0
6.1	15.0	85.0	7.3	77.0	23.0
6.2	22.5	77.5	7.4	81.0	19.0
6.3	18.5	81.5	7.5	84.0	16.0
6.4	26.5	73.5	7.6	87.0	13.0
6.5	31.5	68.5	7.7	89.5	10.5
6.6	37.5	62.5	7.8	91.5	8.5
6.7	43.5	56.5	7.9	93.0	7.0
6.8	49.0	51.0	8.0	94.7	5.3
6.9	55.0	45.0			

注：二水合磷酸氢二钠的相对分子质量为 178.05，0.1 mol/L 的质量浓度为 17.81 g/L；十二水合磷酸氢二钠的相对分子质量为 358.22，0.1 mol/L 的质量浓度为 35.82 g/L。一水合磷酸二氢钠的相对分子质量为 138.01，0.1 mol/L 的质量浓度为 13.8 g/L；二水合磷酸二氢钠的相对分子质量为 156.03，0.1 mol/L 的质量浓度为 15.61 g/L。